TRAINING MATHEMATIK

Monika Muthsam

Geometrie 9. Klasse

Aufgaben mit Lösungen

STARK

Bildnachweis
Umschlag: Hunta – Fotolia.com
S. 1: © Allyson/www.sxc.hu
S. 7: © Fotoruhrgebiet/Dreamstime.com
S. 10: © vivekchugh/www.sxc.hu
S. 16: © Kydriashka/Dreamstime.com
S. 17: © Stephaniefrey/Dreamstime.com
S. 19: © www.bartlshop.de
S. 20: © Viktors Kozers/www.sxc.hu
S. 21: © Irum Shahid/www.sxc.hu
S. 22: © Cecile Graat/www.sxc.hu
S. 24: © Marcel Pelletier/iStockphoto
S. 25: © Musguete/www.sxc.hu
S. 27: © SXC/Linda van Klaveren
S. 28: © Wia-Tirol/www.sxc.hu
S. 29: © Roger Pilkington – Fotolia.com
S. 31: Bild: Daniel Schwen, http://de.wikipedia.org/w/index.php?title=Datei:Chichen_Itza_3.jpg&filetimestamp=20090824213859, lizensiert unter der Creative Commons "Namensnennung-Weitergabe unter gleichen Bedingungen 3.0 Unported"-Lizenz
S. 37: © Scott Maxwell – Fotolia.com
S. 43: © Grethe Bøe/www.sxc.hu
S. 50: Walze: © mzacha/www.sxc.hu
Teigroller: © Sanja Gjenero/www.sxc.hu
Konservenbüchse: © LittleMan/www.sxc.hu
S. 52: Foto: stockxpert
S. 55: © Anton Malan/www.sxc.hu
S. 56: © newt96/www.sxc.hu
S. 63: Tipi: © Theresa Szabo/www.sxc.hu
Verkehrshütchen: © Ryan Smart/www.sxc.hu
Sektglas: © Jeide Designs/iStockphoto
S. 69: Holzauto: © rainer golch – Fotolia.com
Milchtüte: © Davide Guglielmo, Broken Arts/www.sxc.hu
Stifte: © Prawny/Dreamstime.com
Taschenlampe: © pixx/www.sxc.hu
S. 73: © Dmitry Sunagatov – Fotolia.com
S. 89: © Spectral-Design – Fotolia.com

ISBN 978-3-86668-178-1

Inhalt

Autorin: Monika Muthsam

Vorwort

Liebe Schülerin, lieber Schüler,

mit diesem auf **G8** abgestimmten Trainingsbuch kannst du den **gesamten Unterrichtsstoff** für die **Geometrie** in der **9. Klasse** selbstständig wiederholen und dich optimal auf Klassenarbeiten bzw. Schulaufgaben vorbereiten.

- Um dir bei der Herangehensweise an mathematische Probleme zu helfen, werden im ersten Teil dieses Buches **Methoden** zur effektiven Lösung von Mathematikaufgaben vorgestellt.

- In den folgenden Kapiteln werden alle **unterrichtsrelevanten Themen** aufgegriffen und anhand von ausführlichen **Beispielen** veranschaulicht. **Kleinschrittige Hinweise** erklären dir die einzelnen Rechen- oder Denkschritte genau. Die Zusammenfassungen der **zentralen Inhalte** sind außerdem in farbiger Schrift hervorgehoben.

- **Zahlreiche Übungsaufgaben** mit ansteigendem Schwierigkeitsgrad bieten dir die Möglichkeit, die verschiedenen Themen einzuüben. Hier kannst du überprüfen, ob du den gelernten Stoff auch anwenden kannst. Komplexere Aufgaben, bei denen du wahrscheinlich etwas mehr Zeit zum Lösen brauchen wirst oder die sich auch auf Themengebiete aus der 5. und 8. Klasse beziehen, sind mit einem ✱ gekennzeichnet.

- Zu allen Aufgaben gibt es am Ende des Buches **vollständig vorgerechnete Lösungen** mit **ausführlichen Hinweisen**, die dir den Lösungsansatz und die jeweiligen Schwierigkeiten genau erläutern.

- Begriffe, die dir unklar sind, kannst du im **Grundwissen der 5. bis 9. Klasse** nachschlagen. Dort sind alle wichtigen Definitionen aus der Geometrie zusammengefasst, die du am Ende der 9. Klasse wissen musst.

Ich wünsche dir gute Fortschritte bei der Arbeit mit diesem Buch und viel Erfolg in der Mathematik!

Monika Muthsam

Monika Muthsam

So arbeitest du mit diesem Buch

Besonders effektiv kannst du mit diesem Buch **arbeiten**, wenn du dich an den folgenden Vorgehensweisen orientierst:

- Lies dir zunächst die **Methoden** zur effektiven Lösung einer Mathematikaufgabe gründlich durch. Versuche dann, dich bei der Bearbeitung der Aufgaben an diese Schritte zu halten.

- Um den **Unterrichtsstoff zu trainieren**, hast du grundsätzlich zwei verschiedene Möglichkeiten:

  Methode 1:
  - Bearbeite zunächst den **Unterrichtsstoff mit den Beispielen**.
  - Löse anschließend selbstständig die **Übungsaufgaben** in der angegebenen Reihenfolge.
  - Schlage bei der **Bearbeitung der Aufgaben** erst dann in den Lösungen nach, wenn du mit einer Aufgabe wirklich fertig bist.
  - Solltest du mit einer Aufgabe gar nicht zurechtkommen, dann markiere sie und bearbeite sie mithilfe der Lösung.
  - Versuche, die Aufgabe nach ein paar Tagen noch einmal selbstständig zu lösen.

  Methode 2:
  - Beginne damit, einige **Übungsaufgaben in einem Kapitel zu lösen** und danach mit den angegebenen Lösungen zu vergleichen.
  - Wenn alle Aufgaben richtig sind, bearbeitest du die weiteren Aufgaben des Kapitels.
  - Bei Unsicherheiten oder Schwierigkeiten **wiederholst du die entsprechenden Inhalte** in den einzelnen Kapiteln.

- An die **komplexeren Aufgaben**, die du an dem ✱ erkennst, solltest du dich erst dann wagen, sobald du einige der übrigen Aufgaben gut lösen konntest. Lass dich jedoch nicht entmutigen, wenn du bei diesen Aufgaben nicht sofort auf eine Lösung kommst.

- Stolperst du in den einzelnen Kapiteln oder den Lösungen über Begriffe, die dir unklar sind, kannst du diese im **Grundwissen der 5. bis 9. Klasse** nachschlagen. Ebenfalls kannst du damit am Ende der 9. Klasse noch einmal alle wichtigen Definitionen wiederholen.

Methoden

Bei der Bearbeitung einer mathematischen Aufgabe helfen dir folgende Schritte:

Schritt 1:
Lies die Aufgabe genau durch und suche alle relevanten Informationen:
Was ist gegeben, was ist gesucht?
Wenn dir Begriffe in der Aufgabenstellung unklar sind, so finde heraus, was sie bedeuten. Achte auch auf versteckte Informationen. So hat z. B. ein gleichschenkliges Dreieck mehr Eigenschaften als nur die, dass zwei Seiten gleich lang sind.

Schritt 2:
Prinzipiell gibt es zwei Möglichkeiten, die Lösung zu finden:
Entweder gehst du vom Gegebenen aus und versuchst, das Gesuchte zu erschließen. Überlege dir, welche Zwischenergebnisse du mithilfe des Gegebenen erreichen kannst. Mithilfe der Zwischenergebnisse erschließen sich oft neue Wege, die dir weiterhelfen.
Oder du gehst vom Gesuchten aus und überlegst „rückwärts", wie du zur Ausgangssituation kommst. Dabei musst du dir die Frage stellen, welche Größen du z. B. für das Gesuchte benötigst und wie du diese aus dem Gegebenen erhalten kannst.
Oft hilft auch eine Kombination beider Vorgehensweisen.

Beachte immer folgende Gesichtspunkte:
- In welchem Kapitel befindest du dich und wie hängt die Aufgabe mit dem Thema des Kapitels zusammen?
- Kannst du die Aufgabe auf eine schon einmal bearbeitete Fragestellung zurückführen?
- In der Geometrie hilft oft eine Skizze, in der du die bekannten und die gesuchten Größen mit unterschiedlichen Farben markierst.
- Wenn du nicht weiterkommst, so formuliere eine Frage, deren Beantwortung dir weiterhelfen würde. Versuche anschließend, die Antwort selbst herauszufinden.
- Nicht jede Idee führt zum Ziel. Wenn du mit deinem Ansatz nicht weiterkommst, so gehe zurück zum Anfang und suche nach einem neuen Weg.
- Mache dir Notizen, in welcher Reihenfolge du vorgehst, schreibe vor allem auch Zwischenschritte auf.

Schritt 3:
In diesem Schritt erstellst du die Lösung der Aufgabe. Gehe dabei nach deinem erarbeiteten Plan vor. Strukturiere die Lösung entsprechend der Zwischenschritte. Kennzeichne diese und beschreibe eventuell kurz, was du jeweils bestimmst.

Schritt 4:

Kontrolliere dein Ergebnis. Eventuell kannst du eine Probe machen. Meistens musst du jedoch abschätzen, ob dein Ergebnis von der Größenordnung her realistisch sein kann. Manchmal bleibt dir auch keine andere Möglichkeit, als die einzelnen Schritte noch einmal kritisch zu durchdenken und die Ergebnisse auf Rechenfehler zu kontrollieren.
Findest du Fehler, so markiere sie deutlich und verbessere die Aufgabe.

eispiele

1. Für die Dreiecke ABC und A'B'C' gilt:
   $a = 4$ cm, $b = 8$ cm, $c = 6$ cm, $a' = 9$ cm, $b' = 6$ cm, $c' = 12$ cm
   Sind die Dreiecke ähnlich?

   Lösung:

   Schritt 1:

   Gegeben: $a = 4$ cm, $b = 8$ cm, $c = 6$ cm
   $a' = 9$ cm, $b' = 6$ cm, $c' = 12$ cm

   Gesucht: Ist ABC ähnlich zu A'B'C'?

   Schritt 2:

   Hier muss man zunächst überlegen, wann zwei Dreiecke zueinander ähnlich sind:
   Zwei Dreiecke sind ähnlich, wenn sie durch eine zentrische Streckung, eine Drehung, eine Spieglung und/oder eine Verschiebung aufeinander abgebildet werden können. Dies ist jedoch schwer nachzuprüfen.
   Eine weitere Möglichkeit zur Überprüfung der Ähnlichkeit sind die Ähnlichkeitssätze. Da hier keine Winkel gegeben sind, kann nur der S : S : S-Satz angewendet und die Verhältnisse der sich entsprechenden Seitenlängen überprüft werden.

   Schritt 3:

   Im Dreieck ABC gilt: $a : b : c = 4 : 8 : 6 = 2 : 4 : 3$
   Im Dreieck A'B'C' gilt: $a' : b' : c' = 9 : 6 : 12 = 3 : 2 : 4$
   Die Verhältnisse in beiden Dreiecken, wenn man die Seite a mit a', b mit b' und c mit c' vergleicht, stimmen nicht überein. Es fällt jedoch auf, dass die Zahlen bei den Verhältnissen nur vertauscht sind.
   Betrachtet man anstatt des Seitenverhältnisses $a' : b' : c'$ das Verhältnis $b' : c' : a' = 6 : 12 : 9 = 2 : 4 : 3$, so stimmen die Seitenverhältnisse überein.
   Die Dreiecke sind somit ähnlich und lassen sich durch eine zentrische Streckung und eine Drehung aufeinander abbilden.

Schritt 4:
Eine Skizze zeigt die Ähnlichkeit. Wenn man das rechte Dreieck schrumpfen lässt und es so im Uhrzeigersinn dreht, dass die Seite a waagrecht liegt, so sind die beiden Dreiecke deckungsgleich.

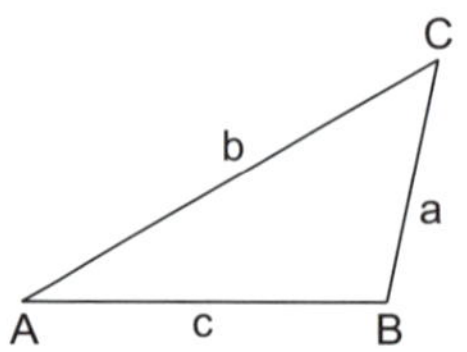

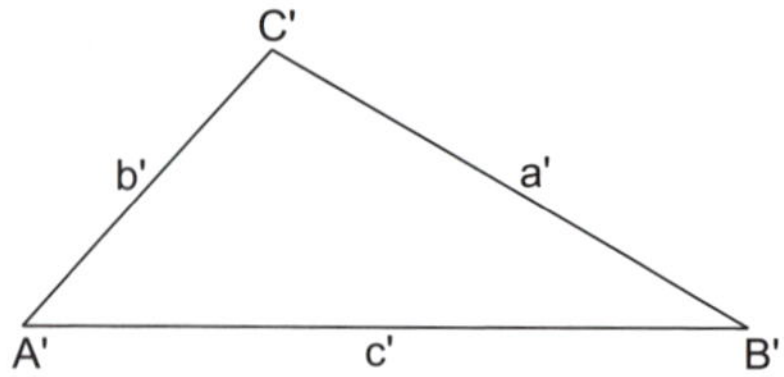

2. Bestimme β.

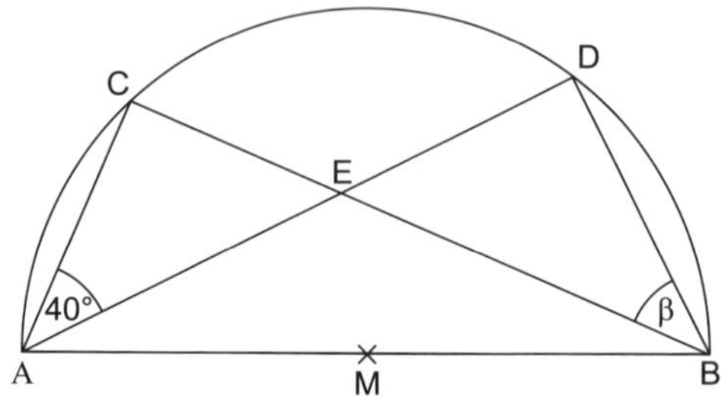

Lösung:
Schritt 1:
Gegeben: $\sphericalangle DAC = 40°$
Außerdem sind die Dreiecke ABC und ABD rechtwinklig, da ihre Ecken auf dem Thaleskreis liegen. Es gilt somit:
$\sphericalangle ACB = 90°$
$\sphericalangle ADB = 90°$
Gesucht: β

Schritt 2:
Ausgehend von den gegebenen Winkeln können weitere Winkel in der Figur bestimmt werden: Mithilfe der Winkelsumme im Dreieck AEC kann $\sphericalangle CEA$ bestimmt werden. Der Winkel BED ist der Scheitelwinkel zu $\sphericalangle CEA$ und somit gleich groß. Der Winkel β kann nun mithilfe der Winkelsumme im Dreieck EBD bestimmt werden.

Schritt 3:
$\sphericalangle CEA = 180° - 90° - 40° = 50°$
(Winkelsumme im Dreieck AEC und Thaleskreis)

$\sphericalangle BED = \sphericalangle CEA = 50°$
(Scheitelwinkel)

$\beta = 180° - 90° - \sphericalangle BED = 180° - 90° - 50° = 40°$
(Winkelsumme im Dreieck EBD und Thaleskreis)

Schritt 4:
Als Probe kann in diesem Fall die Aufgabe noch einmal gut durchdacht werden. In aller Regel stimmen in Skizzen die Längen und Winkel nicht mit den gegebenen Größen überein, sodass ein Nachmessen in der Skizze nicht das richtig berechnete Ergebnis liefert.

3. Die Geraden g und h sind parallel.
   Bestimme x.

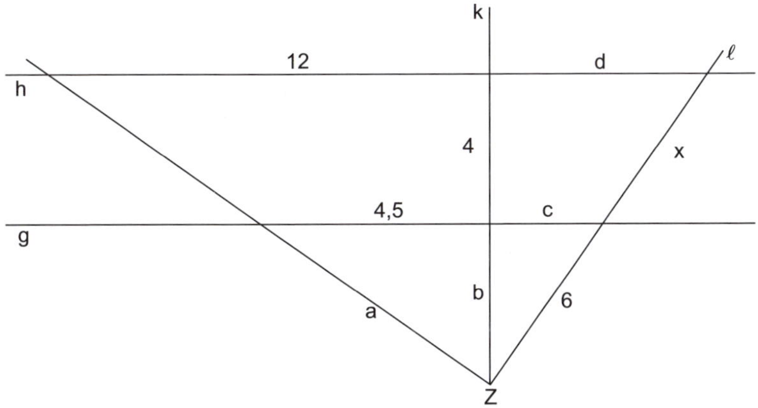

Lösung:
Schritt 1:
Gegeben: Strahlensatzfigur
Gesucht: x

Schritt 2:
Um unnötige Berechnungen zu vermeiden, geht man hier am besten „rückwärts" vor. x erhält man mithilfe der rechten Seite der Figur. Da weder c noch d bekannt sind, können die parallelen Strecken nicht verwendet werden. Die Verhältnisse der entsprechenden Abschnitte auf den Geraden k und ℓ helfen einem weiter. Um x berechnen zu können, wird jedoch noch die Länge b benötigt. Diese erhält man mithilfe der linken Seite der Figur unter Verwendung der parallelen Strecken.

Schritt 3:
Für b gilt:

$$\frac{12}{4,5} = \frac{4+b}{b} \qquad |\cdot 4,5 \cdot b$$

Auflösen nach b ergibt:

$$12b = (4+b)\cdot 4,5 \qquad \text{ausmultiplizieren}$$
$$12b = 18 + 4,5b \qquad |-4,5b$$
$$7,5b = 18 \qquad |:7,5$$
$$b = 2,4$$

Nun erhält man für x:

$$\frac{x}{6} = \frac{4}{b}$$

$$x = \frac{4}{b} \cdot 6 = \frac{24}{2,4} = 10$$

Schritt 4:

Zur Überprüfung kann noch das Verhältnis entlang der Strahlen k und ℓ bestimmt werden:

$$\frac{6}{6+x} = \frac{6}{6+10} = \frac{3}{8} = 0,375$$

$$\frac{b}{b+4} = \frac{2,4}{2,4+4} = 0,375$$

Hierbei wird aber nur der zweite Schritt der Berechnung überprüft. Sollte einem bei der Bestimmung von b bereits ein Fehler unterlaufen sein, so würde dieser unentdeckt bleiben.

Satzgruppe des Pythagoras

1 Wiederholung zum rechtwinkligen Dreieck

Im rechtwinkligen Dreieck stehen die Seiten und die Hypotenusenabschnitte in besonderen Beziehungen zueinander. Diese Beziehungen bestehen aus drei Sätzen, die zur **Satzgruppe des Pythagoras** zusammengefasst werden.

Die Satzgruppe des Pythagoras und damit auch die eingängige Beziehung $a^2+b^2=c^2$ gilt ausschließlich im rechtwinkligen Dreieck – und natürlich nur, wenn die einzelnen Dreiecksseiten passend benannt wurden.
Die Hypotenuse c wird von der Höhe h_c in die Hypotenusenabschnitte q und p geteilt. Natürlich gibt es im rechtwinkligen Dreieck auch die beiden Höhen h_a und h_b, die auf den beiden Katheten senkrecht stehen. Da diese aber mit der jeweils anderen Kathete zusammenfallen, spricht man häufig nur von „der Höhe" des rechtwinkligen Dreiecks, womit die Höhe h_c gemeint ist.

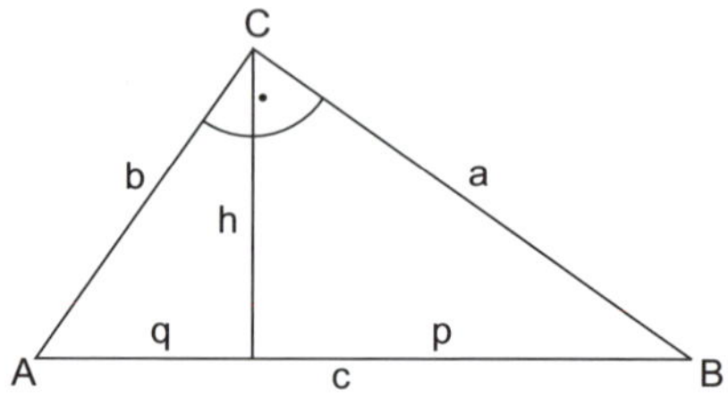

2 Der Höhensatz

Ein rechtwinkliges Dreieck lässt sich mithilfe des Thaleskreises zeichnen, wobei der Durchmesser des Kreises der Hypotenuse entspricht. Wird nun der Durchmesser in die zwei Hypotenusenabschnitte geteilt, so ist auch die Höhe des Dreiecks festgelegt. Den Zusammenhang zwischen den Hypotenusenabschnitten und der Höhe beschreibt der Höhensatz:

Höhensatz
In einem rechtwinkligen Dreieck hat das Quadrat über der Höhe den gleichen Flächeninhalt wie ein Rechteck, dessen Seitenlängen den beiden Hypotenusenabschnitten entsprechen.
$h^2=p\cdot q$

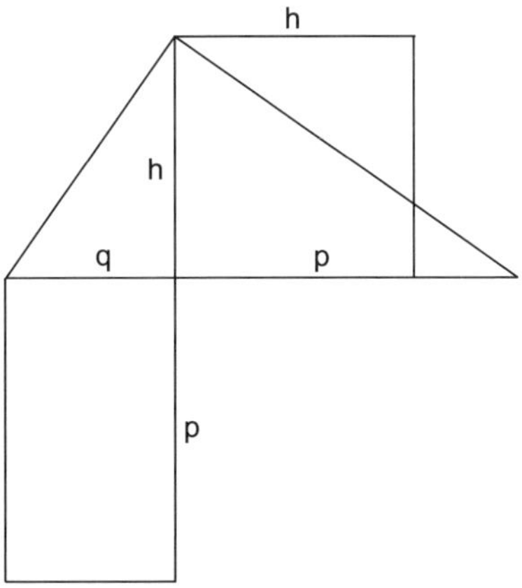

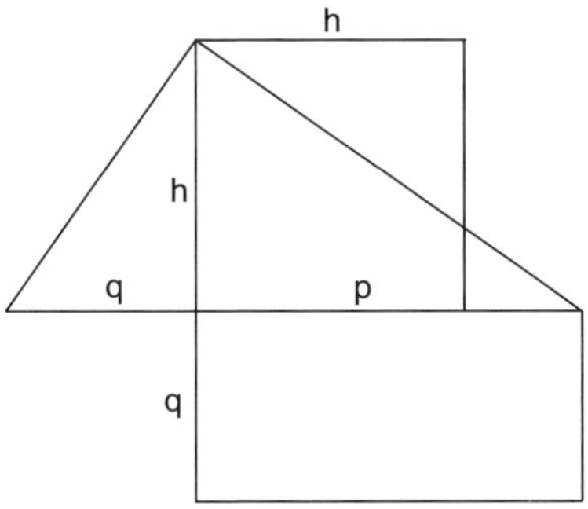

Beispiel

Verwandle ein Rechteck mit $a = 3$ cm und $b = 2$ cm in ein Quadrat, das den gleichen Flächeninhalt besitzt.

Lösung:
Höhensatz $h^2 = p \cdot q$.
Die linke Seite dieser Gleichung entspricht dem gesuchten Quadrat, die rechte dem Ausgangsrechteck mit den Seitenlängen a und b. Somit muss ein rechtwinkliges Dreieck mit $p = 3$ cm und $q = 2$ cm konstruiert werden, wobei der Satz des Thales angewandt wird.

Konstruktionsbeschreibung:
Zeichne
$\overline{AB} = c = p + q = 3\text{ cm} + 2\text{ cm}$.
Konstruiere ein Lot auf c durch den Punkt F, der [AB] im Verhältnis 2 : 3 teilt und somit der Nahtstelle zwischen p und q entspricht.
Konstruiere den Thaleskreis über c.
Der Schnittpunkt des Thaleskreises mit dem Lot ist C.
Die Höhe des Dreiecks entspricht einer Quadratseite, das nun konstruiert werden kann.

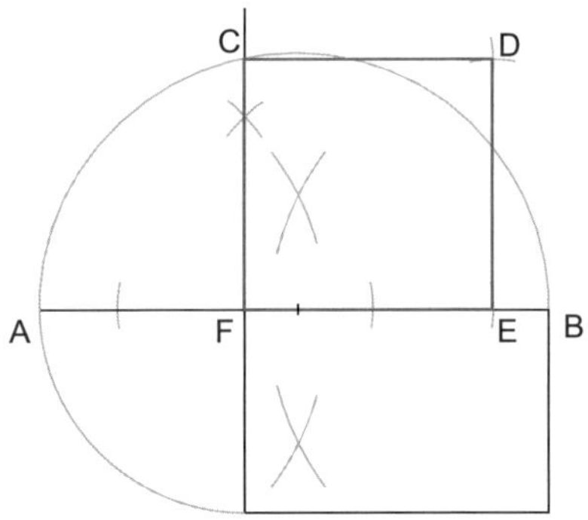

Aufgaben

1. Welche Beziehung gilt zwischen der Höhe und den Hypotenusenabschnitten der folgenden Dreiecke?

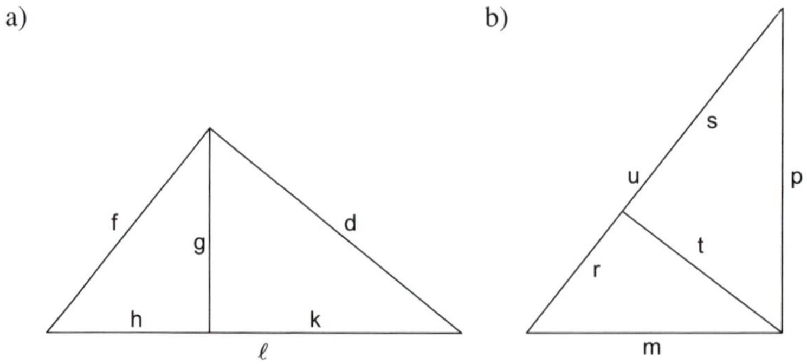

2. Verwandle ein Rechteck, das 1,5 cm breit und 3,5 cm lang ist, mithilfe des Höhensatzes in ein flächengleiches Quadrat.

3. Ein Schokoladenfabrikant produziert quaderförmige Schokoladenblöcke mit quadratischer Grundfläche, deren Kantenlänge 8 cm beträgt. Er möchte sein Angebot erweitern und dafür eine neue Form kreieren, wobei die neuen Tafeln aus technischen Gründen weiterhin quaderförmig sein müssen und in Höhe sowie Volumen den bisherigen Schokoladenquadern entsprechen sollen. Zwei verschiedene Varianten a und b sollen ausprobiert und dem Chef zur endgültigen Entscheidung präsentiert werden.
Konstruiere jeweils die Grundfläche der neuen Schokoladenformen a und b im Maßstab 1:2.
   a) Eine Seite soll 5 cm lang sein.
   b) Da die vier Seitenflächen der Verpackung mit relativ teurer Goldfolie beklebt werden, hängen die Verpackungskosten stark vom Umfang der Grundfläche ab. In der Kostenkalkulation wird dieser Umfang daher auf maximal 38 cm festgelegt. Diese teuerste Variante soll ausprobiert werden.

4. In einer halbkreisförmigen Tunnelröhre mit 10 Metern Durchmesser werden zwei Fahrspuren mit jeweils einem Gehsteig geplant. Die Höhe über der Fahrbahn soll mindestens 3,5 m betragen.
Wie breit muss der Gehsteig sein?

5. Wie hoch darf eine quaderförmige 12 cm breite Schachtel höchstens sein, damit sie in eine Röhre mit 20 cm Durchmesser passt?

3 Die Kathetensätze

Außer dem Zusammenhang zwischen Hypotenusenabschnitten und Höhe, der im Höhensatz beschrieben wird, besteht noch ein weiterer Zusammenhang zwischen den Katheten und den zugehörigen Hypotenusenabschnitten:

Kathetensatz
In einem rechtwinkligen Dreieck hat das Quadrat über einer Kathete den gleichen Flächeninhalt wie das Rechteck, dessen Seitenlängen der Hypotenuse und dem anliegenden Hypotenusenabschnitt entsprechen.
$a^2 = c \cdot p$
$b^2 = c \cdot q$

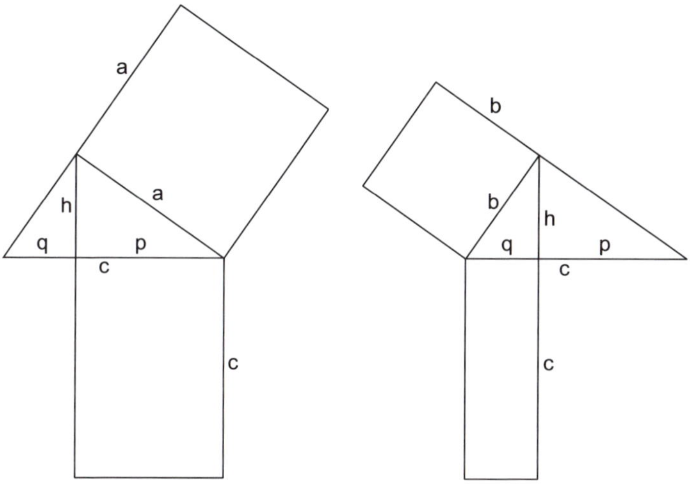

Beispiel

Berechne in dem rechtwinkligen Dreieck die Seiten a und b.

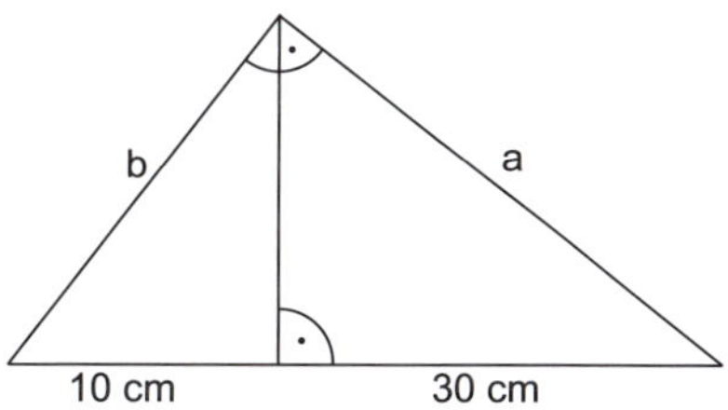

Lösung:
In dem rechtwinkligen Dreieck gilt $p = 30$ cm, $q = 10$ cm und $c = p + q = 10\text{ cm} + 30\text{ cm} = 40\text{ cm}$.

Mithilfe der Kathetensätze lassen sich die Seiten a und b berechnen:

$$a^2 = p \cdot c \quad \Rightarrow \quad a = \sqrt{p \cdot c} = \sqrt{30\text{ cm} \cdot 40\text{ cm}} = \sqrt{1\,200\text{ cm}^2} = 20\sqrt{3}\text{ cm}$$

$$b^2 = q \cdot c \quad \Rightarrow \quad b = \sqrt{q \cdot c} = \sqrt{10\text{ cm} \cdot 40\text{ cm}} = 20\text{ cm}$$

Aufgaben

6. Welche Beziehungen gelten zwischen den Seiten und den Hypotenusenabschnitten der folgenden Dreiecke?

a)

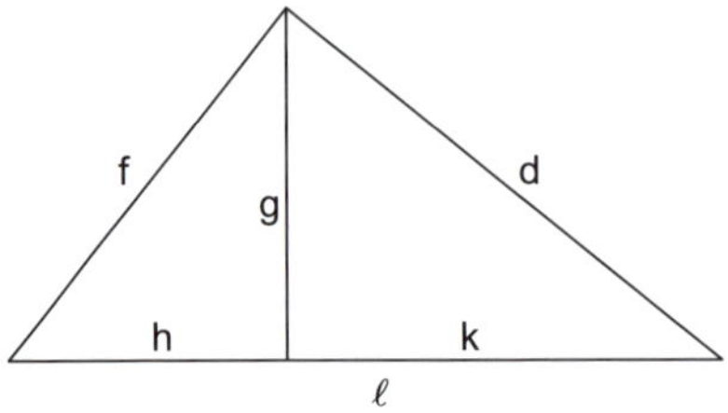

b)

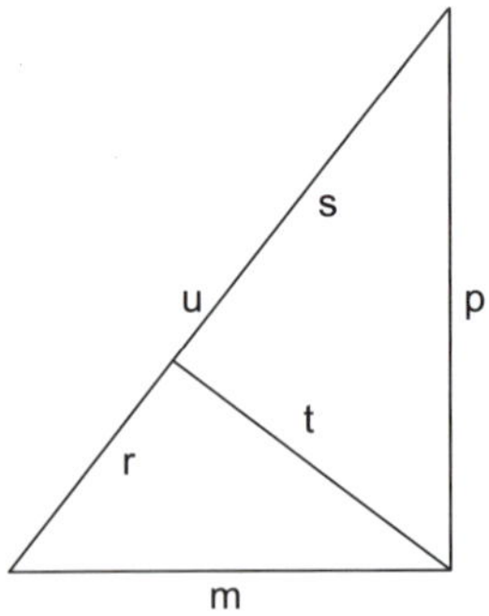

7. Verwandle ein Rechteck, das 2 cm breit und 5 cm lang ist, mithilfe des Kathetensatzes in ein flächengleiches Quadrat.

8. Für eine Freilandphotovoltaikanlage werden Stützen benötigt. Die Module sollen im 90°-Winkel abgestützt werden, wobei die Module so schräg stehen, dass der Schattenwurf bei senkrechter Bestrahlung 1,20 m beträgt. Zwischen den Modulreihen ist 1,60 m Abstand.

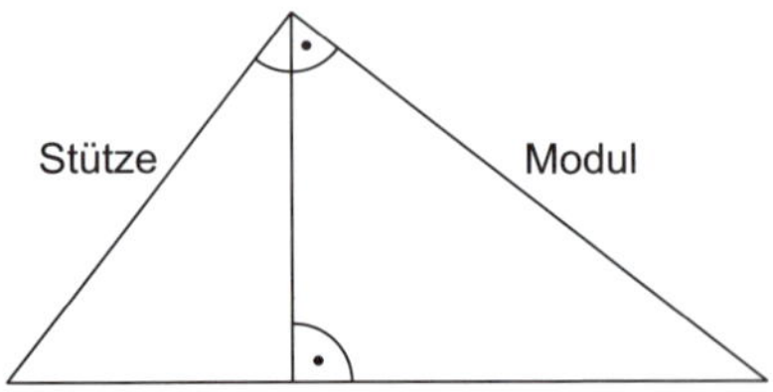

Wie lang können die Stützen maximal sein?

9. Sophie will den Abstand zweier Bäume A und B bestimmen. Da sie auf unterschiedlichen Seiten eines Flusses liegen und sie den Fluss nicht überqueren kann, überlegt sie sich folgenden Trick:

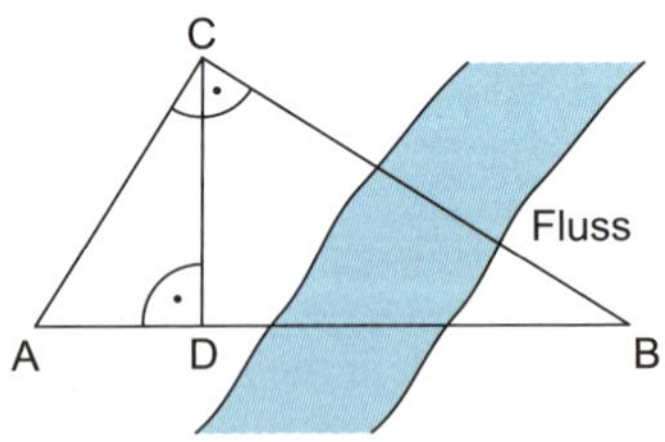

Sie sucht sich zwei Punkte C und D so, dass D auf der Verbindung von A und B liegt und sowohl $\sphericalangle ACB = 90°$ als auch $\sphericalangle CDA = 90°$ gilt.

a) Welche Längen kann Sophie messen und wie kann sie aus diesen Längen den Abstand zwischen A und B bestimmen?

b) Berechne den Abstand der Bäume, wenn Sophie den Abstand von A und D zu 6 m und den Abstand von A und C zu 10 m bestimmt.

10. Zeige: Die Differenz der Flächeninhalte der Quadrate über den Katheten ist so groß wie die Differenz der Flächeninhalte der Quadrate über den Hypotenusenabschnitten.

4 Satz des Pythagoras

Wird jemand einige Jahre nach seinem Schulabschluss gefragt, welche Inhalte der einzelnen Schulfächer ihm spontan einfallen, so wird für Physik oft Einsteins legendäre Energie-Masse-Beziehung $E = mc^2$ zitiert. Fast ebenso häufig wird für Mathematik die von Pythagoras aufgestellte Gleichung $a^2 + b^2 = c^2$ genannt. Dies allein mag kein Beweis für die große Bedeutung dieser mathematischen Beziehung sein, spricht aber für eine gewisse Faszination, die die damit verbundene Mathematik schon auf viele Generationen ausgeübt hat. Die Chancen stehen somit gut, dass deine eigene Beschäftigung mit Pythagoras Erbe auch dein Wissen nicht nur bis zur nächsten Klassenarbeit bereichert.

Kombiniert man den Kathetensatz für beide Katheten, so erhält man den Satz des Pythagoras:

Satz des Pythagoras
In einem rechtwinkligen Dreieck haben die Quadrate über den Katheten zusammen den gleichen Flächeninhalt wie das Quadrat über der Hypotenuse.
$a^2 + b^2 = c^2$

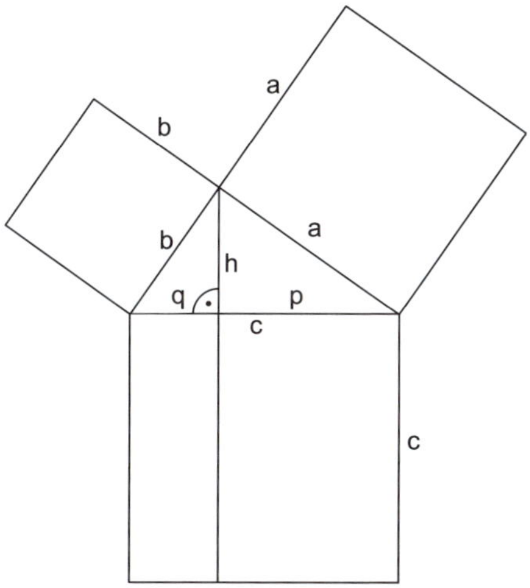

Umkehrung zum Satz des Pythagoras
Gilt in einem Dreieck ABC die Gleichung $a^2 + b^2 = c^2$, so ist das Dreieck rechtwinklig. Der rechte Winkel liegt dann bei C.

Beispiele

1. Der Pfeiler einer Brücke, der 15 m über die Fahrbahn hinausragt, wird mit Stahlseilen abgespannt, die 26 m vom Standort des Brückenpfeilers entfernt im Boden verankert werden.

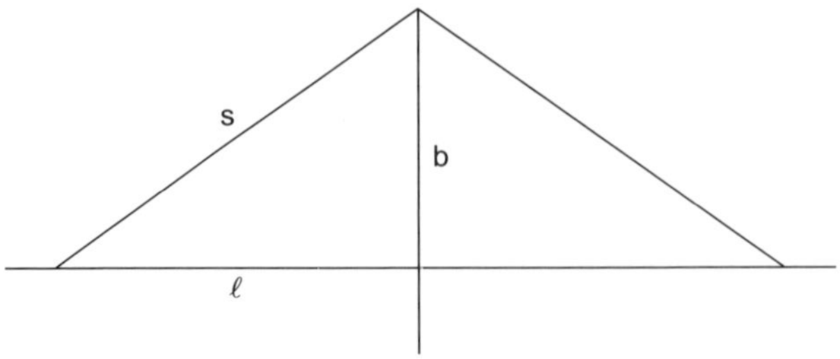

a) Wie lang müssen die Seile sein? Runde auf Meter.

b) Auf jeder Seite soll ein weiteres Seil angebracht werden, das im halben Abstand vom Brückenpfeiler entfernt verankert werden soll – also bereits nach 13 Metern.
Wie lang müssen diese Seile sein? Schätze zunächst und rechne anschließend auf Dezimeter gerundet.

Lösung:

a) Die Seile s bilden zusammen mit dem Brückenpfeiler b und der Entfernung der Verankerung zum Brückenpfeiler ℓ ein rechtwinkliges Dreieck.
Mit dem Satz des Pythagoras gilt:
$s^2 = b^2 + \ell^2$

$$s = \sqrt{b^2 + \ell^2} = \sqrt{(15\text{ m})^2 + (26\text{ m})^2}$$
$$= \sqrt{901}\text{ m} \approx 30\text{ m}$$

Die Seile müssen 30 m lang sein.

b) Da nur eine Kathete halbiert wird, ist die neue Hypotenuse sicherlich länger als die Hälfte, aber kleiner als die alte Hypotenuse.
Schätzung: 20 m
Analog zur Teilaufgabe a ergibt sich:

$$s = \sqrt{b^2 + \ell^2} = \sqrt{(15\text{ m})^2 + (13\text{ m})^2}$$
$$= \sqrt{394}\text{ m} \approx 19{,}8\text{ m}$$

Die Seile müssen 19,8 m lang sein. Die Halbierung nur einer Kathete eines rechtwinkligen Dreiecks hat nicht die Halbierung der Hypotenuse zur Folge – hierfür müssten beide Katheten halbiert werden.

2. Berechne die Diagonale d eines Quadrats mit Seitenlänge $a = 3$ cm.
Leite anhand deiner Überlegungen eine allgemeine Formel zur Berechnung der Diagonale eines Quadrates mit Seitenlänge a her.

Lösung:

Die Diagonale zerlegt das Quadrat in zwei rechtwinklige Dreiecke. Die Katheten entsprechen den Seiten des Quadrats.

$d^2 = a^2 + a^2 = 2 \cdot a^2 = 2 \cdot (3\text{ cm})^2 = 18\text{ cm}^2$

$\Rightarrow \quad d = \sqrt{18\text{ cm}^2} = 3\sqrt{2}\text{ cm}$

Allgemein:

$d = \sqrt{2 \cdot a^2} = a\sqrt{2}$

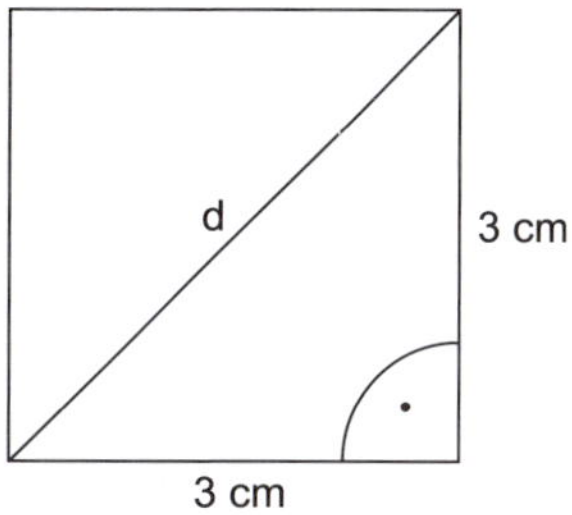

gaben

11. Welche Beziehungen gelten zwischen den Seiten der folgenden rechtwinkligen Dreiecke?

a)
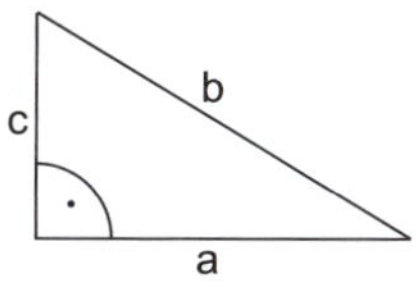

b)
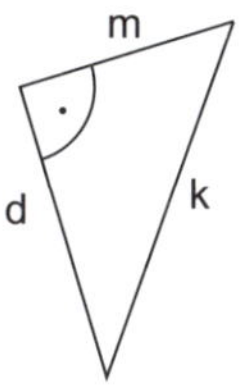

c)
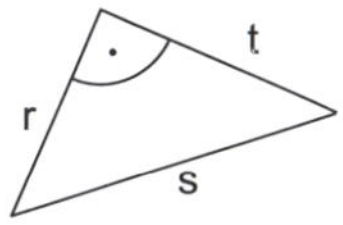

d)
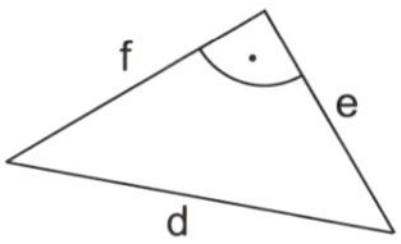

e)
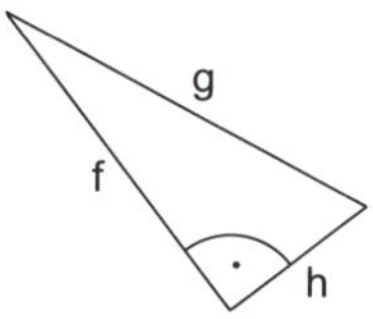

f)
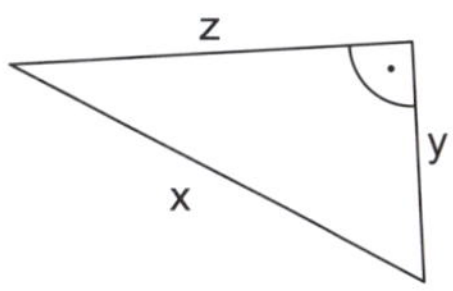

12. Überprüfe rechnerisch, ob die Dreiecke rechtwinklig sind. Wo befindet sich gegebenenfalls der rechte Winkel?

a) $a = 0{,}7$ cm, $b = 2{,}4$ cm, $c = 2{,}5$ cm

b) $a = 4{,}5$ cm, $b = 2{,}3$ cm, $c = 3{,}9$ cm

c) $a = 567$ mm, $b = 121$ cm, $c = 133{,}6$ cm

d) $a = 6$, $b = \sqrt{15}$, $c = \sqrt{21}$

e) $a = 3{,}5$ m, $b = 4{,}5$ m, $c = 4$ m

13. a) Berechne die Höhe in einem gleichseitigen Dreieck mit Seitenlänge 4 cm. Leite anhand deiner Überlegungen eine allgemeine Formel zur Berechnung der Höhe in einem gleichseitigen Dreieck mit Seitenlänge a her.

b) Berechne den Abstand d von $A(1\,|\,2)$ und $B(4\,|\,3)$. Leite anhand deiner Überlegungen den Abstand zweier Punkte $A(x_a\,|\,y_a)$ und $B(x_b\,|\,y_b)$ her.

14. Regina möchte sich eine neue Regalwand zusammenstellen. In einem Möbelkatalog findet sie vielseitig kombinierbare Regalelemente mit folgenden Maßen:
hoch: 200 cm/250 cm
breit: 60 cm/80 cm/100 cm
tief: 30 cm/45 cm/60 cm

a) Wie viele verschiedene Regale bietet das System an?

b) Wie kombiniert Regina die verschiedenen Breiten am besten, um eine 3,40 m lange Wand optimal auszunutzen?

c) Der Raum hat eine Höhe von 2,55 m. Regina muss die Regale auf der Rückwand liegend aufbauen. Welche Regalelemente darf Regina also nicht kaufen?

Tipp: Ermittle, wie tief das 2,50 m hohe Regal maximal sein darf, damit es noch aufgestellt werden kann. Prüfe auch, welche Höhe das 60 cm tiefe Regal maximal haben darf.

d) Zum Stabilisieren des Regals werden an der Rückwand jeweils zwei Ecken diagonal mit Holzleisten abgespannt.
Wie lang müssen die Holzleisten für das Regalelement mit Breite 60 cm, Höhe 200 cm und Tiefe 45 cm sein?

15. Zwei Fußgänger treffen sich an einer rechtwinkligen Kreuzung. Ihre Spazierwege führen weiter geradeaus. Herr Meier spaziert mit $5{,}1\,\frac{\text{km}}{\text{h}}$. Frau Müller joggt mit $8{,}4\,\frac{\text{km}}{\text{h}}$.
Wie weit sind sie nach 40 Minuten voneinander entfernt? Runde auf zwei Stellen nach dem Komma.

16. Von einer geraden Pyramide mit quadratischer Grundfläche soll die Höhe bestimmt werden. Matthias misst folgende Größen:
Kantenlänge a der quadratischen Grundfläche: 140 m
Abstand s von der Spitze zur Ecke: 125 m.
Wie hoch ist die Pyramide? Runde auf ganze Meter.
(Bei einer geraden Pyramide sind alle Seitenkanten, d. h. alle Kanten, die von der Spitze ausgehen, gleich lang.)

17. Herr Höllerls Fertiggarage ist direkt an sein Wohnhaus angebaut, wodurch ein windgeschützter Platz entstanden ist. Darüber will er zur Beschattung ein dreieckiges Sonnensegel anbringen. Um das Küchenfenster nicht zu beschatten, wird der rechte Haken in 4 m Entfernung von der Garage auf Höhe der Garage angebracht, nach vorne wird die Garagenlänge von 6 m ausgenutzt. Der obere Haken wird 1,5 m über der Garage angebracht.

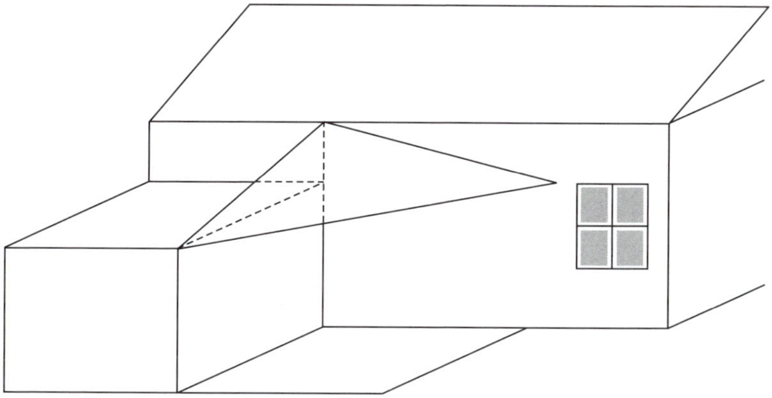

a) Wie lang sind die drei Kanten des Sonnensegels?

b) Zeige, dass das Sonnensegel nicht rechtwinklig ist, und gib an, ob der Winkel beim oberen Haken größer oder kleiner als 90° ist.

c) Schätze den Flächeninhalt des Sonnensegels ab.

18. Rolands Spielzeugtruhe ist innen 80 cm lang, 40 cm breit und 50 cm hoch. Passt eine 110 cm lange Stange in die Kiste?

19. Vier Kabel mit Radius $r = 3$ mm umschließen ein kleineres Kabel. Alle fünf Kabel verlaufen in einem Rohr mit passendem Durchmesser.
Berechne den Radius x des kleinen Kabels und den Radius y des Rohres.

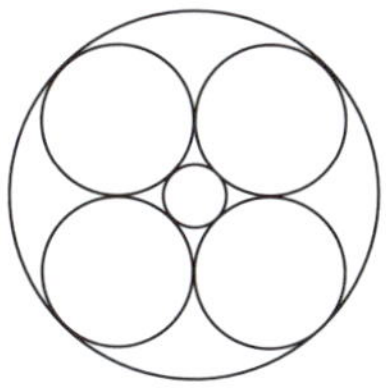

✳ 20. Über den Seiten eines rechtwinkligen Dreiecks werden Halbkreise gezeichnet.

a) Fertige eine Skizze an.

b) Gib den Flächeninhalt der Halbkreise in Abhängigkeit von a, b oder c an.

c) Zeige, dass der Satz des Pythagoras auch für den Flächeninhalt der Halbkreise gilt.

Vermischte Aufgaben

Aufgaben

21. Berechne die fehlenden Größen in einem rechtwinkligen Dreieck mit $\gamma = 90°$.

	a	b	c	h	q	p	A
a)	5	12					
b)		4	5				
c)					12	75	
d)	$2\sqrt{5}$			2			
e)		6					24
f)				6		3	
✳ g)	$3\sqrt{5}$				1,5		
✳ h)			25	6,72			

22. a) Begründe, dass der Höhenfußpunkt in einem rechtwinkligen Dreieck immer innerhalb des Dreiecks liegt.

b) Ein rechtwinkliges Dreieck hat die Seitenlängen a = 4 cm, b = 3 cm, c = 5 cm.
Bestimme den Flächeninhalt.

c) Leite für das rechtwinklige Dreieck eine Formel zur Berechnung der Höhe her, in der nur die Seiten des Dreiecks verwendet werden.

23. Konstruiert werden soll ein Quadrat mit Flächeninhalt 10 cm^2, wobei nur Strecken mit ganzzahliger Länge (z. B. 1 cm, 5 cm, 12 cm, …) vorgegeben werden dürfen.

a) Verwende den Höhensatz.

b) Verwende den Kathetensatz.

c) Verwende den Satz des Pythagoras.

24. a) Konstruiere $\sqrt{5}$ jeweils mithilfe
i) des Höhensatzes,
ii) der Kathetensätze,
iii) des Satzes des Pythagoras.

b) Überlege dir ein Verfahren zur Konstruktion von $\sqrt{n}$ mit $n \in \mathbb{N}$.

25. In dieser Aufgabe wird die Satzgruppe des Pythagoras mithilfe der Ähnlichkeit von Dreiecken bewiesen.

a) Zeige, dass die Dreiecke ABC, ADC und DBC ähnlich zueinander sind, indem du die Winkel in den Teildreiecken durch α und β ausdrückst.

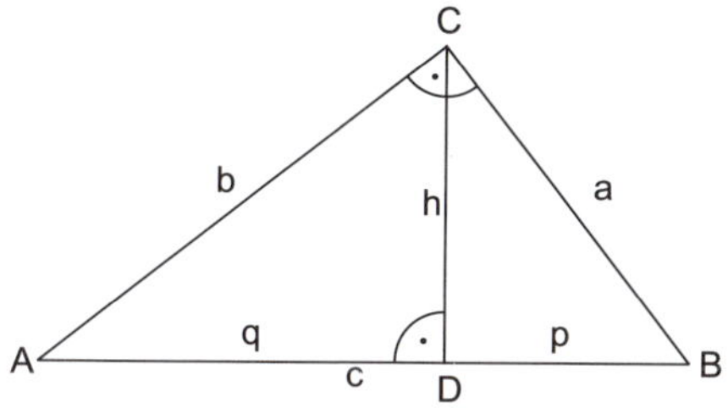

b) Verwende die Verhältnisgleichheit entsprechender Seiten in ähnlichen Dreiecken, um den Höhensatz und die Kathetensätze zu beweisen.

c) Beweise den Satz des Pythagoras durch Addition der beiden Kathetensätze.

26. Beim abgebildeten Geduldspiel müssen die drei Kugeln mit 5 mm Durchmesser in die drei kreisrunden Vertiefungen gerollt werden.
Wie weit sinken die Kugeln ein, wenn die Löcher einen Durchmesser von 3 mm haben?

27. Ein Ball mit 18 cm Durchmesser schwimmt im Wasser und taucht dabei zu einem Viertel seines Durchmessers unter.
Wie groß ist der Umfang des Kreises, den die Wasseroberfläche mit dem Ball bildet?

Tipp: Zuerst muss der entsprechende Kreisradius ermittelt werden, wodurch die Aufgabe sehr mit Aufgabe 26 verwandt ist.

Trigonometrie am rechtwinkligen Dreieck

1 Sinus, Kosinus und Tangens im rechtwinkligen Dreieck

Bekannt ist bereits der Begriff der geometrischen Ähnlichkeit, mit dessen Hilfe Zusammenhänge zwischen Winkeln und Seitenlängen im Dreieck hergestellt werden können.
Während zwei Gegenstände umgangssprachlich als ähnlich bezeichnet werden, wenn sie ungefähr gleich aussehen, dürfen sich zwei geometrische Figuren dafür lediglich in ihrer Größe und Lage unterscheiden.

Speziell müssen alle Winkel und damit auch sämtliche Verhältnisse entsprechender Seitenlängen der ähnlichen Figuren übereinstimmen.
Stimmen zwei Dreiecke in zwei Winkeln überein, so sind sie aufgrund der Winkelsumme im Dreieck ähnlich, da sie auch im dritten Winkel übereinstimmen.
Es werden nun zwei rechtwinklige Dreiecke, die in einem weiteren Winkel (hier α) übereinstimmen, betrachtet. Da alle Dreiecke mit dieser Winkelkonstellation zueinander ähnlich sind, ist das Verhältnis der Seiten zueinander gleich groß und somit eindeutig festgelegt. Zu einem bestimmten Winkel α gehört ein bestimmtes Verhältnis.

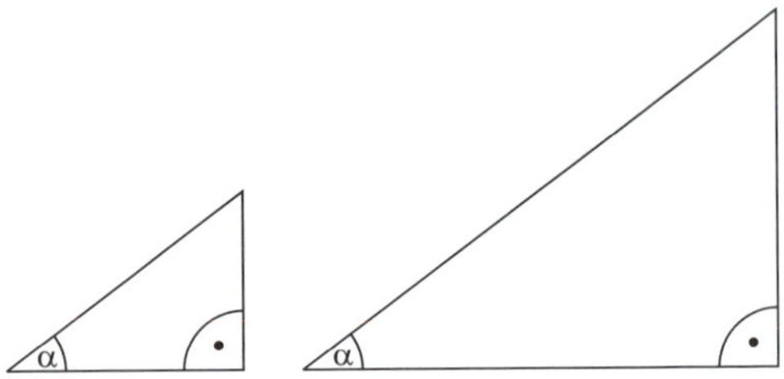

Genauso lässt sich die Ähnlichkeit zweier Dreiecke auch an den gleichen Verhältnissen der entsprechenden Dreiecksseiten ablesen.

Definition

Im rechtwinkligen Dreieck gilt:

$$\sin\alpha = \frac{\text{Gegenkathete}}{\text{Hypotenuse}}$$ (sprich: „Sinus von α ist …“)

$$\cos\alpha = \frac{\text{Ankathete}}{\text{Hypotenuse}}$$ (sprich: „Kosinus von α ist …“)

$$\tan\alpha = \frac{\text{Gegenkathete}}{\text{Ankathete}}$$ (sprich: „Tangens von α ist …“)

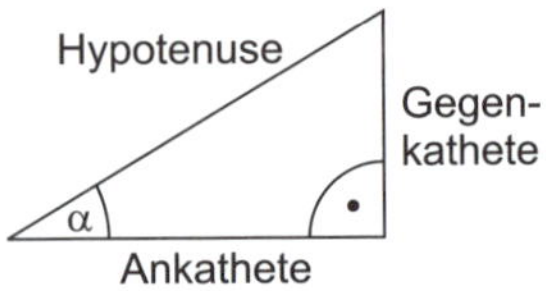

Beachte, dass im rechtwinkligen Dreieck jede Kathete gleichzeitig An- und Gegenkathete ist – je nachdem, welcher Winkel betrachtet wird. So ist Seite a die Gegenkathete zu Winkel α und gleichzeitig die Ankathete zu Winkel β.

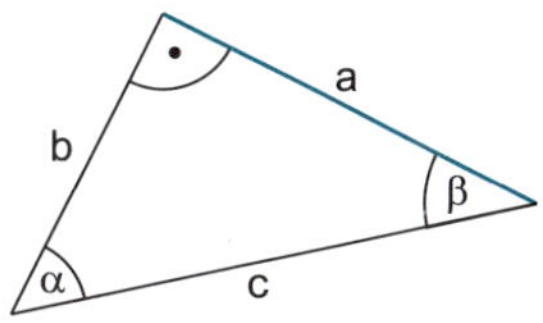

Da die Hypotenuse die längste Seite im rechtwinkligen Dreieck ist, sind die Verhältnisse der Katheten zur Hypotenuse und damit auch Sinus und Kosinus immer kleiner als 1. Da Seitenlängen immer positiv sind, gilt dies auch für Sinus und Kosinus der Winkel im rechtwinkligen Dreieck.
Je kleiner der betrachtete Winkel ist, umso kleiner ist bei konstanter Hypotenuse auch die Gegen- bzw. Ankathete und damit auch der Sinus bzw. Kosinus.
Da der Tangens dem Verhältnis der beiden Katheten entspricht, ist dieser ebenfalls positiv, es gibt jedoch nach oben keine Einschränkung, sodass er alle Werte größer als null annehmen kann.

Für bestimmte Winkel können die exakten Sinus-, Kosinus- und Tangens-Werte bestimmt werden. Diese Werte solltest du auswendig können:

α	0°	30°	45°	60°	90°
$\sin\alpha$	0	$\frac{1}{2}$	$\frac{\sqrt{2}}{2}$	$\frac{\sqrt{3}}{2}$	1
$\cos\alpha$	1	$\frac{\sqrt{3}}{2}$	$\frac{\sqrt{2}}{2}$	$\frac{1}{2}$	0
$\tan\alpha$	0	$\frac{\sqrt{3}}{3}$	1	$\sqrt{3}$	nicht definiert

(Berechnung siehe Beispiel 1 und Aufgabe 31)

Bei der Berechnung für andere Winkel hilft der Taschenrechner. Ebenso ist die Ermittlung des zugehörigen Winkels α bei gegebenem Wert für z. B. $\sin\alpha$ Aufgabe des Taschenrechners (siehe Aufgabe 30).
Beachte bei der Verwendung des Taschenrechners, dass dieser unbedingt auf klassische Gradangaben eingestellt sein muss. Du erkennst dies bei den gängigen Modellen an einem kleinen „D“ oder „DEG“ im Display. Wird hier stattdessen ein „R“, „RAD“, „G“ oder „GRA“ angezeigt, muss der Modus unbedingt umgestellt werden. Hierbei hilft ein Blick in die Betriebsanleitung. „D“ bzw. „DEG“ stehen übrigens für „degree“ (engl. Grad).

Beispiele

1. Bestimme den exakten Wert für $\sin 45°$, $\cos 45°$ und $\tan 45°$.

   Lösung:

   In einem rechtwinkligen Dreieck mit Hypotenuse c und $\alpha = 45°$ folgt mit dem Satz zur Winkelsumme im Dreieck: $\beta = 45°$

   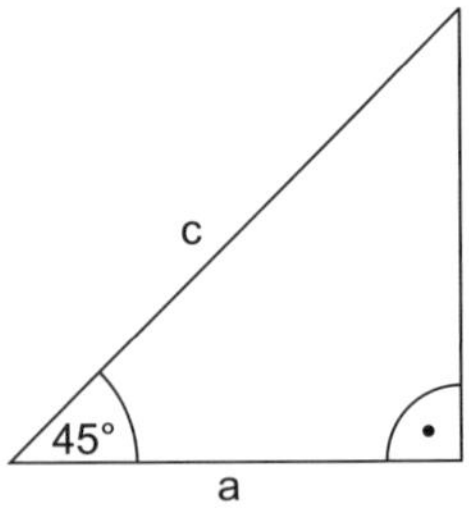

   Das Dreieck ist somit gleichschenklig:
   $a = b$ bzw. Gegenkathete = Ankathete
   Schon an dieser Stelle wird klar, dass gelten muss: $\sin 45° = \cos 45°$

   Zur exakten Berechnung muss der Satz des Pythagoras verwendet werden:
   $c^2 = a^2 + b^2$ bzw.

   $$c = \sqrt{a^2 + b^2} = \sqrt{a^2 + a^2} = \sqrt{2a^2} = a\sqrt{2} = b\sqrt{2}$$

   $$\Rightarrow \quad \sin 45° = \frac{a}{c} = \frac{a}{a\sqrt{2}} = \frac{1}{\sqrt{2}} = \frac{\sqrt{2}}{2}$$

   Im letzten Schritt wurde der Nenner rational gemacht.

   $$\cos 45° = \frac{b}{c} = \frac{a}{c} = \frac{\sqrt{2}}{2}$$

   $$\tan 45° = \frac{a}{b} = \frac{a}{a} = 1$$

2. Ein Hausdach soll neu eingedeckt werden. Der Giebel des Satteldaches befindet sich 6 m oberhalb der Dachrinnen. Die beiden rechteckigen Dachhälften haben jeweils eine Neigung von 36°.

   Für welche Fläche müssen Dachziegel eingekauft werden, wenn das Dach 8 m lang ist?

   Lösung:

   Da das Dach rechteckig ist, gilt für den Flächeninhalt:
   $A = 2 \cdot$ Länge des Daches $\cdot$ Länge der Dachschräge
   Die Dachschräge s ermittelt man mithilfe von Höhe und Neigungswinkel.

   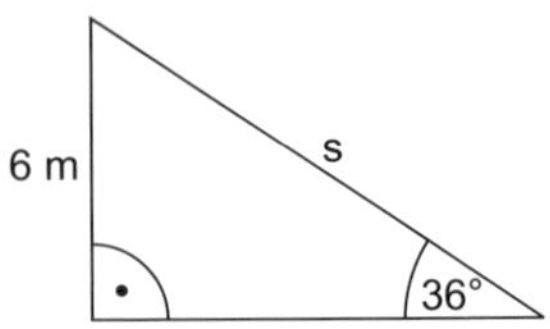

   $$\sin 36° = \frac{h}{s}$$

   $$\Rightarrow \quad s = \frac{h}{\sin 36°} = \frac{6\text{ m}}{\sin 36°} \approx 10{,}2\text{ m}$$

   $$A \approx 2 \cdot 8\text{ m} \cdot 10{,}2\text{ m} = 163{,}2\text{ m}^2$$

3. Um die Höhe eines Turmes zu bestimmen, steckt man in der Ebene eine horizontale Standlinie [AB] ab, wobei A, B und der Fußpunkt F des Turmes auf einer Geraden liegen. Nun wird von A und B aus jeweils der Höhenwinkel zur Turmspitze S gemessen, d. h. der Winkel zwischen dem Boden und der Verbindung zwischen A (bzw. B) und S.

   a) Fertige eine Skizze an.
   b) Wie hoch ist der Turm und wie weit ist sein Fußpunkt von B entfernt, wenn $\overline{AB} = 100$ m beträgt und die zwei Winkel 15,8° und 38,1° groß sind?

Lösung:

a)

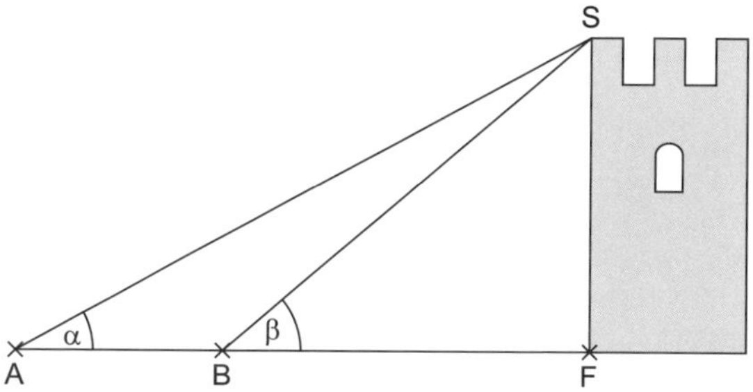

b) Aus der Skizze sieht man, dass $\alpha = 15{,}8°$ und $\beta = 38{,}1°$ gelten muss. Die gesuchten Größen können nicht direkt bestimmt werden. Aber mithilfe der beiden Winkel und der Standlinie [AB] können für die gesuchten Größen zwei Gleichungen aufgestellt werden:

(I) $\tan\beta = \dfrac{\overline{SF}}{\overline{BF}}$

(II) $\tan\alpha = \dfrac{\overline{SF}}{\overline{AB} + \overline{BF}}$

Das Gleichungssystem mit zwei Unbekannten kann man auf verschiedene Arten lösen: Einsetzungsverfahren, Gleichsetzungsverfahren oder Additionsverfahren.

Während die dritte Möglichkeit in diesem Fall nicht zu empfehlen ist, lässt sich durch Auflösen beider Gleichungen nach $\overline{SF}$ und anschließendem Gleichsetzen der Abstand von B zu F schnell ermitteln:

(I') $\overline{SF} = \overline{BF} \cdot \tan\beta$

(II') $\overline{SF} = (\overline{AB} + \overline{BF}) \cdot \tan\alpha$

(I') = (II') $\overline{BF} \cdot \tan\beta = (\overline{AB} + \overline{BF}) \cdot \tan\alpha$ ausmultiplizieren

$\overline{BF} \cdot \tan\beta = \overline{AB} \cdot \tan\alpha + \overline{BF} \cdot \tan\alpha$ $\mid -\overline{BF} \cdot \tan\alpha$

$\overline{BF} \cdot \tan\beta - \overline{BF} \cdot \tan\alpha = \overline{AB} \cdot \tan\alpha$ $\overline{BF}$ ausklammern

$\overline{BF} \cdot (\tan\beta - \tan\alpha) = \overline{AB} \cdot \tan\alpha$ $\mid : (\tan\beta - \tan\alpha)$

$$\overline{BF} = \frac{\overline{AB} \cdot \tan\alpha}{\tan\beta - \tan\alpha} = \frac{100\text{ m} \cdot \tan 15{,}8^\circ}{\tan 38{,}1^\circ - \tan 15{,}8^\circ} \approx 56{,}5\text{ m}$$

Mithilfe des rechtwinkligen Dreiecks BFS oder direkt durch Verwendung von (I') lässt sich nun auch die Turmhöhe einfach ermitteln:

$\overline{SF} = \overline{BF} \cdot \tan\beta = 56{,}5\text{ m} \cdot \tan 38{,}1^\circ \approx 44{,}3\text{ m}$

Der Turm ist 44,3 m hoch und sein Fußpunkt ist 56,5 m von B entfernt.

Aufgaben

28. Gib bei den folgenden Dreiecken $\sin\alpha$, $\cos\alpha$, $\tan\alpha$, $\sin\beta$, $\cos\beta$ und $\tan\beta$ in der Form $\sin\alpha = \frac{a}{c}$ an.

a)
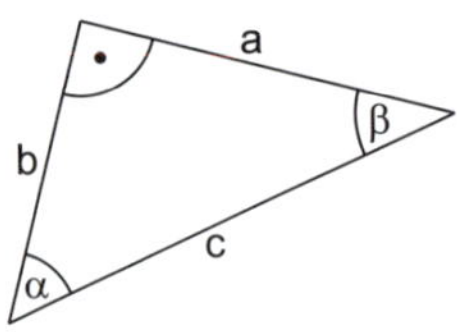

b)
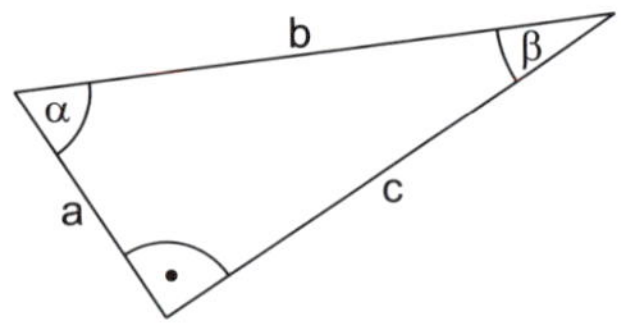

c)
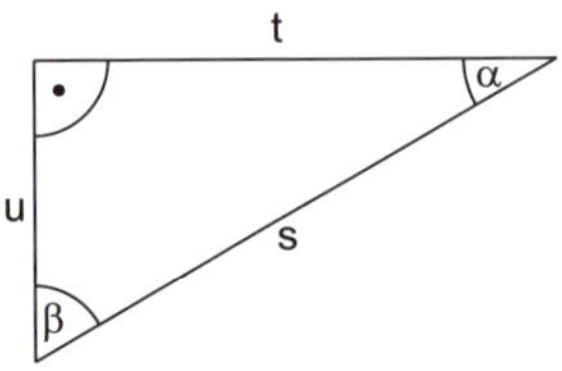

d)
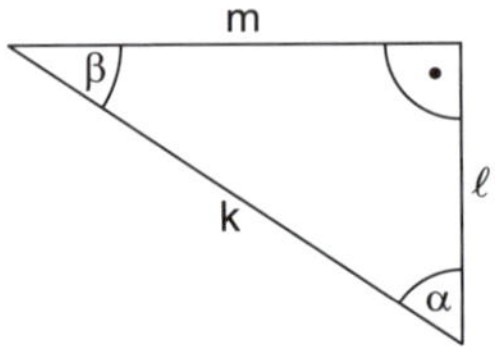

29. Berechne mit dem Taschenrechner die Werte auf zwei Dezimalen genau.

a) $\sin 26^\circ$ b) $\cos 12^\circ$

c) $\tan 36^\circ$ d) $\sin 69^\circ$

e) $\cos 73^\circ$ f) $\tan 80^\circ$

30. Berechne mit dem Taschenrechner die Werte der Winkel auf zwei Dezimalen genau.

a) $\sin\alpha = 0{,}34$
b) $\cos\alpha = 0{,}67$
c) $\tan\alpha = 2{,}34$
d) $\cos\alpha = 0{,}37$
e) $\tan\alpha = 0{,}67$
f) $\sin\alpha = 1{,}45$

31. Bestimme jeweils den exakten Wert, ohne den Taschenrechner zu verwenden.

a) $\sin 60°$, $\cos 60°$, $\tan 60°$
b) $\sin 30°$, $\cos 30°$, $\tan 30°$
c) Vergleiche die Werte von $\sin 30°$ und $\sin 60°$. Die Werte der Winkel werden verdoppelt.
Was geschieht mit den Werten vom Sinus der Winkel?

32. Ein spitzer Winkel in einem rechtwinkligen Dreieck wird vergrößert.
Wie ändert sich

a) sein Sinuswert, wenn
  i) die Hypotenuse gleichbleibt?
  ii) die Gegenkathete gleichbleibt?
b) sein Kosinuswert, wenn
  i) die Hypotenuse gleichbleibt?
  ii) die Ankathete gleichbleibt?
c) sein Tangenswert, wenn
  i) die Gegenkathete gleichbleibt?
  ii) die Ankathete gleichbleibt?

Aufgaben für den Sinus

33. Ein Radfahrer fährt auf einen Berg. Auf einer 3 km langen geraden Strecke mit gleichmäßiger Steigung gewinnt er 500 m an Höhe.
Wie groß ist der Steigungswinkel der Strecke?

34. Bei Leitern, die an Wände etc. angelehnt werden, müssen für eine sichere Handhabung folgende Dinge beachtet werden:

- Anlegeleitern dürfen nur bei festem Untergrund an feste Punkte z. B. Hauswände angestellt werden.
- Der Anstellwinkel soll zwischen 65° und 75° betragen.
- Mindestens 3 Sprossen sollen über eine Einstiegsöffnung wie z. B. einem Fenster herausragen.

a) In welcher maximalen Höhe berührt eine sicher aufgestellte 6,5 m lange Leiter die Wand, wenn keine Einstiegsöffnung zu beachten ist?

b) Wie hoch darf ein Fensterbrett maximal über dem Untergrund liegen, damit das Fenster bei Verwendung einer 6,5 m langen Leiter mit 25 cm Sprossenabstand als Einstiegsöffnung verwendet werden kann?

35. Ein gleichmäßiger Skihang hat eine Neigung von 24°, die Bergstation liegt auf 2 345 m Höhe, die Talstation auf 2 223 m Höhe. Wie lang braucht ein Skifahrer, der auf direktem Weg mit einer durchschnittlichen Geschwindigkeit von 20 $\frac{\text{km}}{\text{h}}$ von der Berg- zur Talstation fährt?

* **36.** a) Von einem nicht rechtwinkligen Dreieck ABC sind folgende Größen bekannt: $\alpha = 30°$, $b = 5$ cm, $c = 3{,}5$ cm.
Berechne den Flächeninhalt des Dreiecks.

b) Von einem nicht rechtwinkligen, spitzwinkligen Dreieck sind ein Winkel und die beiden angrenzenden Seiten gegeben.
Leite die drei resultierenden Formeln für die Berechnung des Flächeninhalts her.

Aufgaben für den Kosinus

37. Aus der Wanderkarte wird die Länge eines ansteigenden Wegstückes zu 850 m bestimmt. Der Weg hat eine gleichmäßige Steigung von 10°.
Wie groß ist die tatsächlich zurückgelegte Distanz?
Wie groß ist der zurückgelegte Höhenunterschied?

38. Ritter Kunibert möchte mithilfe einer Leiter über den 2,5 m breiten Burggraben hinweg beim Burgfräulein Isolde fensterln. Er bestimmt den Winkel zwischen dem Boden und der Blickrichtung zum Fenster seiner Angebeteten zu 65°.

a) Wie lang muss die Leiter sein?

b) Ritter Kunibert möchte mit derselben Leiter seinen Schildknappen aus dem Gefängnis im Burgturm befreien.
Wie breit darf der um den Burgturm verlaufende Krokodilgraben höchstens sein, wenn der Winkel zwischen Boden und Fenster des Gefängnisses 57° beträgt?

39. Zur Stabilisierung eines rechteckigen Regals werden die jeweils gegenüberliegenden Ecken durch Leisten verbunden. Die beiden Leisten sind je 1,0 m lang und schneiden sich unter einem Winkel von 106°.
Wie breit ist das Regal?

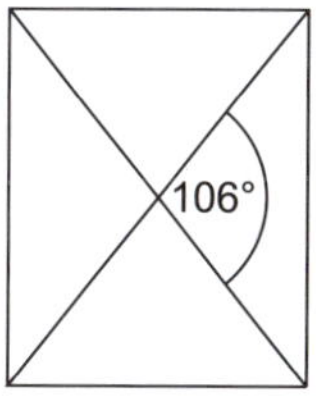

Tipp: Suche ein rechtwinkliges Dreieck, das die Breite des Regals enthält und von dem möglichst viele weitere Größen bekannt sind.

✱ **40.** Ein modernes 40 cm breites Regal wurde so konstruiert, dass die Seiten bei weiterhin horizontal verlaufenden Ablagebrettern geneigt werden können. Der Schwerpunkt des in senkrechtem Zustand 2,0 m hohen Regals befindet sich immer in der Regalmitte und verschiebt sich daher beim Neigen des Regals.
Sobald der Fußpunkt F des Lotes vom Schwerpunkt S auf den Boden außerhalb der Auflagefläche liegt, fällt das Regal um.

a) Überprüfe, ob das Regal umkippt, wenn der Winkel zwischen Boden und Regalseite 75° beträgt.

b) Wie groß muss der Winkel zwischen Boden und Regalseite mindestens sein, damit das Regal nicht umkippt?

Aufgaben für den Tangens

41. a) Zeichne die Gerade $y = 0{,}5 \cdot x - 1$ und miss den Neigungswinkel, den die Gerade mit der x-Achse einschließt.

b) Finde eine Möglichkeit, wie du mithilfe der Geradengleichung $y = m \cdot x + t$ den Neigungswinkel rechnerisch bestimmen kannst.
Überprüfe dein Ergebnis an der in Teilaufgabe a behandelten Geraden.

c) Bestimme den Neigungswinkel der Geraden $y = 2 \cdot x + 1$.

d) Bestimme die Gleichung der Geraden, die durch den Punkt $P(5\,|\,4)$ geht und einen Neigungswinkel von 31° besitzt.

42. Die Steigung einer Straße wird als Verhältnis von überwundenem Höhenunterschied h zu dem in der Waagrechten zurückgelegten Weg ℓ angegeben. Nach der Definition entspricht dies dem Tangens des Neigungswinkels α.

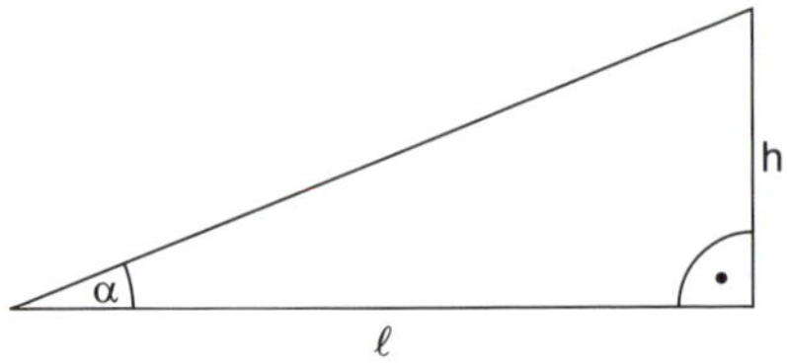

$$\tan \alpha = \frac{h}{\ell}$$

a) Was bedeutet 20 % Steigung?

b) Auf einer Landkarte Maßstab 1:25 000 sind zwei Orte 4,5 cm voneinander entfernt. Der eine Ort liegt auf der Höhenlinie von 2 400 m, der andere auf der Höhenlinie von 2 650 m und die Steigung des Weges ist konstant.
Bestimme die Steigung und die Größe des Neigungswinkels.

43. Paul möchte den im Jahresverlauf zu erwartenden minimalen Schattenwurf des Fahnenmastes im Schulhof berechnen. Er weiß, dass der Einfallswinkel der Sonnenstrahlen gegenüber der Erdoberfläche am Mittag (Sonnenhöchststand) im Verlauf des Jahres zwischen 18° und 66° variiert. Der Hausmeister verrät ihm, dass der Mast 6,5 m hoch ist.
Wie lang ist der Schatten mindestens?

44. In eine quaderförmige Kiste (30 cm breit, 20 cm lang, 40 cm tief) wird ein Brett schräg eingepasst (siehe Skizze).
Welche Fläche hat das Brett?
Mit welchem Neigungswinkel wird es eingesetzt?

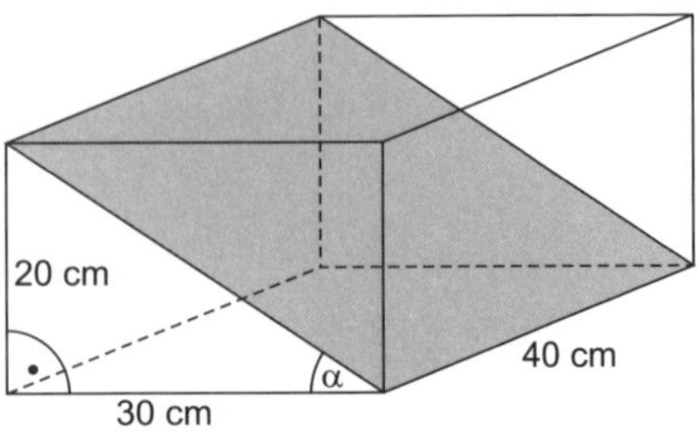

45. Die Pyramide des Kukulcán in Mexiko hat eine quadratische Grundfläche mit 55 m Kantenlänge und ist 30 m hoch.

a) Bestimme die Länge der Treppe.

b) Berechne den Neigungswinkel der Treppe gegen die Grundfläche.

c) Bestimme den Neigungswinkel einer Seitenkante gegen die Grundfläche.

* **46.** Die Höhe des Brückenpfeilers einer asymmetrisch konstruierten Hängebrücke soll bestimmt werden. Dazu werden die Länge der Brücke (60 m) sowie die Winkel zwischen der Fahrbahn und der Verbindung von den Brückenenden bis zur Spitze des Brückenpfeilers gemessen (40° und 50°).

a) Fertige eine Skizze an, in der du die gemessenen Größen einträgst.

b) Bestimme die Höhe des Brückenpfeilers.

Vermischte Aufgaben

47. Im Dreieck ABC sind die angegebenen Größen bekannt.
Berechne alle fehlenden Seiten und Winkel sowie den Flächeninhalt des Dreiecks. Runde auf zwei Dezimalstellen.
Beachte, dass das Dreieck ABC nicht rechtwinklig ist.

a) $b = 7$ cm; $c = 7{,}4$ cm; $\alpha = 53°$

b) $\alpha = 45°$; $\beta = 60°$, $c = 4$ cm

48. Sinus, Kosinus und Tangens am Einheitskreis

Der Kreis mit Radius 1 und dem Ursprung eines Koordinatensystems als Mittelpunkt wird als Einheitskreis bezeichnet.

a) Bestimme die Koordinaten x_p und y_p eines Punktes $P(x_p \mid y_p)$, der auf dem Einheitskreis im ersten Quadranten liegt und dessen Verbindung zum Ursprung mit der positiven x-Achse den Winkel α einschließt.

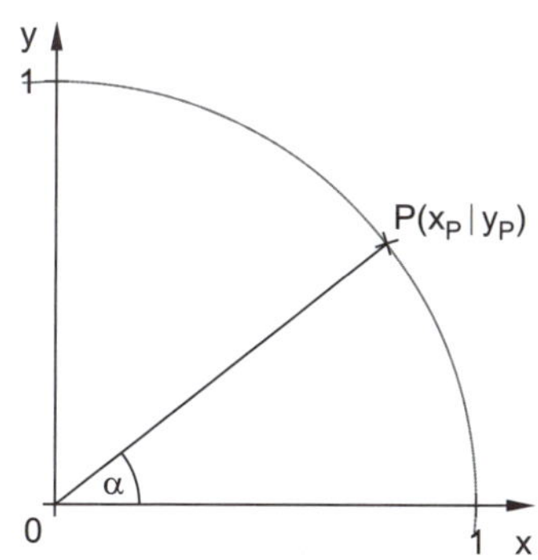

b) Fertige eine Skizze vom Einheitskreis im ersten Quadranten an. Der Schnittpunkt des Einheitskreises mit der positiven x-Achse werde mit F bezeichnet. Kennzeichne einen beliebigen Punkt P auf dem Einheitskreis und zeichne die Halbgerade [OP (O ist der Ursprung). Trage an den Einheitskreis die Tangente im Punkt F an. Der Schnittpunkt dieser Tangente mit OP sei A.
Zeige: $\overline{AF} = \tan \alpha$, wobei α der Winkel zwischen [OP und der x-Achse ist.

49. Um Zeit zu sparen, biegt Heike 50 m vor einer rechtwinkligen Kreuzung unter 35° vom Weg ab und geht geradeaus durch hohes Gras.

a) Wie viel Weg spart sie dadurch ein?

b) Lohnt sich die „Abkürzung" zeitlich gesehen, wenn sie auf dem unwegsamen Gelände nur mit zwei Drittel ihrer normalen Geschwindigkeit vorankommt?

50. Berechne den Flächeninhalt der gegebenen Figuren. Runde jeweils auf zwei Dezimalen.

a)

b)

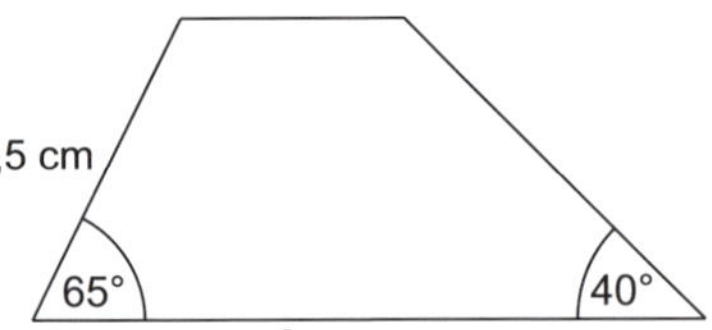

c)

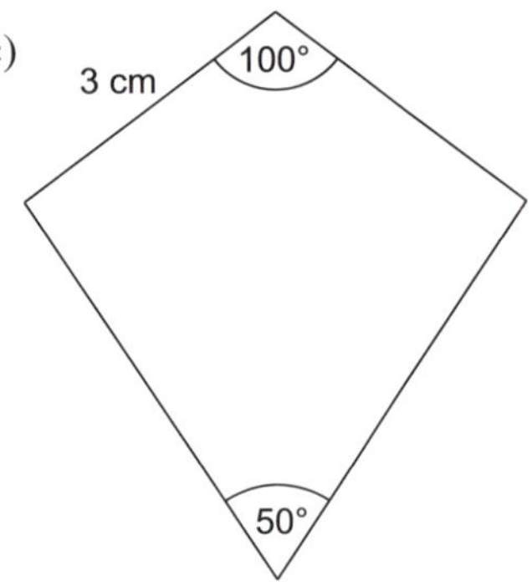

51. Eine 250 g schwere Kugel wird auf eine schiefe Ebene gelegt. Der Neigungswinkel der Ebene beträgt 30°. Rechne mit $g = 10\frac{m}{s^2}$.

a) Mit welcher Kraft wird die Kugel den Hang hinunter beschleunigt und mit welcher Kraft drückt sie auf die Unterlage?

b) Wie hängen die beiden Kräfte allgemein vom Neigungswinkel α der Ebene ab?

c) Die Summe aus Hangabtriebskraft und Normalkraft ist in der Regel größer als die Gewichtskraft.
Für welche Spezialfälle gilt $F_N + F_H = F_G$?

52. An einem Faden hängt ein 500 g schweres Gewicht. Es wird um 25° aus der Ruhelage ausgelenkt. Rechne mit $g = 10\,\frac{m}{s^2}$.

a) Mit welcher Kraft F_1 zieht das Gewicht am Faden?

b) Mit welcher Kraft F_2 wird das Gewicht zurück in die Ruhelage gezogen?

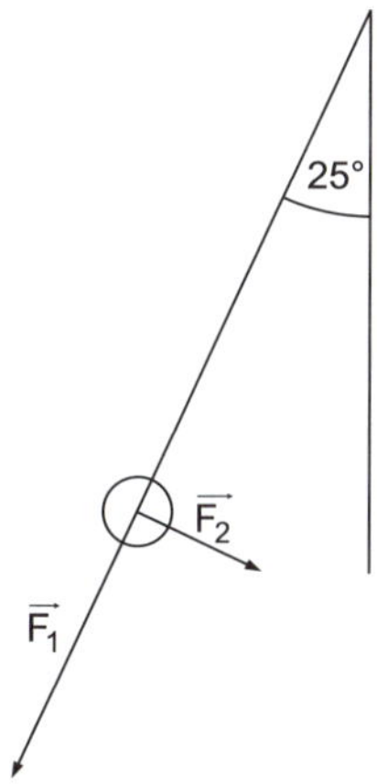

53. Um die Höhe eines Berges zu bestimmen, wird von A und B aus jeweils der Höhenwinkel zum Gipfel S gemessen, d. h. der Winkel zwischen der Horizontalen und der Verbindung zwischen A und S bzw. zwischen B und S.

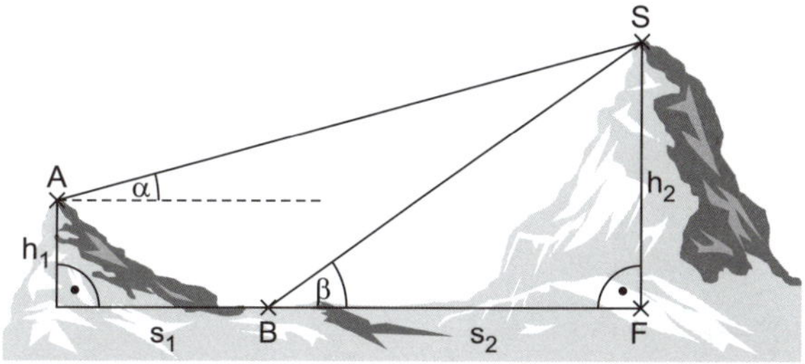

Zusätzlich ist die Höhe h_1 von A über B bekannt sowie die horizontale Entfernung s_1 von A und B.
Bestimme die Höhe h_2 des Berges über F und die horizontale Entfernung s_2 des Gipfels von B für $h_1 = 14$ m, $s_1 = 260$ m, $\alpha = 8{,}2°$, $\beta = 12{,}6°$.

54. Auf einer Ebene steht ein Fahnenmast, dessen Höhe bestimmt werden soll. Hierfür wird eine Standlinie [AB] abgesteckt, die mit dem Fußpunkt F des Mastes ein Dreieck bildet. Es werden folgende Strecken und Winkel bestimmt:
$\overline{AB} = 50$ m, $\alpha = 62{,}2°$, $\beta = 47{,}0°$, $\varepsilon = 14{,}5°$
Bestimme die Höhe der Stange.

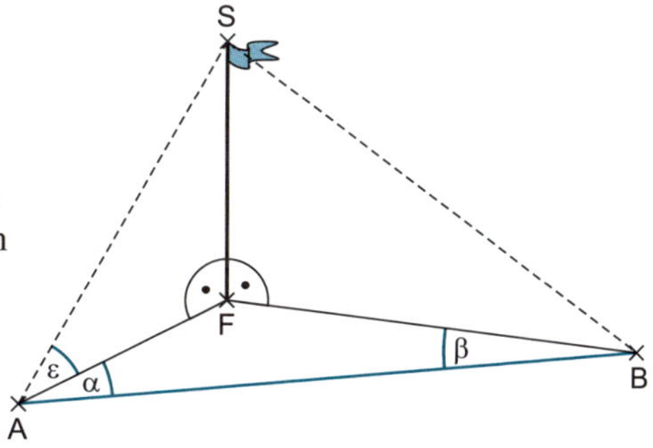

2 Beziehungen der trigonometrischen Funktionen untereinander

Gibt man in einem rechtwinkligen Dreieck einen der spitzen Winkel an, so kann man mithilfe der Winkelsumme im Dreieck auch gleich den zweiten Winkel berechnen. Ebenso kann aus zwei Seitenlängen mithilfe des Satzes des Pythagoras die dritte Seitenlänge berechnet werden.
Da die trigonometrischen Funktionen im rechtwinkligen Dreieck anhand der Seitenlängen und der Winkelgrößen definiert sind, besteht aufgrund der Zusammenhänge der Seitenlängen und Winkelgrößen auch ein Zusammenhang zwischen Sinus, Kosinus und Tangens.

Für spitze Winkel können folgende Beziehungen zwischen Sinus, Kosinus und Tangens hergestellt werden:

1. $\sin\alpha = \cos(90° - \alpha)$ und $\cos\alpha = \sin(90° - \alpha)$
2. $\tan\alpha = \frac{\sin\alpha}{\cos\alpha}$
3. $(\sin\alpha)^2 + (\cos\alpha)^2 = 1$

Begründung:

1. $\sin\alpha = \frac{a}{c} = \cos\beta$

   $\beta = 180° - 90° - \alpha = 90° - \alpha$

   $\Rightarrow \quad \sin\alpha = \cos(90° - \alpha)$

   Analog kann gezeigt werden:
   $\cos\alpha = \sin(90° - \alpha)$

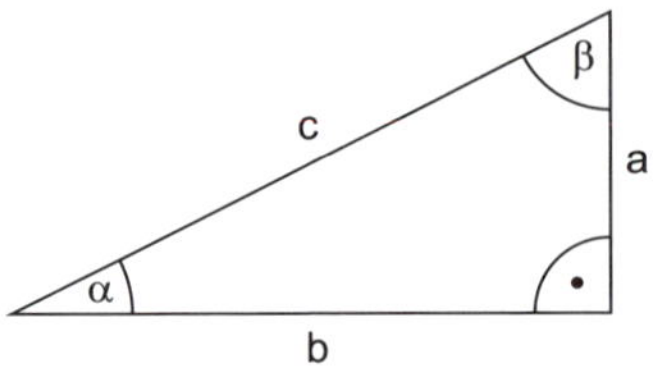

2. $\frac{\sin\alpha}{\cos\alpha} = \frac{\frac{a}{c}}{\frac{b}{c}} = \frac{ac}{bc} = \frac{a}{b} = \tan\alpha$

3. $(\sin\alpha)^2 + (\cos\alpha)^2 = \left(\frac{a}{c}\right)^2 + \left(\frac{b}{c}\right)^2 = \frac{a^2}{c^2} + \frac{b^2}{c^2} = \frac{a^2 + b^2}{c^2}$

   In einem rechtwinkligen Dreieck mit Hypotenuse c gilt nach dem Satz des Pythagoras $a^2 + b^2 = c^2$.

   $\Rightarrow \quad (\sin\alpha)^2 + (\cos\alpha)^2 = \frac{c^2}{c^2} = 1$

Beispiele

1. Vereinfache $\tan\alpha \cdot \cos\alpha$.

   Lösung:
   $\tan\alpha$ wird gemäß (2) durch $\frac{\sin\alpha}{\cos\alpha}$ ersetzt:

   $$\tan\alpha \cdot \cos\alpha = \frac{\sin\alpha}{\cos\alpha} \cdot \cos\alpha = \frac{\sin\alpha \cdot \cos\alpha}{\cos\alpha} = \sin\alpha$$

2. Es gilt $\sin\alpha = \frac{1}{3}$.

   Berechne die Werte für $\cos\alpha$ und $\tan\alpha$, ohne den Winkel α zu bestimmen.

   Lösung:
   Aus (3) kann man den Wert für $\cos\alpha$ bestimmen:

   $$(\sin\alpha)^2 + (\cos\alpha)^2 = 1$$
   $$(\cos\alpha)^2 = 1 - (\sin\alpha)^2$$
   $$(\cos\alpha)^2 = 1 - \left(\frac{1}{3}\right)^2 = 1 - \frac{1}{9} = \frac{8}{9}$$
   $$\cos\alpha = \sqrt{\frac{8}{9}} = \frac{\sqrt{8}}{3} = \frac{2}{3}\sqrt{2}$$

   Aus (2) lässt sich nun $\tan\alpha$ bestimmen:

   $$\tan\alpha = \frac{\sin\alpha}{\cos\alpha} = \frac{\frac{1}{3}}{\frac{2}{3}\sqrt{2}} = \frac{1}{2\sqrt{2}} = \frac{\sqrt{2}}{4}$$

Aufgaben

55. Bestimme die Lücken ohne Berechnung der Sinus-, Kosinus- bzw. Tangenswerte.

a) $\sin 36° = \cos\ ?$

b) $\cos 75° = \sin\ ?$

c) $\tan 65° = \frac{\cos\ ?}{\cos\ ?}$

d) $\frac{\sin 60°}{\sin 30°} = \tan\ ?$

e) $\tan 35° = \frac{\cos\ ?}{\sin\ ?}$

f) $\frac{\cos 70°}{\sin 70°} = \tan\ ?$

56. Zeige:

a) $\frac{\tan\alpha}{\sin\alpha} = \frac{1}{\cos\alpha}$

b) $\tan(90° - \alpha) = \frac{1}{\tan\alpha}$

c) $\tan\alpha + \frac{1}{\tan\alpha} = \frac{1}{\sin\alpha\ \cos\alpha}$

d) $1 + (\tan\alpha)^2 = \frac{1}{(\cos\alpha)^2}$

e) $\frac{1}{(\cos\alpha)^2} - 1 = (\tan\alpha)^2$

f) $\sqrt{1 + (\tan\alpha)^2} \cdot \sin(90° - \alpha) = 1$

57. a) Es gilt: $\cos\alpha = \frac{2}{5}$

Berechne die Werte für $\sin\alpha$ und $\tan\alpha$, ohne den Winkel α zu bestimmen.

* b) Es gilt: $\tan\alpha = \frac{4}{3}$

Berechne die Werte für $\sin\alpha$ und $\cos\alpha$, ohne den Winkel α zu bestimmen.

Raumgeometrie

1 Schrägbild und Neigungswinkel

Ein Körper ist ein dreidimensionales Gebilde, z. B. besitzt ein Quader Länge, Tiefe und Höhe. Da ein Blatt Papier nur zwei Dimensionen besitzt, gilt dies zwangsläufig auch für jede Zeichnung. Trotzdem kann ein dreidimensionaler Körper so auf ein Blatt Papier gezeichnet werden, dass man sich seine „Dreidimensionalität" vorstellen kann. Man nennt derartige Zeichnungen **Schrägbilder**.

Für ein Schrägbild wird der dreidimensionale Körper gedanklich vor die Zeichenebene gestellt. Um das Schrägbild zu zeichnen, gibt es Regeln:

- Strecken und Winkel, die im Dreidimensionalen parallel zur Bildebene orientiert sind, werden in wahrer Größe gezeichnet.
- Strecken, die im Dreidimensionalen parallel zueinander sind, sind auch im Schrägbild zueinander parallel.
- Strecken, die im Dreidimensionalen senkrecht zur Bildebene verlaufen, werden um einen zuvor festgelegten Faktor verkürzt und um einen einheitlichen Winkel gegenüber der Horizontalen in der Bildebene geneigt dargestellt.
- Längenverhältnisse bleiben erhalten.
- Kanten, die am realen Objekt nicht sichtbar sind, weil sie vom Körper selbst verdeckt sind, werden der Anschaulichkeit halber gestrichelt eingezeichnet.

Zur Bestimmung verschiedener Größen eines Körpers (Neigungswinkel, Diagonallängen etc.) können Strecken, Winkel und Flächen im Schrägbild eingezeichnet werden. Aufgrund der oben aufgeführten Regeln entsprechen die Längen und Winkel auf dem Blatt allerdings nicht den Längen und Winkeln in Wirklichkeit.

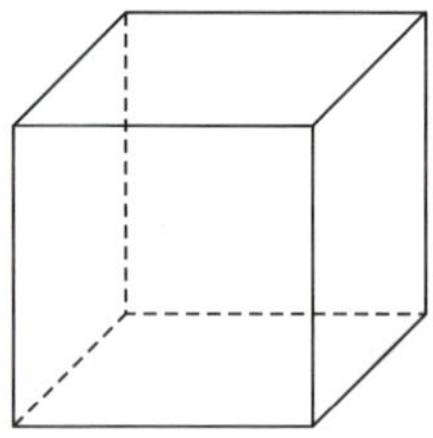

Nebenstehende Zeichnung zeigt beispielsweise das Schrägbild eines Würfels. Die Kanten der quadratischen Grundfläche verlaufen in Wirklichkeit senkrecht bzw. parallel zueinander und sind alle gleich lang. Im Schrägbild bilden sie aber ein Parallelogramm mit unterschiedlichen Kantenlängen und ohne rechten Winkel. Erhalten bleibt im Schrägbild also nur die Parallelität gegenüberliegender Seiten, womit zumindest gegenüberliegende Seiten gleich lang sind.

Mithilfe eines Schrägbildes kann man daher nur die prinzipielle Lage der gesuchten Größen veranschaulichen und anschließend Berechnungen anstellen bzw. Konstruktionen in wahrer Größe erstellen.

Sehr hilfreich ist hierbei das sogenannte **Stützdreieck**. Es handelt sich um ein rechtwinkliges Dreieck, das auf der Grundfläche des Körpers senkrecht steht.

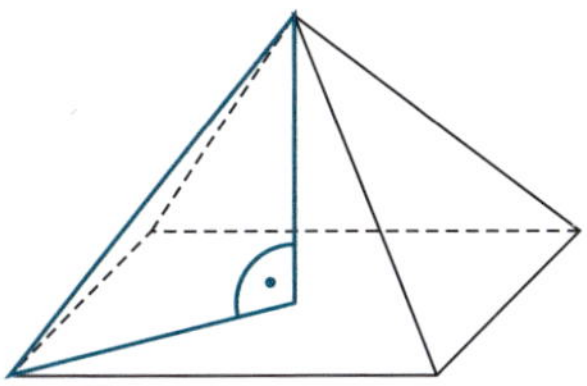

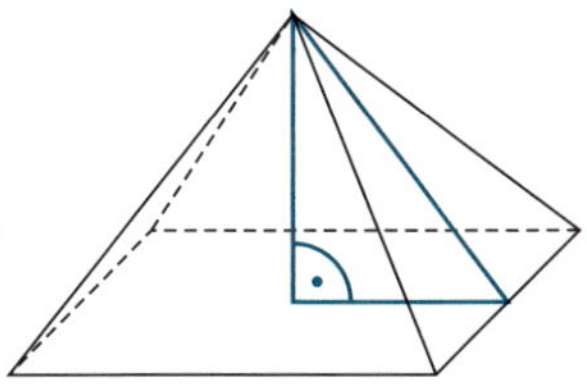

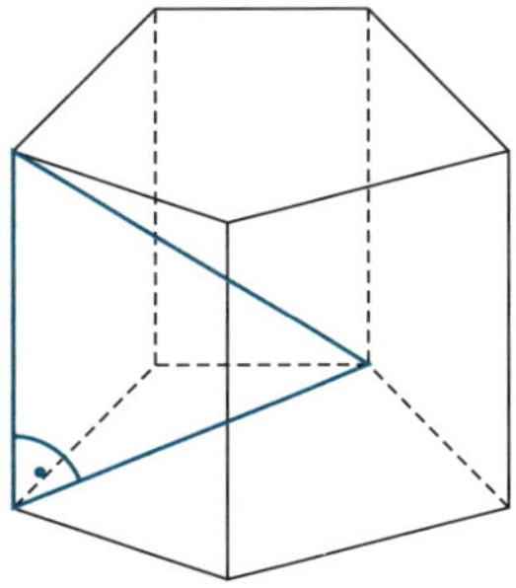

In einem rechtwinkligen Dreieck gilt der **Satz des Pythagoras** und in Kombination mit einem Winkel, z. B. dem Neigungswinkel zwischen zwei Ebenen, stehen einem außerdem die **trigonometrischen Funktionen** zur Verfügung.

Eine typische Problemstellung ist die Frage nach dem **Neigungswinkel** zweier Ebenen zueinander bzw. dem Neigungswinkel einer Geraden gegenüber einer Ebene.

Für den **Neigungswinkel von Gerade und Ebene** gilt:

- Der Scheitel des Neigungswinkels ist der Schnittpunkt S von Gerade und Ebene.
- Ein Schenkel ist die Gerade.
- Für den zweiten Schenkel fällt man ein Lot von einem beliebigen Punkt P der Geraden auf die Ebene (P darf nicht auf der Ebene liegen). Die Halbgerade von S durch den Lotfußpunkt F ist der zweite Schenkel.

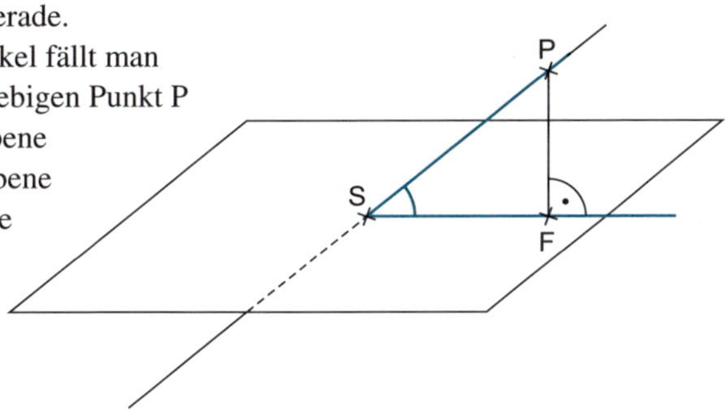

In der nebenstehenden Abbildung ist der Schnittwinkel zwischen einer Seitenkante und der Grundfläche einer Pyramide dargestellt. Als beliebiger Punkt auf der Geraden bietet sich die Spitze an.

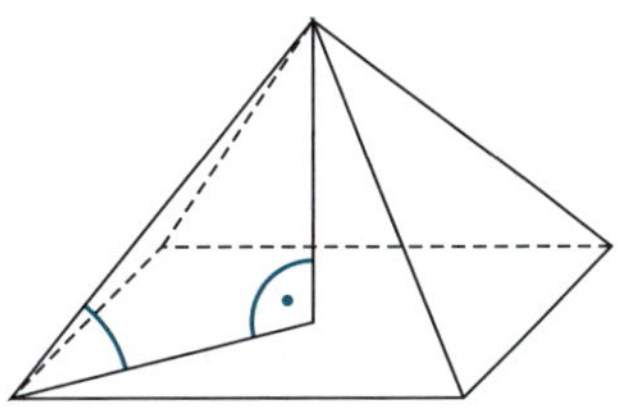

Für den **Neigungswinkel zweier Ebenen** gilt:

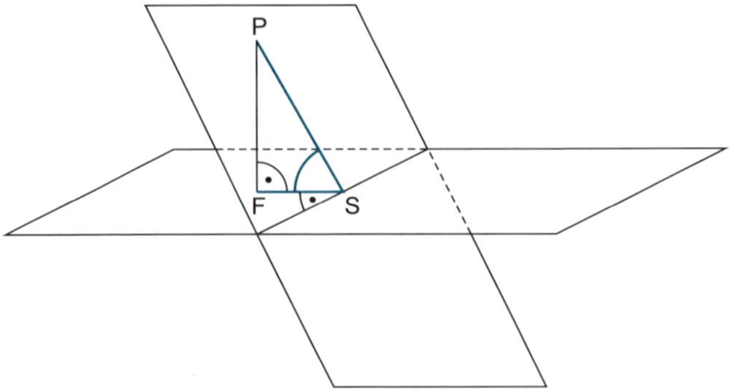

- Fälle von einem beliebigen Punkt P der ersten Ebene ein Lot auf die zweite Ebene (P darf nicht auf der Ebene liegen).
- Vom Fußpunkt F dieses Lotes aus fällt man ein Lot auf die Schnittgerade der Ebenen.
- Der Schnittpunkt S des zweiten Lotes mit der Schnittgeraden ist der Scheitel des Neigungswinkels.
- Die Halbgerade von S durch P ist ein Schenkel.
- Der zweite Schenkel ist die Halbgerade von S durch F.

Als Beispiel zeigt die nebenstehende Abbildung den Neigungswinkel zwischen Grund- und Seitenfläche einer Pyramide.

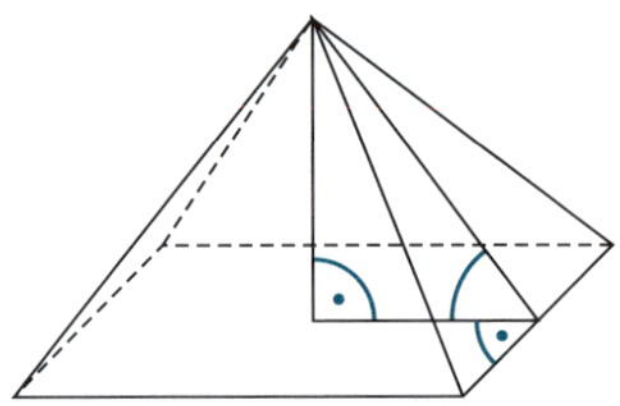

Beispiel

Der Quader ABCDEFGH habe die Breite 2 cm, die Tiefe 3 cm und die Höhe 1,5 cm.

a) Zeichne ein Schrägbild des Quaders.

b) Bestimme den Neigungswinkel der Raumdiagonalen AG gegenüber der Grundfläche ABCD.

Lösung:

a) Sinnvollerweise wird der Quader so ausgerichtet, dass seine Vorderseite parallel zur Zeichenebene orientiert ist, wodurch deren Längen und Winkel im Schrägbild nicht verändert werden. Die Vorderseite kann also problemlos gezeichnet werden.

Die rechte Wand läuft bei der gewählten Ausrichtung des Quaders senkrecht auf die Bildebene zu, weshalb die entsprechenden Kanten verkürzt und geneigt dargestellt werden müssen. Es gibt keine einheitliche Regel, um welchen Faktor solche Strecken verkürzt oder verlängert und um welchen Winkel sie gegenüber der Horizontalen geneigt werden müssen. Eine Stauchung auf 50 % und eine Neigung um 45° liefert gute ansprechende Schrägbilder und wird hier verwendet.

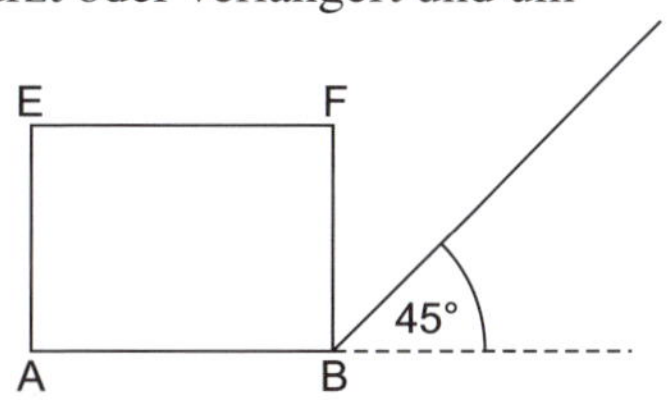

Da Strecken, die im Dreidimensionalen parallel zueinander verlaufen, auch im Schrägbild Parallelen sind, können die restlichen Kanten einfach ergänzt werden.
Nicht sichtbare Kanten sollten hierbei gestrichelt eingezeichnet werden.

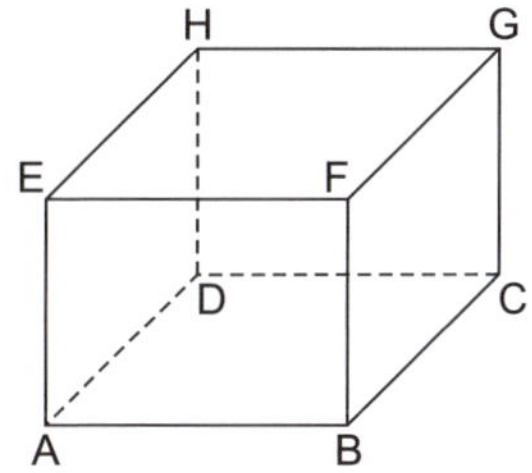

b) Für den Neigungswinkel muss ein Lot von einem beliebigen Punkt von AG aus auf die Grundfläche ABCD gefällt werden. Hier bietet sich der Punkt G an. Das Lot ist dann die Gerade CG. Der Lotfußpunkt ist C. Der gesuchte Winkel ist ∢CAG. Das rechtwinklige Dreieck ACG ist ein Stützdreieck, mit dessen Hilfe der Winkel bestimmt werden kann.
Es gilt:

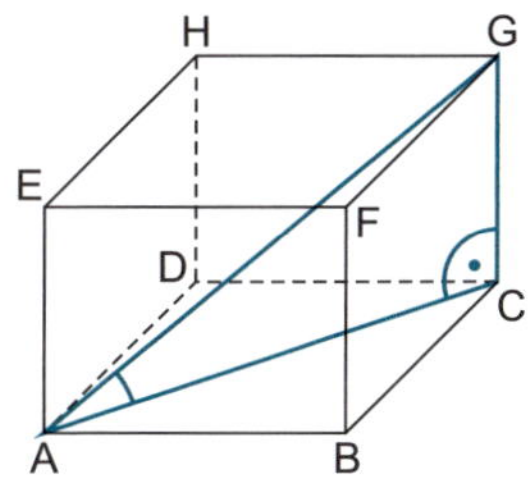

$$\tan \sphericalangle CAG = \frac{\overline{CG}}{\overline{AC}}$$

[AC] ist die Diagonale der Grundfläche, deren Länge im rechtwinkligen Dreieck ABC mithilfe des Satzes von Pythagoras bestimmt werden kann:

$$\overline{AC} = \sqrt{\overline{AB}^2 + \overline{BC}^2} = \sqrt{(2\text{ cm})^2 + (3\text{ cm})^2} = \sqrt{13}\text{ cm}$$

Für den gesuchten Winkel gilt nun:

$$\sphericalangle CAG = \tan^{-1}\frac{\overline{CG}}{\overline{AC}} = \tan^{-1}\frac{1{,}5\text{ cm}}{\sqrt{13}\text{ cm}} \approx 22{,}6°$$

Aufgaben

58. Zeichne das Schrägbild einer geraden Pyramide mit quadratischer Grundfläche (Kantenlänge 3 cm) und Höhe 2 cm. Verzerre um 45° und halbiere die senkrecht zur Zeichenebene verlaufenden Strecken.

59. Ein Würfel ABCDEFGH mit Breite 3 cm ist gegeben.

a) Zeichne ein Schrägbild des Würfels.

b) Bestimme den Neigungswinkel der Raumdiagonalen BH gegenüber der Grundfläche ABCD.

c) Bestimme den Neigungswinkel der Ebene ABGH gegenüber der Grundfläche.

60. Ein Quader ABCDEFGH ist 3 cm breit, 4,2 cm tief und 2 cm hoch. Er wird senkrecht zur Grundfläche entlang der Diagonalen AC auseinandergeschnitten und nur die Hälfte ABCEFG wird betrachtet.

a) Zeichne ein Schrägbild.

b) Bestimme den Neigungswinkel der Ebene ACF gegenüber der Grundfläche ABC.

2 Prisma

Prismen tauchen häufig im Alltag auf. So haben Häuser oft die Form eines Prismas. In nebenstehendem Bild handelt es sich um ein Prisma, das ein Fünfeck als Grundfläche hat. Hochhäuser können meist als Quader angesehen werden, welche eine spezielle Form der Prismen darstellen.

Prisma

Ein gerades Prisma ist ein Körper mit zwei zueinander kongruenten n-Ecken als Grund- und Deckfläche. Die Seitenflächen sind Rechtecke.

Grund- und Deckfläche sind zueinander parallel. Ihr Abstand heißt Höhe des Prismas. Alle Seitenflächen zusammen werden als Mantel des Prismas bezeichnet.

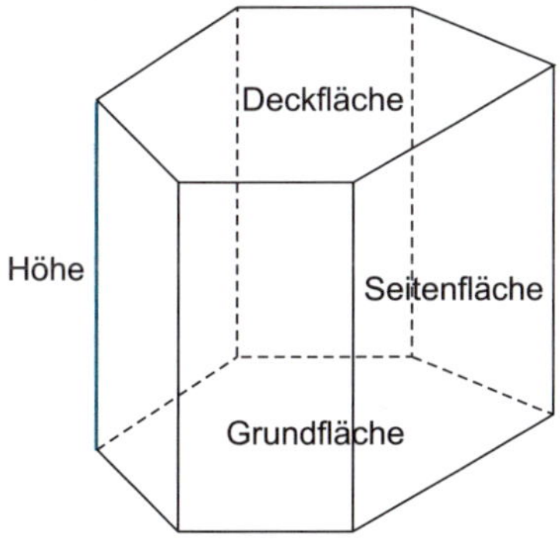

Ein Prisma muss nicht immer auf der Grundfläche stehen. In nebenstehender Abbildung sieht man ein Prisma, das auf einer Seitenfläche liegt. Trotzdem heißen die zueinander kongruenten Fünfecke Grund- und Deckfläche.

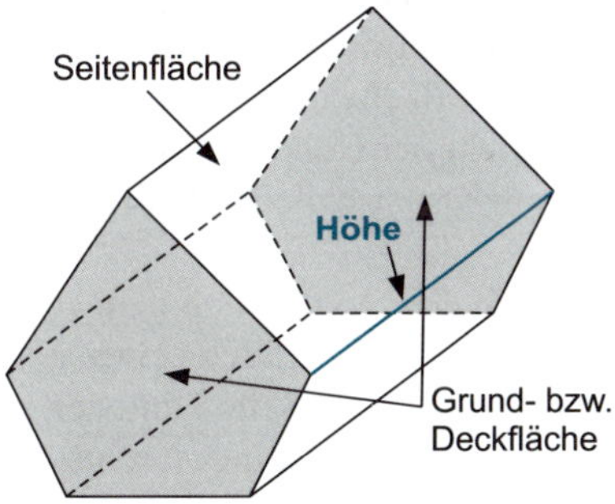

Schneidet man das Prisma entlang seiner Kanten auf, sodass eine zusammenhängende Fläche entsteht, so nennt man diese Fläche das **Netz des Prismas**.

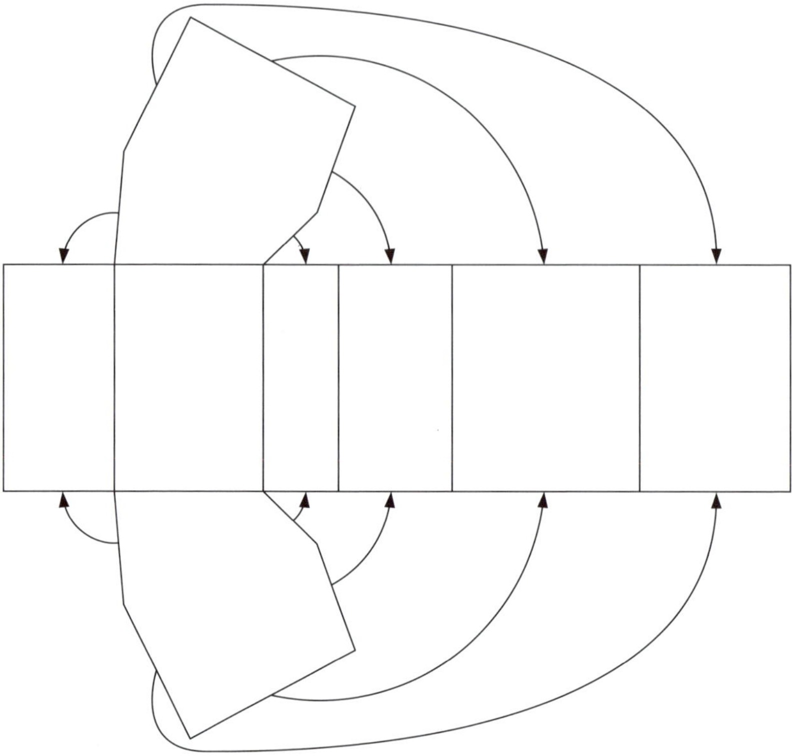

Das Netz eines n-seitigen Prismas besteht aus n Rechtecken (dies sind die Seitenflächen des Prismas) und zwei zueinander kongruenten n-Ecken (dies sind Grund- und Deckfläche des Prismas). Die Rechtecke sind alle gleich lang – die Länge entspricht der Höhe des Prismas. Die Breite der Rechtecke entspricht der Länge der jeweils anschließenden Kante der Grundseite.

Mithilfe des Netzes kann man auch den **Oberflächeninhalt** eines Prismas bestimmen. Die Oberfläche eines n-seitigen Prismas setzt sich zusammen aus den n Rechtecken der Seiten und den beiden kongruenten Deck- und Grundflächen. Den Flächeninhalt eines Rechtecks erhält man aus dem Produkt aus Länge und Breite. Die Länge entspricht der Höhe des Prismas. Die Breiten der Rechtecke zusammengenommen ergeben den Umfang u der Grundfläche.

Für die **Oberfläche** eines Prismas gilt:

$O = 2 \cdot A_{\text{Grundfläche}} + A_{\text{Seitenflächen}}$

oder

$O = 2 \cdot A_{\text{Grundfläche}} + u_{\text{Grundfläche}} \cdot h$

Um das **Volumen** des Prismas zu bestimmen, kann man überlegen, wie viele Würfel mit Kantenlänge 1 m und somit Volumen 1 m^3 in dem Prisma Platz finden. Dafür wird zunächst gedanklich die Grundfläche mit diesen Würfeln vollgestellt und dann überlegt, wie viele solcher Lagen übereinander gestapelt werden können. Bei kleineren Prismen werden statt m^3-Würfeln z. B. cm^3-Würfel verwendet. Das Volumen berechnet sich also folgendermaßen:

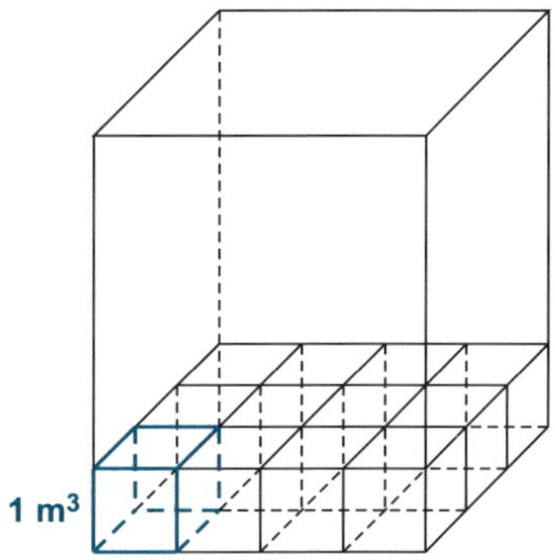

> Für das **Volumen** eines Prismas gilt:
> $V = \text{Grundfläche} \cdot \text{Höhe} = G \cdot h$

Beispiele

1. Zeichne das Netz eines 2 cm hohen dreiseitigen Prismas, dessen Grundfläche ein rechtwinkliges Dreieck mit Kantenlänge 3 cm und 2,5 cm ist. Berechne die Oberfläche dieses Prismas.

   Lösung:
   Man beginnt am besten mit der Grundfläche. An eine der Seiten (hier die 3 cm lange Kathete) kann man dann die Seitenflächen antragen. Diese sind Rechtecke, deren Länge der Höhe des Prismas entspricht. Die Deckfläche kann anschließend an eine der Rechtecksseiten gezeichnet werden.

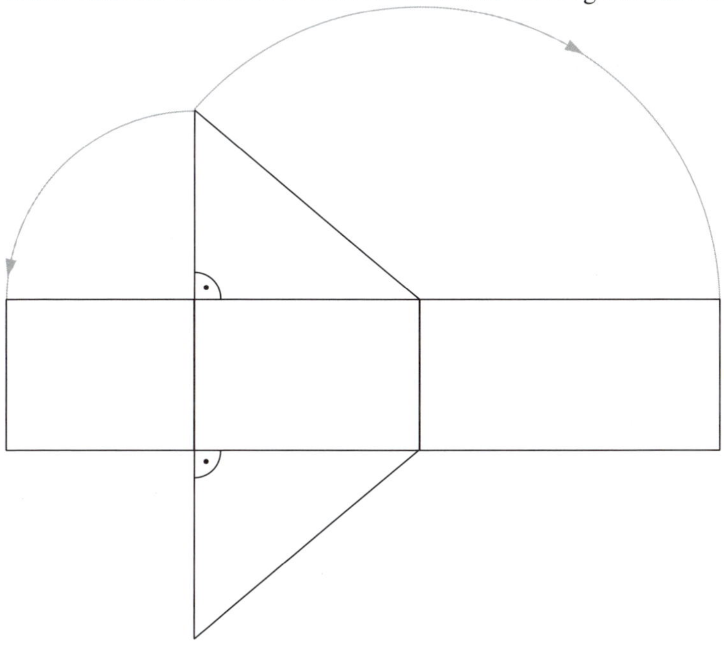

Für die Oberfläche gilt:

$O = 2 \cdot G + u \cdot h$

Die Grundfläche berechnet sich aus dem Produkt der Kathetenlängen. Für den Umfang muss man noch mithilfe des Satzes des Pythagoras die Hypotenusenlänge berechnen:

$$c = \sqrt{(2{,}5\text{ cm})^2 + (3\text{ cm})^2} = \sqrt{15{,}25}\text{ cm}$$

$$O = 2 \cdot 2{,}5\text{ cm} \cdot 3\text{ cm} + (2{,}5\text{ cm} + 3\text{ cm} + \sqrt{15{,}25}\text{ cm}) \cdot 2\text{ cm}$$

$$= 15\text{ cm}^2 + 11\text{ cm}^2 + 2 \cdot \sqrt{15{,}25}\text{ cm}^2 \approx 33{,}8\text{ m}^2$$

2. Die Abbildung zeigt verlegte Betonpflastersteine. Die Steine sind 8 cm dick.

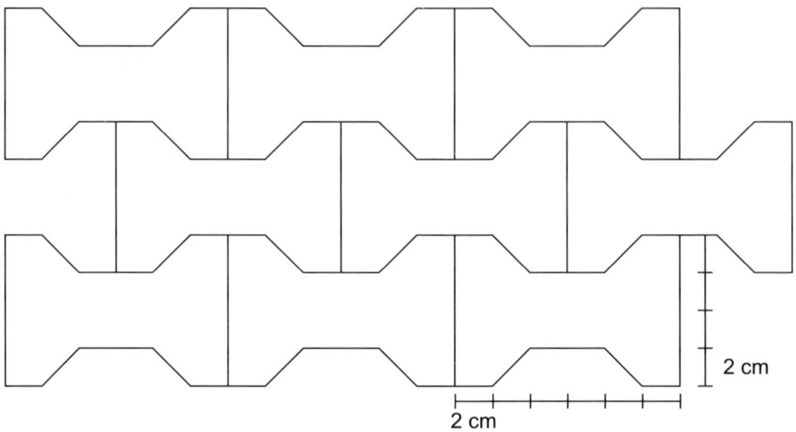

a) Berechne die Oberfläche eines Pflastersteins.

b) Berechne das Gewicht eines Pflastersteines, wenn du weißt, dass Beton pro Kubikmeter 2,5 t wiegt.

Lösung:

a) Für die Oberfläche gilt: $O = 2 \cdot G + u \cdot h$

Die Grundfläche eines Pflastersteins lässt sich folgendermaßen umbauen:

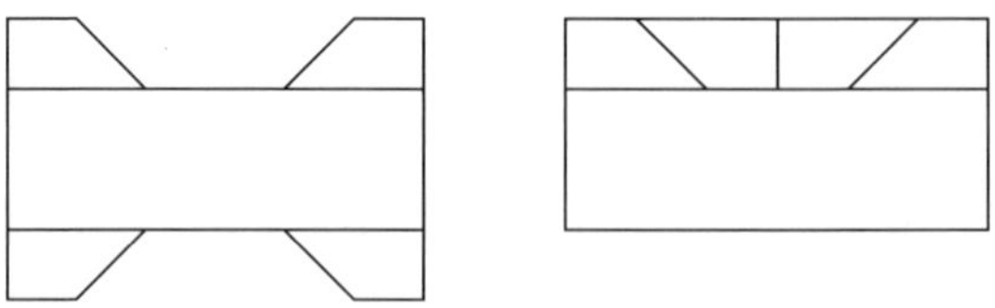

Für den Flächeninhalt gilt dann:

$G = 12\text{ cm} \cdot 6\text{ cm} = 72\text{ cm}^2$

Für den Umfang muss zunächst die Länge ℓ der schrägen Kanten bestimmt werden. Sie entsprechen den Diagonalen in einem Quadrat mit Seitenlänge 2 cm:
$\ell = 2\text{ cm} \cdot \sqrt{2} = 2\sqrt{2}\text{ cm}$
Damit gilt für den Umfang:
$u = 2 \cdot 8\text{ cm} + 4 \cdot 2\text{ cm} + 2 \cdot 4\text{ cm} + 4 \cdot 2\sqrt{2}\text{ cm} = 32\text{ cm} + 8\sqrt{2}\text{ cm}$
Die benötigte Höhe entspricht der Pflastersteinstärke:
$h = 8\text{ cm}$
Für die Oberfläche folgt:
$O = 2 \cdot G + u \cdot h = 2 \cdot 72\text{ cm}^2 + (32\text{ cm} + 8\sqrt{2}\text{ cm}) \cdot 8\text{ cm} \approx 490{,}5\text{ cm}^2$

b) Für das Volumen des Pflastersteins gilt:
$V = G \cdot h = 72\text{ cm}^2 \cdot 8\text{ cm} = 576\text{ cm}^3$
Ein Kubikmeter Beton wiegt 2,5 t = 2 500 kg = 2 500 000 g. Da wegen des Umrechnungsfaktors 1 000 bei Volumeneinheiten gilt, dass
$1\text{ m}^3 = 1\,000\text{ dm}^3 = 1\,000\,000\text{ cm}^3$, wiegt 1 cm^3 Beton 2,5 g.
Ein Pflasterstein wiegt dementsprechend
$576 \cdot 2{,}5\text{ g} = 1\,440\text{ g} = 1{,}44\text{ kg}$.

61. Zeichne das Netz folgender Prismen.

a)

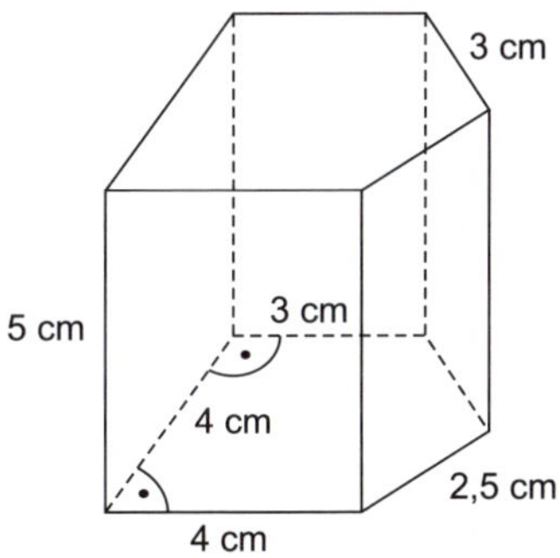

Maßstab 1 : 2

b)

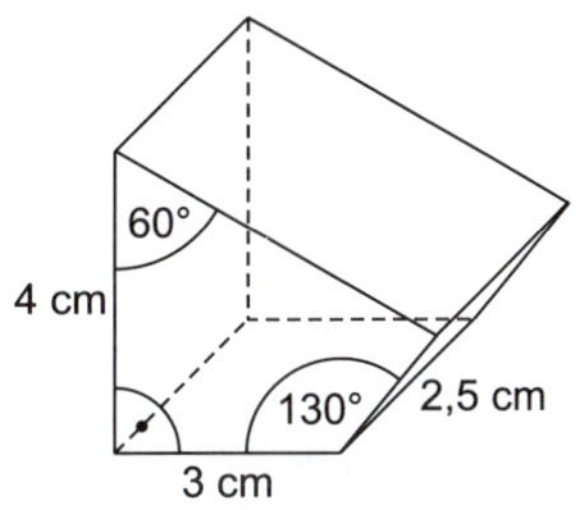

Maßstab 1 : 2

62. Ergänze zu einem Netz.

a)

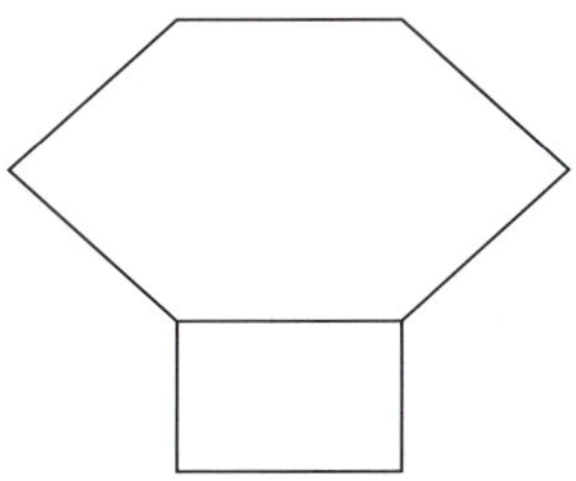

b)

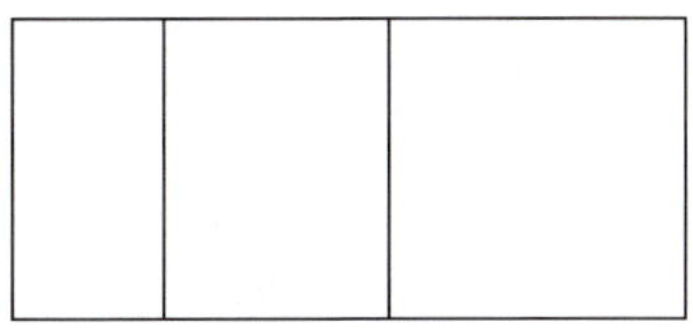

63. a) Wie viele Ecken, Kanten und Flächen hat ein 6-seitiges Prisma?

b) Wie viele Ecken, Kanten und Flächen hat ein n-seitiges Prisma?

c) Wie viele Ecken hat die Grundfläche eines Prismas, das 13 Flächen hat?

d) Wie viele Ecken hat die Grundfläche eines Prismas, das 27 Kanten hat?

e) Gibt es ein Prisma mit 17 Kanten?

64. Berechne jeweils soweit möglich exakt das Volumen und die Oberfläche eines geraden Prismas mit folgenden Eigenschaften:

a) Höhe 4 cm
Grundfläche: gleichschenkliges Dreieck mit Basis 4 cm und Basiswinkel 30°

b) Höhe 4,5 cm;
Grundfläche: Parallelogramm mit $\alpha = 60°$, $a = 2$ cm, $b = 3$ cm

c) Höhe 6 cm;
Grundfläche: Trapez mit $a \parallel c$, $a = 6$ cm, $c = 2$ cm, $d = 3\sqrt{2}$ cm, $\alpha = 45°$

d) Höhe 2 cm;
Grundfläche: gleichmäßiges Achteck mit Seitenlänge 3 cm

65. Gib jeweils den Term für das Volumen und die Oberfläche eines geraden Prismas mit folgenden Eigenschaften an:

a) Würfel mit Kantenlänge a.

b) Quader mit quadratischer Grundfläche (Kantenlänge a) und Höhe b.

c) dreiseitiges Prisma mit Höhe a und rechtwinkligem gleichschenkligem Dreieck mit Kathetenlänge a als Grundfläche.

66. Wahr oder falsch? Begründe die folgenden Aussagen zu geraden Prismen oder finde ein Gegenbeispiel.

a) Ein Prisma mit quadratischer Grundfläche ist immer ein Würfel.

b) Ein Prisma mit vier Seitenflächen ist immer ein Quader.

c) Ein Prisma mit quadratischen Seitenflächen ist immer ein Würfel.

d) Ein Prisma mit vier quadratischen Seitenflächen, dessen Grundfläche einen rechten Winkel besitzt, ist immer ein Würfel.

e) Wird die Grundfläche eines Prismas verdoppelt, so verdoppelt sich auch das Volumen.

f) Wird die Grundfläche eines Prismas verdoppelt, so verdoppelt sich auch die Oberfläche.

g) Wird die Höhe eines Prismas verdoppelt, so verdoppelt sich auch das Volumen.

h) Wird die Höhe eines Prismas verdoppelt, so verdoppelt sich auch die Oberfläche.

i) Wird die Grundfläche eines Prismas verdreifacht und gleichzeitig die Höhe verdoppelt, so ist das Volumen sechsmal so groß.

67. Ein renommierter Schokoladenhersteller plant neue Schokopralinen in symmetrischer Prismenform.
Der Boden ist ein Quadrat mit Kantenlänge 3 cm und der Deckel ein Rechteck mit Kantenlängen 3 cm und 2 cm. Der Abstand von Boden und Deckel beträgt 2 cm.

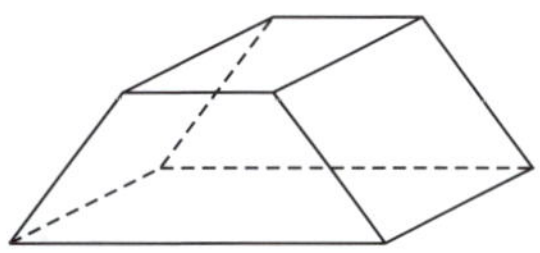

a) Berechne die Länge aller Kanten.

b) Berechne den Neigungswinkel der Seitenkanten zur Grundseite.

c) Berechne das Volumen der Praline.

d) Berechne die Oberfläche der Praline.

e) Zeichne das Netz der Praline.

✱ f) Die Praline wird in Folie verpackt, wobei immer ein Rechteck zugeschnitten wird, in das die Praline eingewickelt wird.
Überlege dir, wie die Praline am besten verpackt werden sollte, um möglichst wenig Verpackungsmaterial zu benötigen. Überlappungen sollen nicht berücksichtigt werden.
Wie viel Prozent der Folie wird zum Umwickeln nicht benötigt?

✱ g) Die Praline soll aus einer Nugat-Füllung mit zwei Millimeter dickem Vollmilchschokolade-Überzug bestehen.
Wie viel Nugat wird pro Praline benötigt?
Wie hoch ist der prozentuale Anteil des Überzugs am Gesamtvolumen?

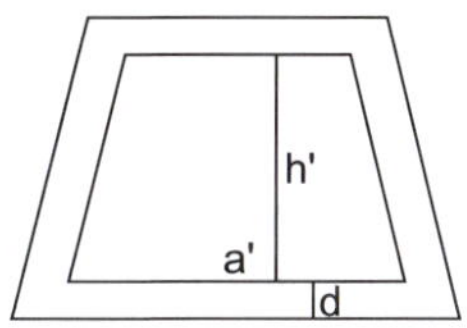

3 Zylinder

Beispiele für gerade Zylinder:

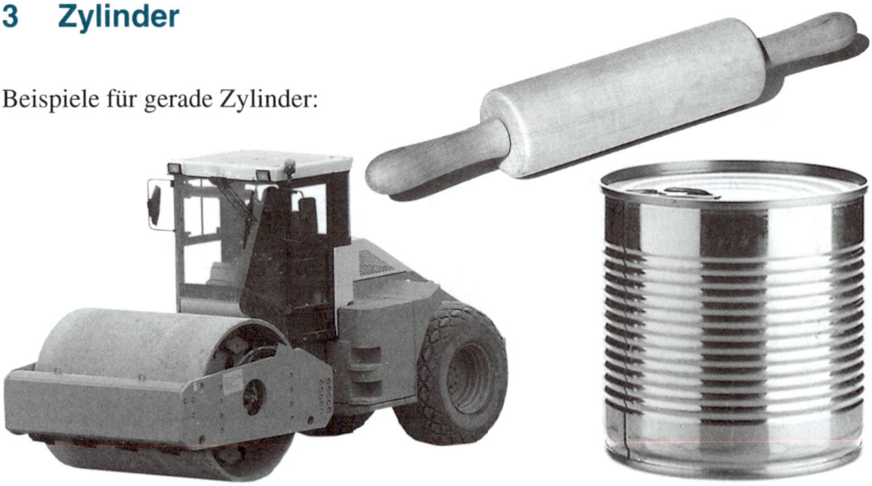

Zylinder

Ein gerader Zylinder ist ein Körper, dessen Grund- und Deckfläche zwei gleich große Kreise sind, wobei die Verbindung der Mittelpunkte senkrecht auf Grund- und Deckfläche steht.

Der Abstand von Grund- und Deckfläche heißt Höhe des Zylinders. Die Seitenfläche wird als Zylindermantel bezeichnet.

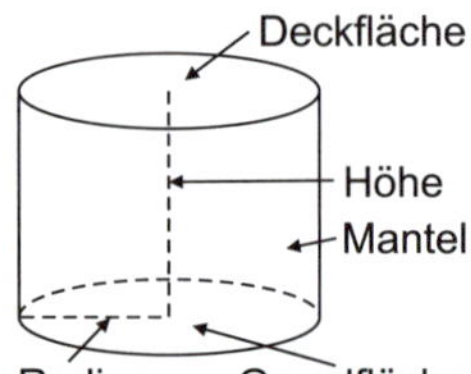

Wird die Anzahl der Ecken bei einem regelmäßigen n-Eck immer weiter erhöht, so nähert sich das n-Eck einem Kreis an.

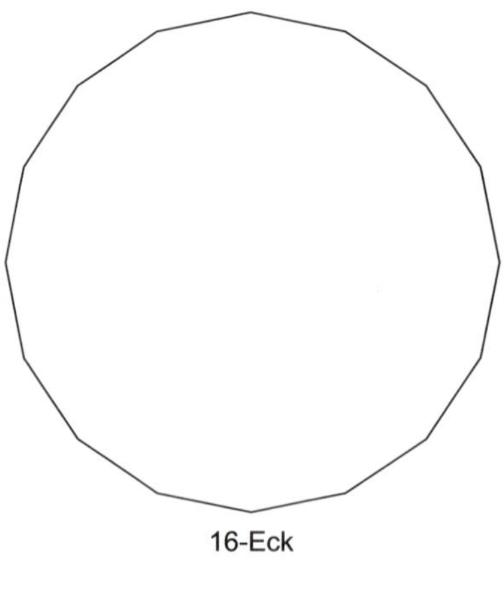

16-Eck

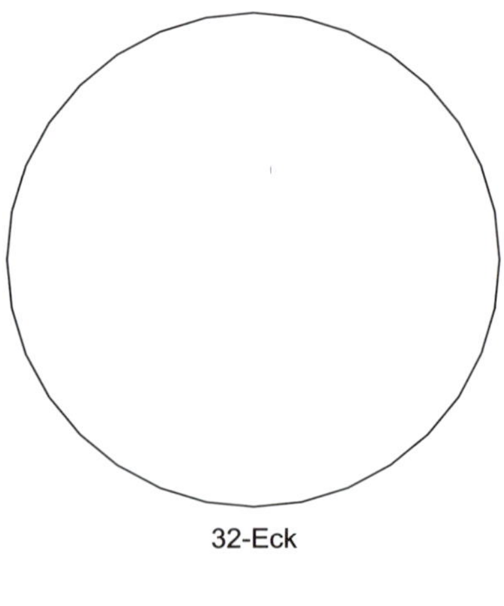

32-Eck

Ebenso nähert sich ein Prisma mit regelmäßigem n-Eck als Grundfläche einem Zylinder an, wenn man die Anzahl der Ecken erhöht.

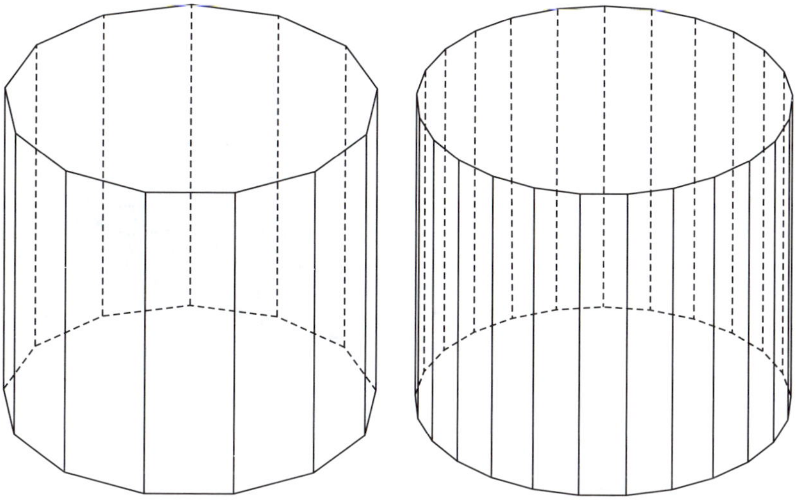

13-seitiges Prisma 25-seitiges Prisma

Die Überlegungen zum Volumen eines Prismas können deshalb auch auf den Zylinder angewendet werden.

> Für das **Volumen** eines Zylinders mit Radius r und Höhe h gilt daher:
> $V = G \cdot h = \pi \cdot r^2 \cdot h$

Schneidet man den Zylinder auf, so erhält man zwei Kreise (Grund- und Deckfläche) sowie ein Rechteck, das durch Aufrollen des Mantels entsteht. Die Seitenlängen des Rechtecks entsprechen daher der Höhe des Zylinders und dem Umfang der Grund- bzw. Deckfläche.

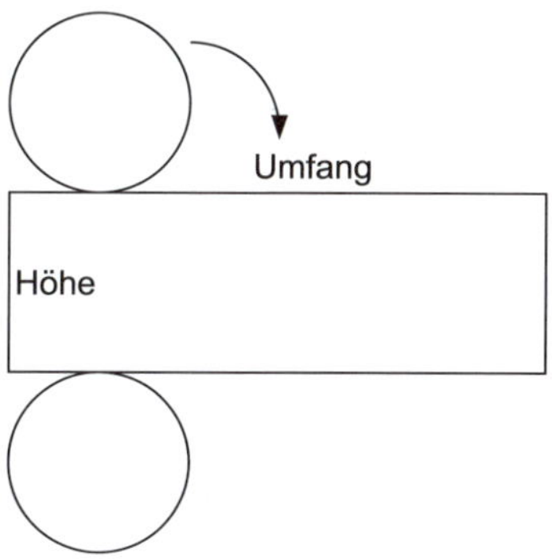

> Für die **Oberfläche** eines Zylinders mit Radius r und Höhe h gilt daher:
> $O = 2 \cdot \text{Grundfläche} + \text{Mantel} = 2 \cdot \text{Grundfläche} + \text{Umfang der Grundfläche} \cdot \text{Höhe}$
> $O = 2 \cdot \pi \cdot r^2 + 2 \cdot \pi \cdot r \cdot h$

Beispiele

1. Eine zylinderförmige Regentonne hat einen Innendurchmesser von einem Meter und eine Höhe von 80 cm. Runde jeweils auf eine Dezimale.
   a) Wie viel Liter fasst die Regentonne?
   b) Das Innere ist mit einer Folie ausgekleidet. Wie viele Quadratmeter Folie werden benötigt?

   Lösung:
   a) Der Radius der Regentonne beträgt 50 cm. Für das Volumen gilt:
   $V = \pi \cdot r^2 \cdot h$
   $= \pi \cdot (50\ \text{cm})^2 \cdot 80\ \text{cm}$
   $\approx 628\,318{,}5\ \text{cm}^3$
   Ein Liter entspricht einem Kubikdezimeter.
   $628\,318{,}5\ \text{cm}^3 = 628{,}3185\ \text{dm}^3 \approx 628{,}3\ \text{dm}^3 = 628{,}3\ \ell$
   b) Die Folie bedeckt den Mantel und die Grundfläche des Zylinders.
   $A = A_{\text{Mantel}} + A_{\text{Grundfläche}} = 2 \cdot \pi \cdot r \cdot h + \pi \cdot r^2$
   $= 2 \cdot \pi \cdot 50\ \text{cm} \cdot 80\ \text{cm} + \pi \cdot (50\ \text{cm})^2$
   $\approx 32\,986{,}7\ \text{cm}^2 \approx 3{,}3\ \text{m}^2$

2. Die zylinderförmige Designervase hat einen Radius von 4 cm und eine Höhe von 20 cm. Das ausgebohrte Loch befindet sich genau in der Mitte der Deckfläche, hat einen Durchmesser von 4 cm und ist halb so hoch wie der Zylinder.
   Berechne Volumen und Oberfläche des Körpers. Runde auf eine Dezimale.

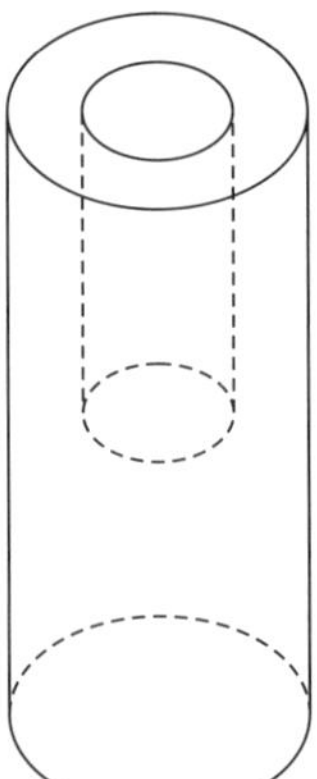

   Lösung:
   Das Volumen ist die Differenz des Gesamtzylindervolumens und des zylinderförmigen Lochs.
   $V = V_{\text{groß}} - V_{\text{klein}}$
   $= \pi \cdot r_{\text{groß}}^2 \cdot h_{\text{groß}} - \pi \cdot r_{\text{klein}}^2 \cdot h_{\text{klein}}$
   $= \pi \cdot (4\ \text{cm})^2 \cdot 20\ \text{cm} - \pi \cdot (2\ \text{cm})^2 \cdot 10\ \text{cm}$
   $\approx 879{,}6\ \text{cm}^3$

Das kreisförmige Loch in der Deckfläche des Gesamtzylinders hat die gleiche Größe wie der Boden des Loches. Als Oberfläche der Vase ergibt sich somit die Oberfläche des nicht aufgebohrten Gesamtzylinders zuzüglich der Mantelfläche der Bohrung.

$$\begin{aligned}O &= O_{\text{groß}} + M_{\text{klein}} \\ &= 2 \cdot G_{\text{groß}} + M_{\text{groß}} + M_{\text{klein}} \\ &= 2 \cdot \pi \cdot r_{\text{groß}}^2 + 2 \cdot \pi \cdot r_{\text{groß}} \cdot h_{\text{groß}} + 2 \cdot \pi \cdot r_{\text{klein}} \cdot h_{\text{klein}} \\ &= 2 \cdot \pi \cdot (4\text{ cm})^2 + 2 \cdot \pi \cdot (4\text{ cm}) \cdot 20\text{ cm} + 2 \cdot \pi \cdot (2\text{ cm}) \cdot 10\text{ cm} \\ &\approx 728{,}8\text{ cm}^2\end{aligned}$$

gaben

68. Berechne die fehlenden Größen eines Zylinders. Runde jeweils auf zwei Stellen nach dem Komma.

	r	h	V	M	O
a)	2 cm	4 cm			
b)	5 cm		235,62 cm³		
c)		8 cm	157,08 cm³		
d)	2,3 m				98,27 m²
e)				1 759,29 cm²	2 990,8 cm²
f)			56,55 cm³	37,8 cm²	

69. a) Die Höhe eines Zylinders wird verdoppelt. Wie verändern sich Volumen und Oberfläche?

b) Der Radius eines Zylinders wird verdoppelt. Wie verändern sich Volumen und Oberfläche?

c) Bei gleicher Höhe wird das Volumen des Zylinders verdoppelt. Wie verändert sich der Radius?

d) Bei halbierter Höhe bleibt das Volumen des Zylinders gleich. Wie verändert sich der Radius?

* e) Bei gleicher Höhe wird die Oberfläche verdoppelt. Wie verändert sich der Radius?

70. Heizungen, die mit Holz betrieben oder durch Sonnenkollektoren unterstützt werden, benötigen einen Wärmespeicher, damit das Haus auch nach Erlöschen des Feuers bzw. nach Sonnenuntergang einige Stunden weiter beheizt werden kann. Hierfür werden sehr häufig isolierte Tanks verwendet, deren Wasserfüllung aufgeheizt wird. Bei Bedarf gibt das Wasser die gespeicherte Energie anschließend wieder ab.
Die beiden Wärmespeicher einer Heizung sind mit folgenden Daten beschrieben:

Speicher 1:	Speicher 2:
Höhe 2 010 mm	Höhe 2 260 mm
Durchmesser 790 mm	Durchmesser 1 100 mm
Inhalt 1 000 ℓ	Inhalt 2 000 ℓ

a) Stimmen die Volumenangaben des Herstellers, wenn du von zylinderförmigen Speichern mit den angegebenen Innenmaßen ausgehst?

b) Für eine 25-kW-Heizungsanlage werden etwa 2 000 ℓ Wasserspeicher benötigt. Es könnten somit ein Speicher vom Typ 2 oder alternativ zwei Speicher vom Typ 1 angeschafft werden. Trotz Isolierung geht ein Teil der gespeicherten Energie aufgrund der Abstrahlung über die Oberfläche verloren.
Berechne für beide Varianten die resultierende Wärmespeicheroberfläche und beurteile, welche Anschaffung aus energetischer Sicht vernünftiger ist.
Welche Gründe könnten für die energetisch ungünstigere Variante sprechen?

c) Der Hersteller von Speicher 1 möchte eine 2 000-ℓ-Variante anbieten und möchte hierfür entweder nur die Höhe oder nur den Radius vergrößern. Welche Möglichkeit ist aus energetischer Sicht zu bevorzugen? Berechne beide resultierenden Oberflächen.

71. Johannes hat auf dem Speicher eine alte zylinderförmige Waschpulververpackung mit Deckel gefunden. Die Trommel ist 80 cm hoch und hat einen Radius von 30 cm. Er will sie mit selbstklebender Folie verschönern. Welche Fläche muss beklebt werden, wenn

a) er die Trommel mit Deckel verwendet und sie deshalb nur außen beklebt?

b) er sie ohne Deckel verwendet und daher innen und außen beklebt?

c) Die Folie gibt es auf 60 cm breiten Rollen, die 4 m lang sind.
Wie muss er vorgehen, wenn er die Tonne als Papierkorb verwenden möchte, sie daher nur außen beklebt und auf den Deckel verzichtet und möglichst wenig stückeln möchte? Berücksichtige beim Zusammenstoßen von Folienrändern eine Überlappung von 2 cm sowie einen Überstand von 4 cm am oberen und unteren Rand.
Reicht eine Rolle Folie?

72. Ein 4,5-V-Batterieblock besteht aus 3 hintereinander geschalteten Mignon-Batterien mit jeweils 1,5 V Spannung, die mit Pappe ummantelt werden. Die Stärke der Pappe darfst du vernachlässigen.

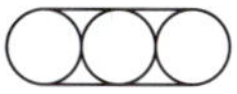

Die Abbildung zeigt die Anordnung der Batterien von oben.
Die Mignon-Batterien haben einen Durchmesser d von 14,3 mm und eine Höhe h von 51 mm.

a) Wie breit und wie hoch ist der 4,5-V-Block?

b) Wie groß muss das Pappestück zum Ummanteln mindestens sein (ohne Grund- und Deckfläche)?

c) Wie groß ist das Volumen des 4,5-V-Blocks?

d) Wie viel Volumen wird verschenkt?

Eine weitere Möglichkeit, die einzelnen Batterien anzuordnen, sieht man hier.

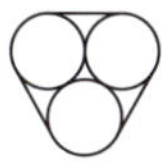

e) Welche Abmessungen hat diese Anordnung?

f) Wie groß muss hier das Pappestück zum Ummanteln mindestens sein (ohne Grund- und Deckfläche)?

g) Wie groß ist das Volumen der dichten Packung?

h) Wie viel Volumen wird hier verschenkt?

* **73.** Die Steigung eines Gewindes gibt an, um wie viele Millimeter sich die Mutter auf einer Schraube in Richtung Schraubenkopf bewegt, wenn man sie um eine Umdrehung anzieht. Bei einem Regelgewinde sind dies 2,5 mm.
Betrachte im Folgenden eine 5 cm lange zylinderförmige Schraube mit Regelgewinde, deren Durchmesser 4 mm beträgt.

a) Wie viele Umdrehungen macht die Mutter beim vollständigen Aufschrauben auf die Schraube?

b) Welche Strecke legt ein Floh pro Umdrehung zurück, wenn er dem Gewinde folgend die Schraube hochklettert?

c) Welche Steigung im Sinne einer ansteigenden Straße besitzt das Gewinde?

d) Stelle eine Funktionsgleichung auf, die die vom Floh zurückgelegte Strecke in Abhängigkeit von seiner aktuellen Höhe angibt.

4 Pyramide

Pyramiden treten häufig in der Architektur auf. Die Glaspyramide im Innenhof des Louvre ist ein Wahrzeichen von Paris.

Pyramide
Eine Pyramide ist ein Körper mit einem n-Eck als Grundseite und n Dreiecken als Seitenflächen. Die Seitenflächen treffen in einem Punkt zusammen, der als Spitze der Pyramide bezeichnet wird.
Der Abstand von der Spitze zur Grundfläche heißt Höhe, wobei die Spitze der Pyramide nicht oberhalb der Grundfläche liegen muss.

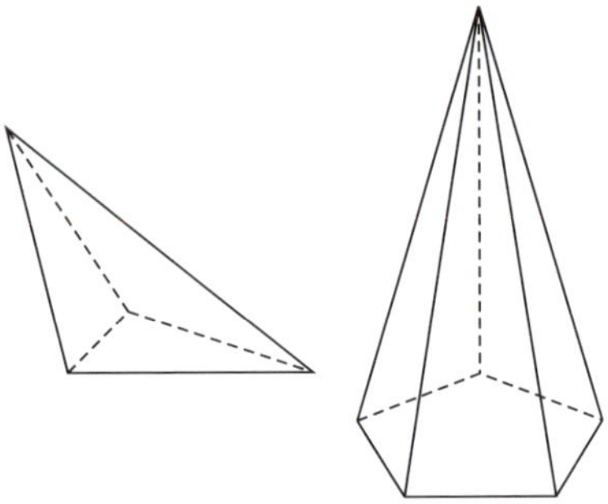

Eine Pyramide mit einer regelmäßigen Grundfläche, deren Seitenkanten gleich lang sind, heißt **gerade Pyramide**. Die Abbildung zeigt eine gerade Pyramide mit quadratischer Grundfläche.

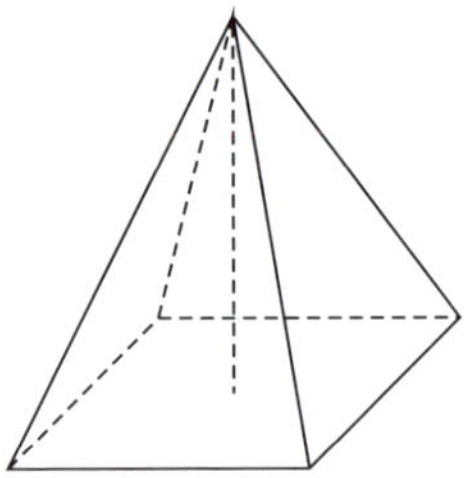

Ein **Pyramidenstumpf** ist eine Pyramide, bei der die Spitze parallel zur Grundfläche abgeschnitten wurde.

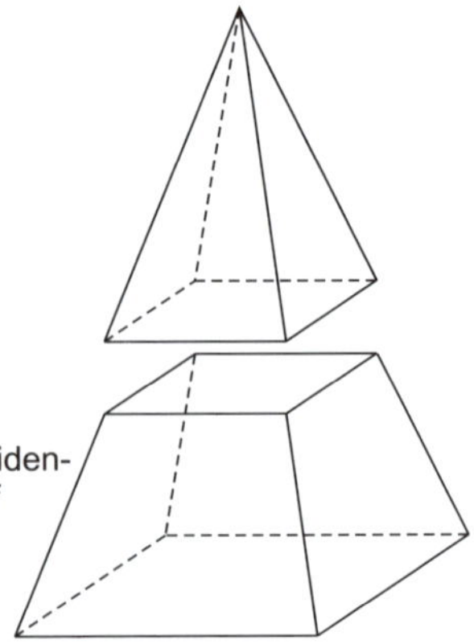

Das **Netz einer Pyramide** ist nicht ganz einfach zu zeichnen. Ein notwendiges Kriterium für ein Netz ist, dass die Seiten der Dreiecke, die beim Zusammenfalten des Körpers zusammentreffen, gleich lang sind. Dies genügt aber nicht! Zusätzlich müssen sich im Netz die Lote von der Spitze auf die Grundseiten in einem Punkt schneiden. Dieser Schnittpunkt ist dann zugleich der Höhenfußpunkt der Pyramide.

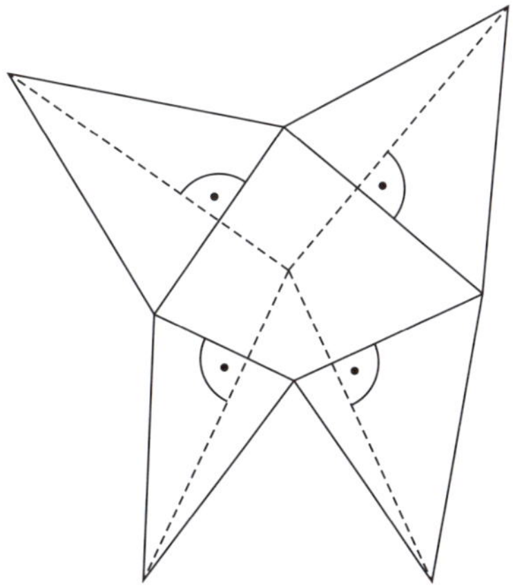

Die **Oberfläche** der Pyramide setzt sich zusammen aus der Grundfläche und den Seitenflächen. Der Flächeninhalt der dreieckigen Seitenflächen lässt sich mithilfe der jeweiligen Höhen berechnen.

Für das **Volumen** der Pyramide mit Grundflächeninhalt G und Höhe h gilt:

$$V = \frac{1}{3} \cdot G \cdot h$$

'spiele

1. Die quadratische Grundfläche ABCD einer 5 cm hohen Pyramide hat die Kantenlänge 6 cm. Die Spitze S liegt senkrecht über der Mitte der Kante [AD].

   a) Bestimme den Neigungswinkel der Seitenfläche BCS gegenüber der Grundfläche.

   b) Bestimme die Oberfläche der Pyramide.

   Lösung:

   a) Für die Bestimmung des Neigungswinkels benötigt man das Stützdreieck FMS. Gesucht ist der Winkel SMF. Anhand der Längen $\overline{SF} = h = 5\text{ cm}$ und $\overline{FM} = \overline{AB} = 6\text{ cm}$ kann mithilfe des Tangens der Winkel bestimmt werden:

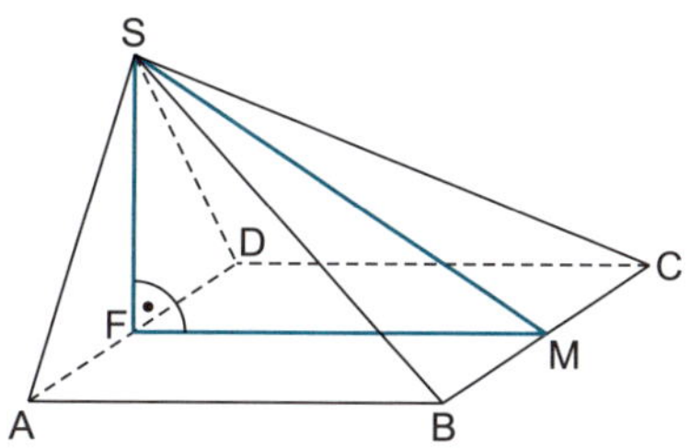

$$\tan \sphericalangle SMF = \frac{\overline{SF}}{\overline{FM}} = \frac{5\text{ cm}}{6\text{ cm}}$$

$$\sphericalangle SMF = \tan^{-1} \frac{5\text{ cm}}{6\text{ cm}} \approx \mathbf{39{,}8°}$$

b) Die Oberfläche setzt sich zusammen aus der Fläche des Quadrates mit Kantenlänge 6 cm und den vier dreieckigen Seitenflächen, deren Grundseiten alle ebenfalls 6 cm lang sind. Es werden noch die Höhen der Dreiecke benötigt.
Im Dreieck ADS fällt die Höhe des Dreiecks mit der Höhe der Pyramide zusammen.

$$A_{ADS} = \frac{1}{2} \cdot \overline{AB} \cdot h = \frac{1}{2} \cdot 6\text{ cm} \cdot 5\text{ cm} = 15\text{ cm}^2$$

Im Dreieck ABS und im Dreieck CDS ist die Höhe gleich der Kante [AS] bzw. [DS], da die beiden Seiten bei A bzw. D einen rechten Winkel haben. Da S über der Mitte der Kante [AD] liegt, ist das Dreieck ADS gleichschenklig und es gilt $\overline{AS} = \overline{DS}$.
Diese Länge kann z. B. mithilfe des rechtwinkligen Dreiecks AFS bestimmt werden.
Mit dem Satz des Pythagoras gilt:

$$\overline{AS} = \sqrt{\overline{AF}^2 + \overline{FS}^2} = \sqrt{(3\text{ cm})^2 + (5\text{ cm})^2} = \sqrt{34}\text{ cm}$$

$$A_{ABS} = \frac{1}{2} \cdot \overline{AB} \cdot \overline{AS} = \frac{1}{2} \cdot 6\text{ cm} \cdot \sqrt{34}\text{ cm} = 3\sqrt{34}\text{ cm}^2 = A_{CDS}$$

Für das Dreieck BCS kann die Höhe mithilfe des Dreiecks FMS berechnet werden.
Wiederum gilt nach dem Satz des Pythagoras:

$$\overline{MS} = \sqrt{\overline{MF}^2 + \overline{FS}^2} = \sqrt{(6\text{ cm})^2 + (5\text{ cm})^2} = \sqrt{61}\text{ cm}$$

$$A_{BCS} = \frac{1}{2} \cdot \overline{BC} \cdot \overline{MS} = \frac{1}{2} \cdot 6\text{ cm} \cdot \sqrt{61}\text{ cm} = 3\sqrt{61}\text{ cm}^2$$

Für die quadratische Grundfläche gilt:

$$A_{Quadrat} = \overline{AB}^2 = (6\text{ cm})^2 = 36\text{ cm}^2$$

Für die Oberfläche folgt daher:

$$\begin{aligned} O &= 15\text{ cm}^2 + 2 \cdot 3\sqrt{34}\text{ cm}^2 + 3\sqrt{61}\text{ cm}^2 + 36\text{ cm}^2 \\ &= 51\text{ cm}^2 + 6\sqrt{34}\text{ cm}^2 + 3\sqrt{61}\text{ cm}^2 \\ &\approx \mathbf{109{,}4\text{ cm}^2} \end{aligned}$$

2. Bestimme das Volumen eines geraden, 3 cm hohen Pyramidenstumpfes mit quadratischer Grundfläche der Seitenlänge 6 cm. Die Seitenlänge der oberen Fläche beträgt 4 cm.

Lösung:
Das Volumen eines Pyramidenstumpfes ist die Differenz aus dem Volumen der gesamten Pyramide und des Volumens der abgeschnittenen Spitze.
Um diese Volumina berechnen zu können, muss die Höhe der gesamten Pyramide und die Höhe der abgeschnittenen Spitze bestimmt werden. Hierfür wird die gesamte Pyramide entlang ihrer Höhe parallel zu einer Grundkante aufgeschnitten.

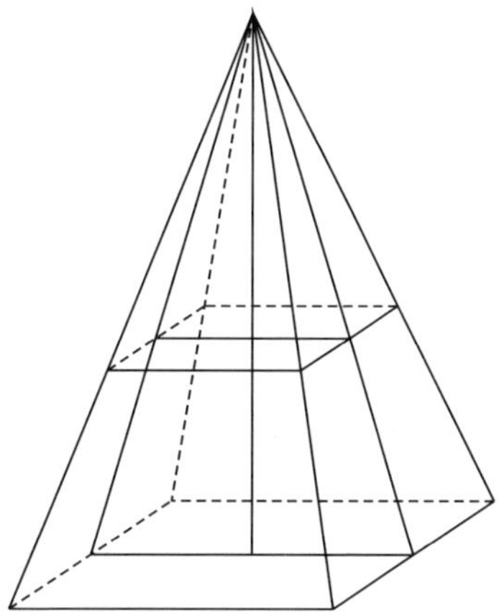

Der entstehenden Schnittfläche können nun mithilfe des Strahlensatzes die notwendigen Informationen entnommen werden.
Es gilt:

$$h_1 - h_2 = h' = 3\text{ cm} \qquad (*)$$

$$\frac{h_2}{h_1} = \frac{a_2}{a_1} = \frac{4\text{ cm}}{6\text{ cm}} = \frac{2}{3}$$

$$\Rightarrow \quad h_2 = \frac{2}{3} \cdot h_1$$

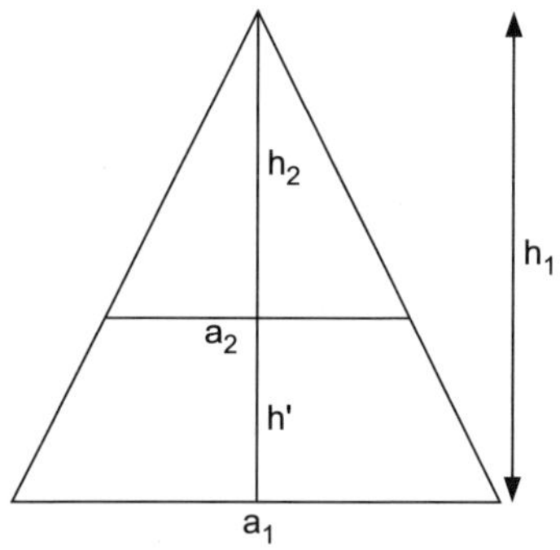

Eingesetzt in (*) ergibt sich:

$$h_1 - \frac{2}{3} \cdot h_1 = 3\text{ cm}$$

$$\frac{1}{3} \cdot h_1 = 3\text{ cm}$$

$$h_1 = 9\text{ cm}$$

Mit (*) folgt:

$$h_2 = h_1 - h' = 9\text{ cm} - 3\text{ cm} = 6\text{ cm}$$

Nun kann das Volumen des Pyramidenstumpfes berechnet werden:

$$V = V_1 - V_2 = \frac{1}{3} \cdot G_1 \cdot h_1 - \frac{1}{3} \cdot G_2 \cdot h_2$$

$$= \frac{1}{3} \cdot a_1^2 \cdot h_1 - \frac{1}{3} \cdot a_2^2 \cdot h_2$$

$$= \frac{1}{3} \cdot (6\text{ cm})^2 \cdot 9\text{ cm} - \frac{1}{3} \cdot (4\text{ cm})^2 \cdot 6\text{ cm}$$

$$= 76\text{ cm}^3$$

Aufgaben

74. a) Wie viele Ecken, Kanten und Flächen hat eine 5-seitige Pyramide?

b) Wie viele Ecken, Kanten und Flächen hat eine n-seitige Pyramide?

c) Wie viele Ecken hat die Grundfläche einer Pyramide, die 18 Flächen hat?

d) Kevin behauptet, dass er eine Pyramide gezeichnet hat, die 17 Kanten hat. Geht das?

75. Eine gerade Pyramide hat eine quadratische Grundfläche ABCD mit Kantenlänge 3 cm und die Höhe 2 cm.

a) Zeichne ein Schrägbild der Pyramide.

b) Bestimme das Volumen der Pyramide.

c) Bestimme die Oberfläche der Pyramide.

76. a) Die Höhe einer Pyramide wird bei gleichbleibender Grundfläche verdoppelt.
Wie verändert sich das Volumen?

b) Bei gleichbleibender Höhe wird die Kantenlänge der quadratischen Grundfläche einer geraden Pyramide verdoppelt.
Wie verändert sich das Volumen?

77. Begründe: Ist der Höhenfußpunkt der Mittelpunkt des Umkreises der Grundfläche, so sind die Kanten der Seitenflächen alle gleich lang.

78. Erstelle anhand des Netzes ein Schrägbild.

a)

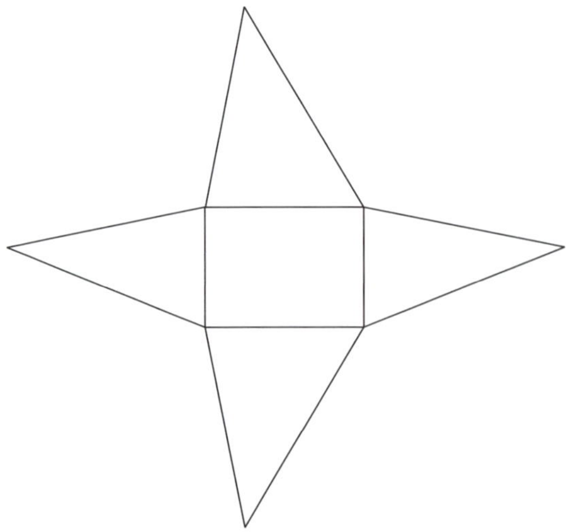

b)

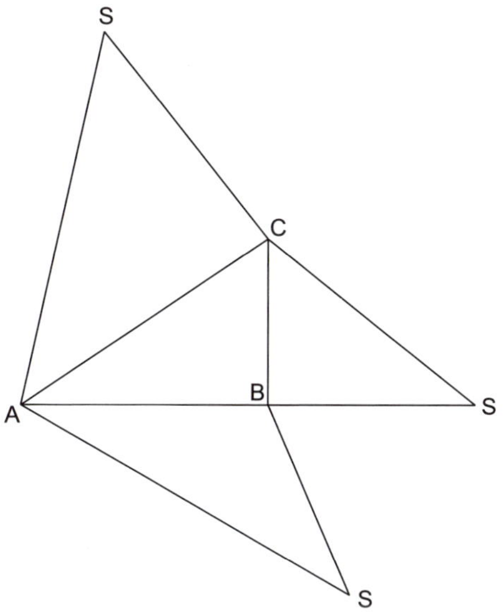

79. Eine Pyramide ABCDS mit quadratischer Grundfläche hat folgende Maße:
$\overline{AB} = 3$ cm, $\overline{AS} = 4$ cm, $\sphericalangle BAS = 75°$
Der Höhenfußpunkt F der Pyramide liegt auf der Mittelsenkrechten von [AD].

a) Zeichne ein Netz.

b) Bestimme den Oberflächeninhalt auf zwei Dezimalen.

c) Bestimme das Volumen auf zwei Dezimalen.

80. Eine schiefe Pyramide hat folgende Eigenschaften: Die Grundfläche ist ein gleichschenkliges Dreieck ABC mit Basis $c = 3$ cm und Höhe $h_c = 4$ cm. Die Pyramidenspitze befindet sich 2,5 cm über der Mitte der Grundflächenbasis.

a) Zeichne ein Schrägbild der Pyramide und trage das Dreieck FCS ein, wobei F der Höhenfußpunkt der Pyramide ist.

b) Berechne alle Kantenlängen der Pyramide.

c) Bestimme die Neigungswinkel der Seiten gegenüber der Grundfläche.
Tipp: Satzgruppe des Pythagoras

81. Ein Trichter für einen Bienenschwarmkasten soll nach dem nebenstehenden Vorbild gezimmert werden.
An der oberen Seite ist der Trichter 40 cm lang und 40 cm breit, an der unteren Seite 20 cm lang und 20 cm breit. Der Neigungswinkel der Wände gegenüber der Horizontalen beträgt 78°. Er besitzt keinen Boden.
Die Oberkante des Holzes verläuft horizontal und ist 3 cm dick.

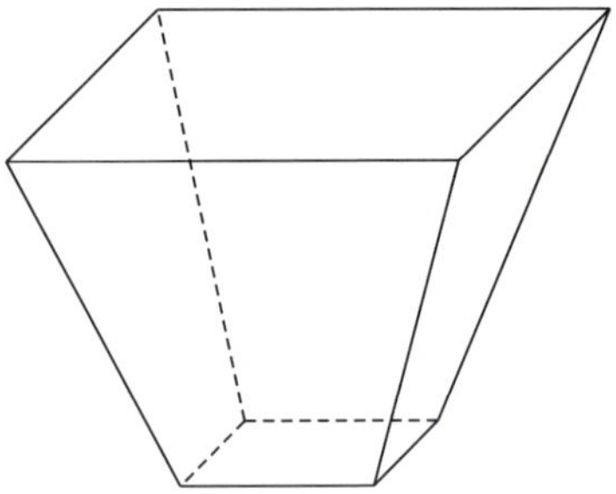

a) Wie hoch ist der Trichter?

✱ b) Wie schwer ist der Trichter, wenn ein Kubikmeter Holz 600 kg wiegt?

5 Kegel

Beispiele für Kegel:

Kegel

Ein gerader (Kreis-)Kegel ist ein Körper, dessen Grundfläche ein Kreis mit Radius r und Mittelpunkt M ist. Die Spitze S liegt senkrecht über M. Jeder Punkt auf der Kreislinie ist mit der Spitze geradlinig verbunden. Diese Verbindungsstrecken bilden den Mantel.
Der Abstand von der Spitze S zur Grundfläche heißt Höhe h. Die Verbindung von der Spitze S zu einem beliebigen Punkt auf der Kreislinie heißt Mantellinie s.

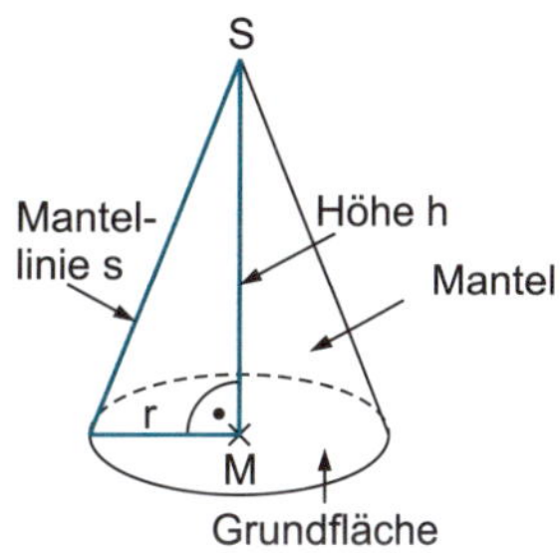

Schneidet man den Kegel senkrecht zur Grundfläche entlang der Höhe auf, so erhält man als Schnittfigur ein gleichschenkliges Dreieck. Der Winkel zwischen den Mantellinien heißt **Öffnungswinkel**.

Mithilfe des Satzes von Pythagoras lässt sich die Länge der Mantellinie aus Radius und Höhe bestimmen:

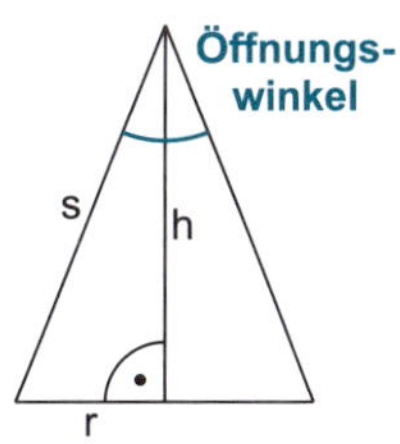

$s = \sqrt{r^2 + h^2}$

Die **Oberfläche** eines Kegels setzt sich aus der Grundfläche und dem Mantel zusammen. Der Mantel ist der Sektor eines Kreises mit der Mantellinie s als Radius.

Der Bogen des Kreissektors ist so lang wie der Umfang der Grundfläche.

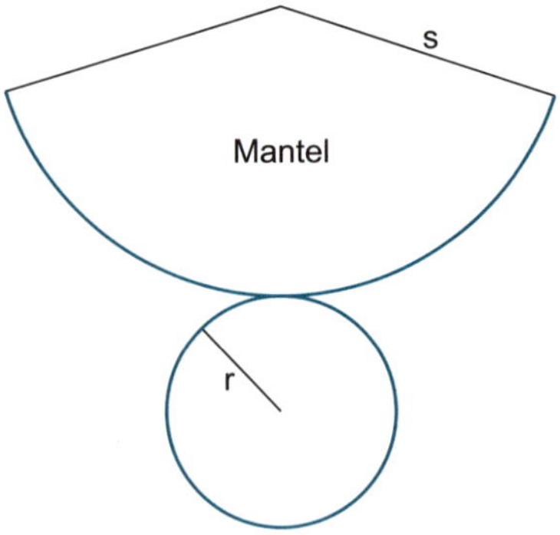

Die Fläche des Mantels ist nur ein Teil des Flächeninhalts des Kreises mit Radius s. Der Bruchteil der Fläche entspricht dem Bruchteil des Kreisbogens b vom gesamten Kreisumfang des Kreises mit Radius s:

$$\frac{A_{Mantel}}{\pi \cdot s^2} = \frac{b}{2 \cdot \pi \cdot s}$$

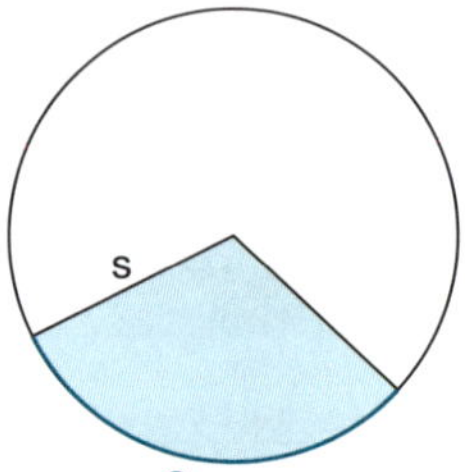

Der Kreisbogen des Sektors ist so lang wie der Umfang der Grundfläche:

$b = 2 \cdot \pi \cdot r$

In die obere Gleichung eingesetzt, ergibt sich dann:

$$\frac{A_{Mantel}}{\pi \cdot s^2} = \frac{2 \cdot \pi \cdot r}{2 \cdot \pi \cdot s}$$

Nun kann die Gleichung noch vereinfacht und nach A_{Mantel} aufgelöst werden:

$$\frac{A_{Mantel}}{\pi \cdot s^2} = \frac{r}{s}$$

$$A_{Mantel} = \frac{r \cdot \pi \cdot s^2}{s} = r \cdot \pi \cdot s$$

> Insgesamt gilt für die **Kegeloberfläche** somit:
> $O = A_{Kreis} + A_{Mantel} = \pi \cdot r^2 + r \cdot \pi \cdot s$

Um das **Volumen** des Kegels zu bestimmen, betrachtet man eine Pyramide mit einem symmetrischen n-Eck als Grundfläche. Wird die Anzahl der Ecken immer weiter erhöht, so wird das n-Eck zu einem Kreis. Ebenso wird aus einer geraden Pyramide mit symmetrischer Grundfläche ein gerader Kreiskegel, wenn man die Anzahl der Ecken immer weiter erhöht.

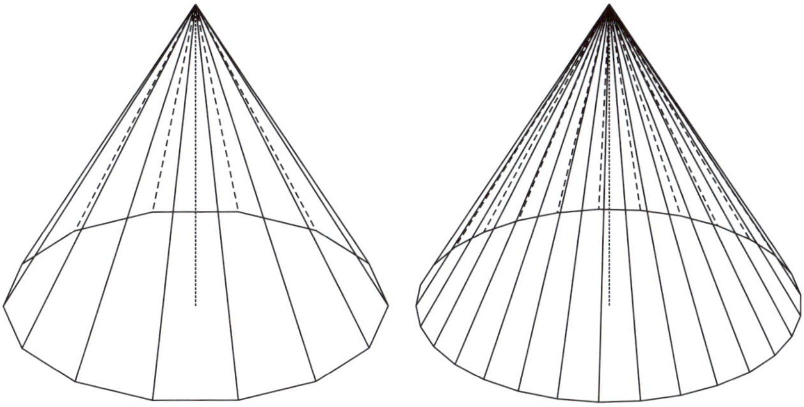

Für das **Volumen** des Kegels mit Radius r und Höhe h gilt daher:

$V = \frac{1}{3} \cdot \pi \cdot r^2 \cdot h$

Gelegentlich bekommt man es mit Kegeln zu tun, deren Spitze parallel zur Grundfläche abgeschnitten wurde. Derartige Gebilde werden als **Kegelstumpf** bezeichnet.

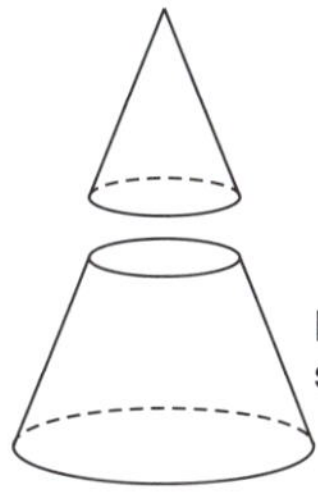

eispiele

1. Berechne das Volumen und die Oberfläche eines Kegels mit Radius 3 cm und Höhe 4 cm.

   Lösung:
   Für das Volumen gilt:
   $V = \frac{1}{3} \cdot \pi \cdot r^2 \cdot h = \frac{1}{3} \cdot \pi \cdot (3\,cm)^2 \cdot 4\,cm \approx 37{,}7\,cm^3$
   Um die Oberfläche berechnen zu können, muss die Mantellinie berechnet werden. Es gilt:
   $s = \sqrt{r^2 + h^2} = \sqrt{(3\,cm)^2 + (4\,cm)^2} = 5\,cm$
   Die Oberfläche berechnet sich nun wie folgt:
   $O = \pi \cdot r^2 + \pi \cdot r \cdot s = \pi \cdot (3\,cm)^2 + \pi \cdot 3\,cm \cdot 5\,cm \approx 75{,}4\,cm^2$

2. Ein Zuckerhut kann näherungsweise als Kegel betrachtet werden. Beim Ausmessen des Kegels wird der Durchmesser der Grundfläche zu 8 cm bestimmt, die Länge vom Boden zur Spitze an der Außenseite entlang gemessen beträgt 16 cm.

   a) Wie viel Folie ist zur Verpackung mindestens notwendig?

   b) Wie viel Kubikzentimeter Zucker beinhaltet der Zuckerhut?

   c) Der Zuckerhut hat tatsächlich eine abgerundete Spitze.
   Welches Volumen an Zucker fehlt zum perfekten Kegel, wenn der Zuckerhut die Aufschrift 250 g trägt und ein Kubikzentimeter Zucker 1,05 g wiegt?

Lösung:

a) Für die Oberfläche gilt:
$O = \pi \cdot r^2 + \pi \cdot r \cdot s = \pi \cdot (4\text{ cm})^2 + \pi \cdot 4\text{ cm} \cdot 16\text{ cm} \approx 251{,}3\text{ cm}^2$
Es werden mindestens $251{,}3\text{ cm}^2$ Folie benötigt.

b) Die zu 16 cm bestimmte Länge zwischen Boden und Spitze ist die Mantellinie des Kegels. Zur Bestimmung seines Volumens benötigt man die Höhe.
Diese kann mithilfe von Mantellinie und Radius bestimmt werden:
$h = \sqrt{s^2 - r^2}$

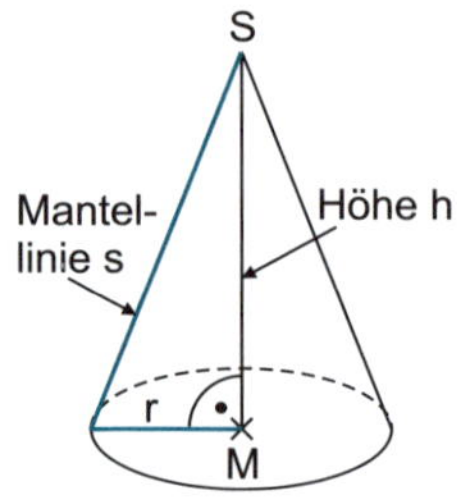

Für das Volumen des Zuckerhutes gilt daher:

$$V = \frac{1}{3} \cdot \pi \cdot r^2 \cdot \sqrt{s^2 - r^2} = \frac{1}{3} \cdot \pi \cdot (4\text{ cm})^2 \cdot \sqrt{(16\text{ cm})^2 - (4\text{ cm})^2}$$
$$\approx 259{,}6\text{ cm}^3$$

c) Aus dem Physikunterricht ist wahrscheinlich folgender Zusammenhang bekannt:

$$\text{Dichte} = \frac{\text{Masse}}{\text{Volumen}} \quad \text{bzw.} \quad \rho = \frac{m}{V}$$

Für das Volumen des tatsächlichen Zuckerhuts gilt daher:

$$V = \frac{m}{\rho} = \frac{250\text{ g}}{1{,}05\,\frac{\text{g}}{\text{cm}^3}} \approx 238{,}1\text{ cm}^3$$

Das fehlende Volumen beträgt somit
$259{,}6\text{ cm}^3 - 238{,}1\text{ cm}^3 = 21{,}5\text{ cm}^3$

fgaben

82. Berechne die fehlenden Stücke eines Kegels. Runde jeweils auf zwei Stellen nach dem Komma.

	r	h	s	V	O
a)	8 cm	6 cm			
b)	12 m		20 m		
c)	2,4 cm			$1{,}344 \cdot \pi\ cm^3$	
d)	3 dm				$2 \cdot \pi\ dm^2$
e)			13 m		$90 \cdot \pi\ m^2$

83. a) Die Höhe eines Kegels wird verdoppelt.
Wie verändert sich das Volumen?

b) Der Radius eines Kegels wird verdoppelt.
Wie verändert sich das Volumen?

c) Bei gleicher Höhe wird das Volumen des Kegels verdoppelt.
Wie verändert sich der Radius?

d) Bei halbierter Höhe bleibt das Volumen des Kegels gleich.
Wie verändert sich der Radius?

e) Bei gleichem Öffnungswinkel wird die Höhe verdoppelt.
Wie verändert sich das Volumen?

84. Bestimme den Neigungswinkel α des Kegelmantels gegenüber der Grundfläche in Abhängigkeit von

a) Höhe und Radius,

b) Höhe und Mantellinie,

c) Radius und Mantellinie,

d) Öffnungswinkel φ und Radius.

85. Phillip bastelt unterschiedliche Kegelmodelle.

a) Für das erste Modell schneidet er den Mantel so aus, dass der Winkel des Kreissektors 150° und der Radius 12 cm beträgt.
Wie groß ist der Radius der Grundfläche?
Wie groß ist die Höhe des Kegels?

b) Für das zweite Modell schneidet er die Grundfläche mit einem Radius von 8 cm aus.
Wie groß muss der Radius und der Winkel des Mantelkreissektors sein, wenn der Kegel 15 cm hoch werden soll?

✱ c) Für das dritte Modell möchte er wieder zuerst den Mantel ausschneiden. Der Winkel des Kreissektors soll wieder 150° betragen, diesmal gibt er sich jedoch die Höhe des Kegels mit 15 cm vor.
Wie groß ist der Radius des Mantelsektors und wie groß ist der Radius der Grundfläche?

86. Ein Kegel soll aus einem DIN-A4-Blatt gerollt werden ($a = 21{,}0$ cm, $b = 29{,}7$ cm).

a) Überlege dir drei Möglichkeiten.

b) Berechne jeweils den Radius und die Höhe des Kegels und vergleiche das Volumen und den Papierabfall, wenn
   i) die kürzere Seite zur Mantellinie wird.
   ii) die längere Seite zur Mantellinie wird.
   iii) die Hälfte der längeren Seite zur Mantellinie wird.

87. Ein Kegel besitzt an der Spitze den Öffnungswinkel φ.

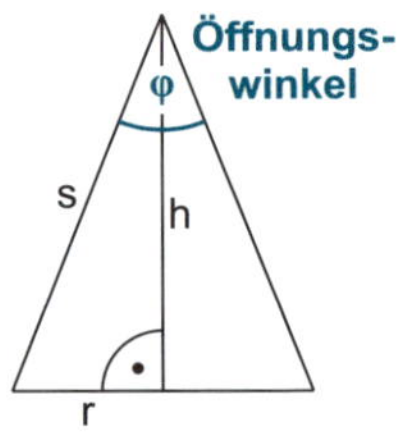

a) Bestimme den Radius des Kegels in Abhängigkeit von der Höhe und des Öffnungswinkels.

b) Bestimme das Volumen des Kegels nur in Abhängigkeit von der Höhe sowie des Öffnungswinkels.

c) Bestimme das Volumen für den Öffnungswinkel 60° und die Höhe 9 cm.

✱ d) Von einem 9 cm hohen Knetmassekegel mit Öffnungswinkel 60° wird an der Spitze ein 5 cm hoher Kegel abgeschnitten. Der verbleibende Kegelstumpf soll mit dem Material der abgetrennten Spitze nach unten erweitert werden.
Wie hoch wird der entstehende Kegelstumpf?

e) Nun wird von einem 9 cm hohen Knetmassekegel mit Öffnungswinkel 80° an der Spitze ein 5 cm hoher Kegel abgeschnitten und wie in Teilaufgabe d unten an den entstandenen Kegelstumpf passend angesetzt. Bestimme den Höhenzuwachs des Kegelstumpfes.

88. Ein Laster kippt Sand ab, der hierbei einen kegelförmigen Haufen bildet. Die Spitze wird von einem Arbeiter abgetragen, sodass der restliche Sand die Form eines Kegelstumpfes mit den in der Abbildung gegebenen Maßen besitzt.

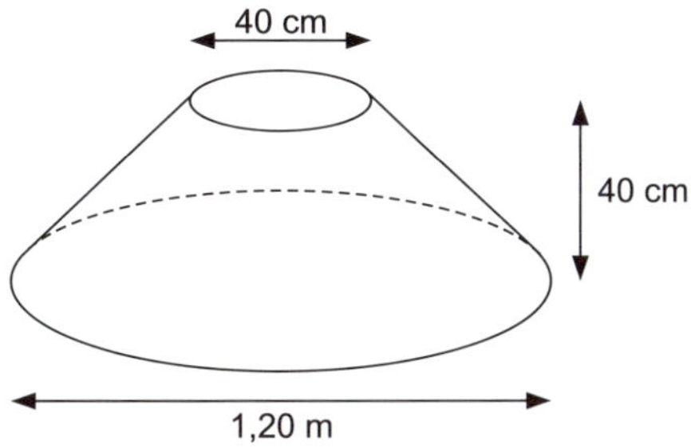

a) Berechne das Volumen des restlichen Sandberges in Kubikmetern.

b) Berechne die Oberfläche des restlichen Sandberges in Quadratmetern.

c) Wie viel Kubikmeter Sand hat der Lkw ursprünglich abgeladen?

Aufgaben zu allen Körpern

89. Aus welchen Körpern sind die folgenden Gegenstände aufgebaut?

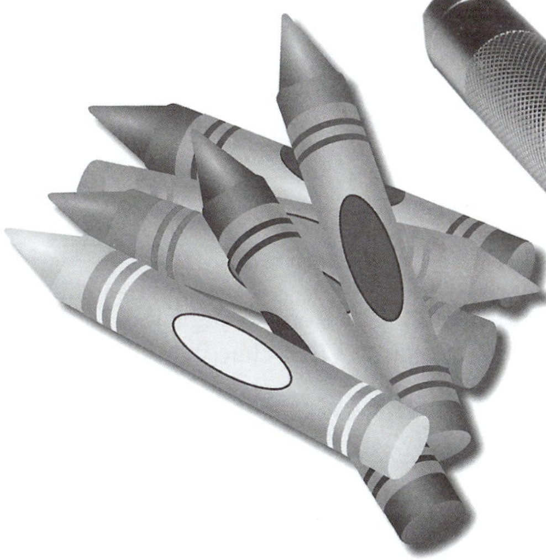
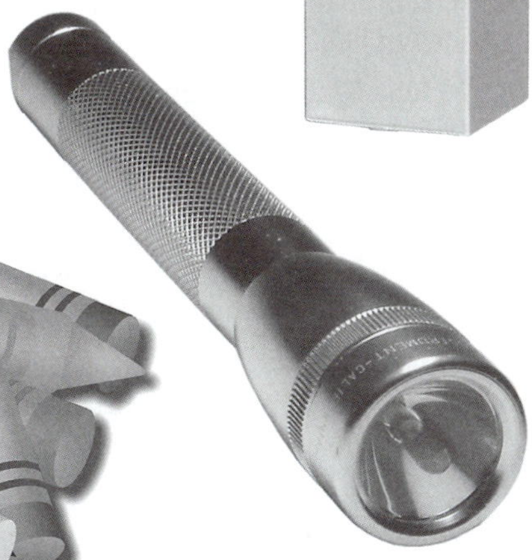

90. Welche der folgenden Figuren stellen Netze dar? Welchen Körper ergeben sie jeweils?

Figur 1

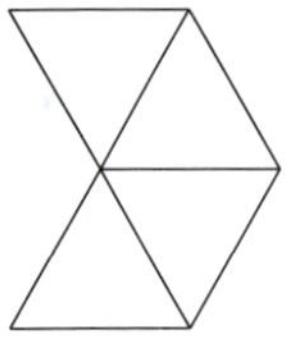

Figur 2

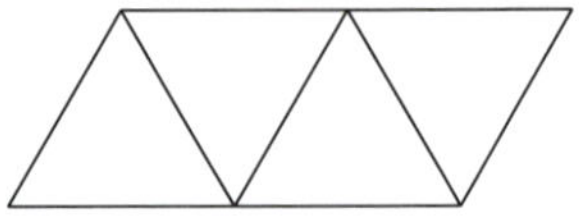

Figur 3

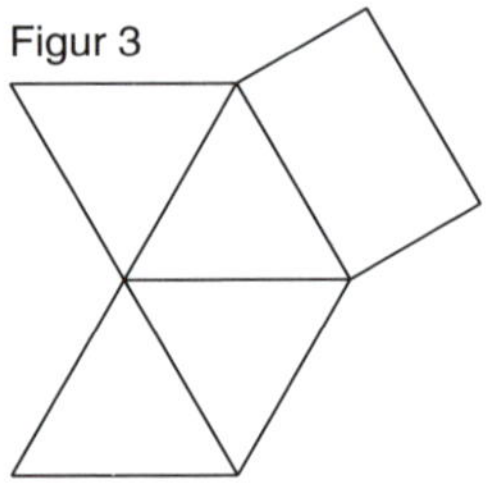

Figur 4

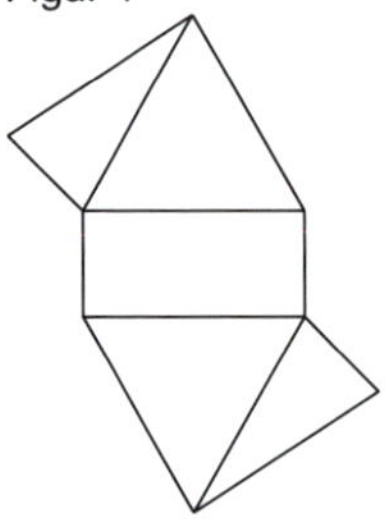

Figur 5

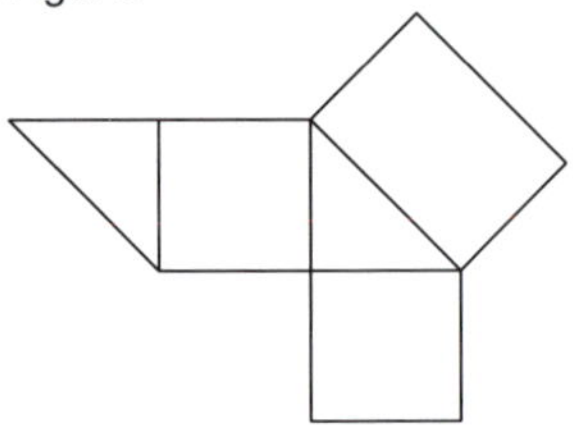

Figur 6

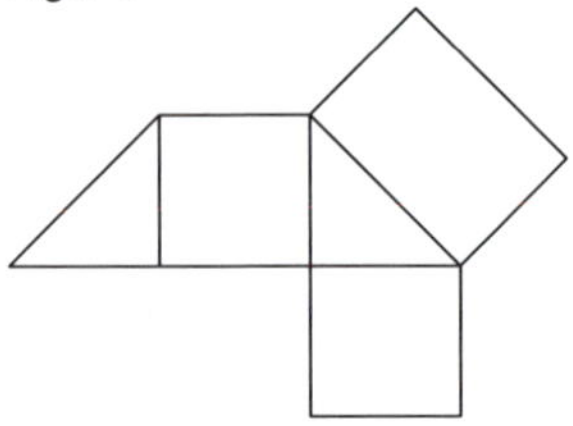

91. Ein Diabolo kann angenähert werden als zwei Kegel, die an den Spitzen aneinandergesetzt wurden. Der Durchmesser des Diabolos beträgt 12 cm, seine Höhe 18 cm. Die Materialstärke d gemessen am oberen Rand beträgt 1 cm.

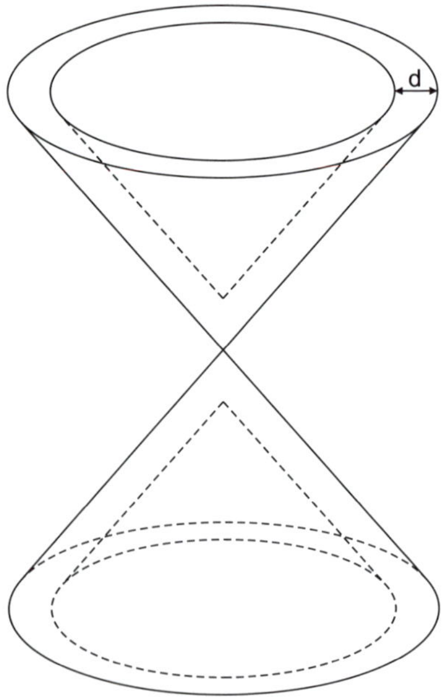

a) Berechne die Innenmaße des Diabolos.

b) Wie viel Gummi wird zum Gießen benötigt?

c) Welche Maße muss eine zylinderförmige Verpackung für das Diabolo haben? Berechne ihr Volumen.

d) Welche Maße muss eine quaderförmige Verpackung haben? Berechne ihr Volumen.

e) Welche Maße muss eine prismenförmige Verpackung haben, deren Grundseite ein gleichseitiges Dreieck ist? Berechne ihr Volumen.

f) Das Diabolo wird in Farbe getunkt. Pro m^2 Fläche werden 0,2 ℓ benötigt. Wie viele Diabolos können mit einem Liter Farbe bemalt werden?

92. Ein Süßwarenhersteller möchte einen neuen Schokoladenriegel auf den Markt bringen. Der neue Riegel kann näherungsweise als Kombination sechs gleicher gerader Pyramiden mit quadratischer Grundfläche betrachtet werden, die auf einem langen Quader mit 1 cm Höhe aneinandergesetzt werden. Der Riegel ist 2 cm breit und insgesamt 3 cm hoch.

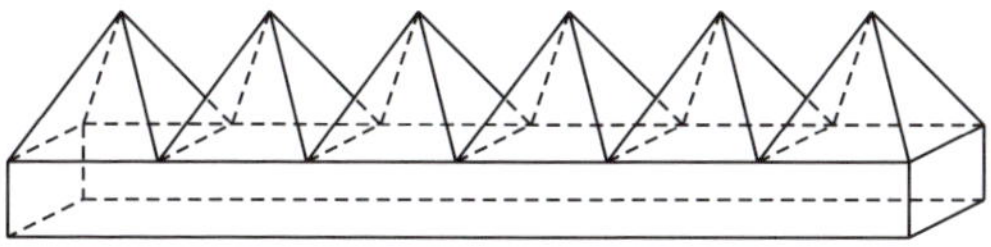

a) Aus wie viel Schokolade besteht ein Riegel?

b) Wie viel Alufolie ist nötig, wenn beim Verpacken die Konturen der Bergspitzen immer genau verfolgt werden?

Zusätzlich zur Alufolie wird der Riegel noch in einem Karton verpackt, der die Form eines Prismas hat, das sich möglichst genau der Form des Riegels anpasst.

c) Zeichne das Netz der Verpackung.

d) Bestimme das Volumen der Verpackung.

e) Wie viel Prozent des Volumens der Verpackung wird nicht genutzt?

93. Dreidimensionale Körper können durch die Rotation einer Fläche um eine Achse erzeugt werden. Man spricht in diesem Fall von Rotationskörpern. Die Abbildung zeigt verschiedene Flächen und Rotationsachsen.

Figur 1 Figur 2 Figur 3 Figur 4

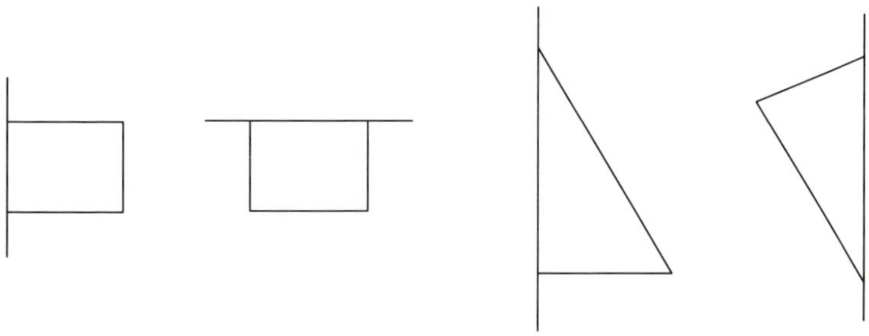

a) Gib jeweils den entstehenden Körper an und kennzeichne die Linien, aus denen die entsprechenden Kenngrößen des Körpers entstehen (bei einem Zylinder z. B. Radius, Mantellinie und Höhe).

b) Gib eine Figur und eine Rotationsachse an, sodass bei der Rotation ein Kegelstumpf entsteht.

✳ 94. In Heikes Garten stehen verschieden geformte Regenfässer.

Behälter 1

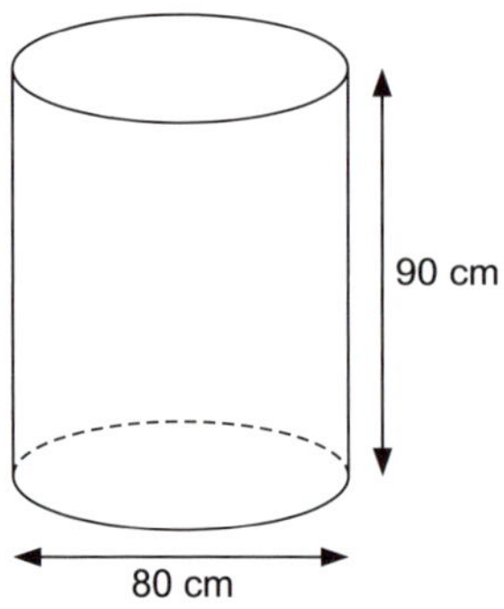

Behälter 2

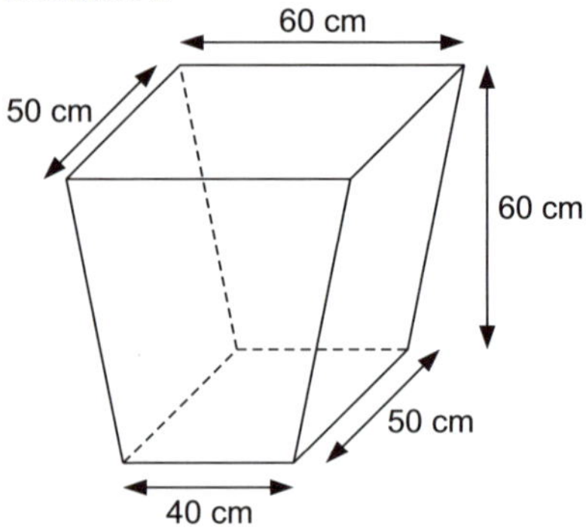

Behälter 3

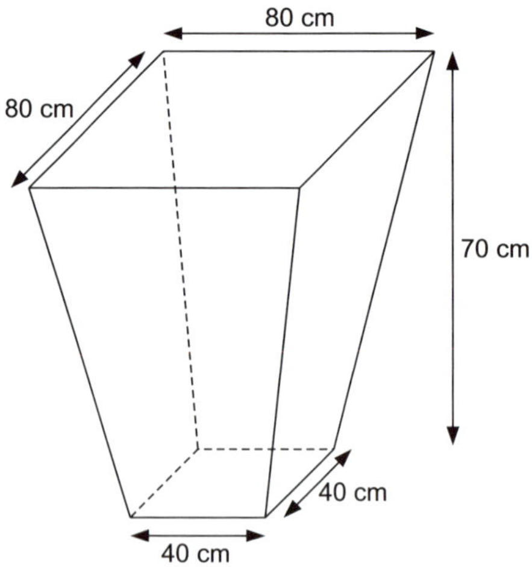

a) Wie viel Wasser kann sie insgesamt im Garten sammeln? Berechne das Volumen in Litern.

b) Um die noch zur Verfügung stehende Wassermenge abschätzen zu können, misst Heike mit einem Zollstock, den sie senkrecht in das Regenfass hält, den Wasserstand in den Fässern.
Berechne das Volumen des Wassers in den einzelnen Behältern, wenn der Zollstock beim Eintauchen jeweils bis zur 40-cm-Marke benetzt wird.

c) Gib für die einzelnen Behälter das Volumen V in Abhängigkeit von der benetzten Höhe h des Stocks an.

Grundwissen der 5. bis 9. Klasse

Abstand

Der Abstand ist die kürzeste Entfernung zweier Objekte.

Beispiele:

- Abstand der Punkte A und B: Länge der Strecke [AB]
- Abstand von Punkt A und Gerade g: Länge der Strecke [AF], wobei F der Lotfußpunkt ist.

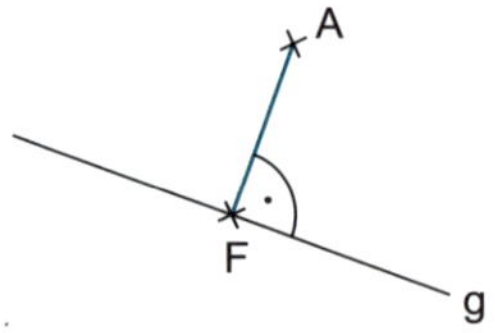

- Abstand der parallelen Geraden g und h: Länge der Strecke von einem beliebigen Punkt A auf g zum Lotfußpunkt des Lotes von A auf h.

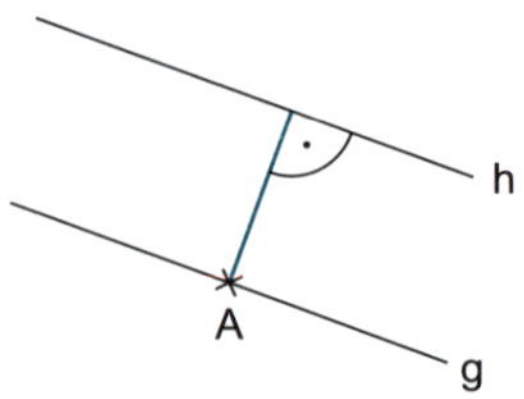

Achsensymmetrie

Zwei Punkte A und A' sind symmetrisch bezüglich der Symmetrieachse a, wenn die Verbindungsstrecke der Punkte senkrecht auf der Achse a steht und von ihr halbiert wird.

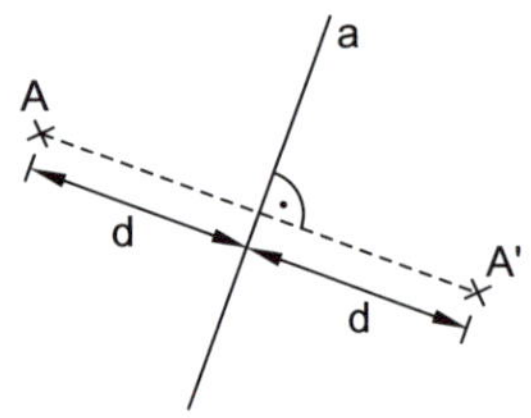

Achsensymmetrisches Trapez

Ein Trapez, das achsensymmetrisch zur Mittelsenkrechten einer der parallelen Seiten ist, heißt achsensymmetrisches Trapez.

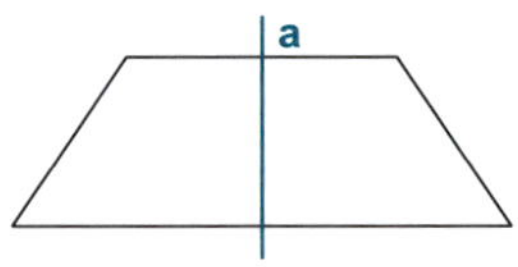

Eigenschaften:

- Die Schenkel sind gleich lang.
- Die Diagonalen sind gleich lang.
- Die beiden an einer der parallelen Seiten anliegenden Winkel sind gleich groß.

Ähnlichkeit

Zwei Figuren sind zueinander ähnlich, wenn eine Figur durch eine zentrische Streckung aus der anderen Figur hervorgeht.

Ähnlichkeitssätze

Zwei Dreiecke sind zueinander ähnlich,

- falls sie in zwei (und damit wegen der Innenwinkelsumme in drei) Winkeln übereinstimmen. **WW-Satz**
- falls die Längenverhältnisse entsprechender Seiten übereinstimmen. **S : S : S-Satz**
- falls das Verhältnis zweier Seitenlängen und der eingeschlossene Winkel übereinstimmen. **S : W : S-Satz**

Drachenviereck

Ein Viereck, bei dem eine Diagonale Symmetrieachse ist, heißt Drachenviereck.

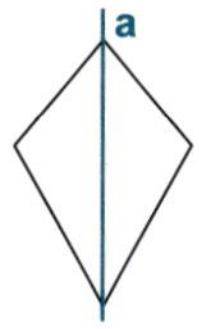

Eigenschaften:

- Je zwei Seiten, deren gemeinsamer Endpunkt auf der Symmetrieachse liegt, sind gleich lang.
- Die Symmetrieachse ist Winkelhalbierende der beiden entsprechenden Winkel; die beiden anderen Winkel sind gleich groß.
- Die Diagonalen stehen senkrecht aufeinander, wobei die eine der beiden von der anderen halbiert wird.

Dreieck

Die gängigen Bezeichnungen im Dreieck findest du in nebenstehender Abbildung. Die Summe der Innenwinkel (hier: α, β, γ) beträgt 180°.

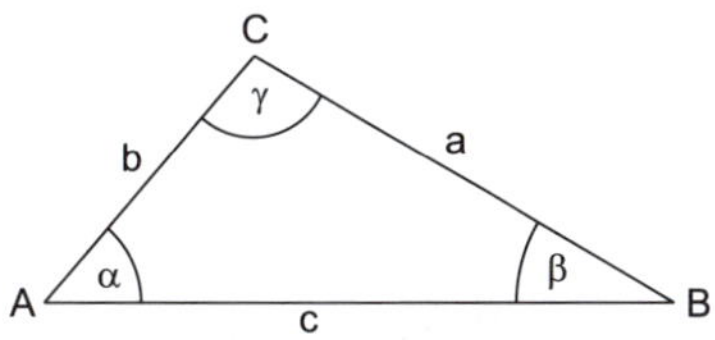

Flächeninhalt

Einheiten: 1 m^2, 1 dm^2, 1 cm^2, 1 mm^2, 1 a (Ar), 1 ha (Hektar), 1 km^2

Umrechnungstabelle:

$100\,mm^2 = 1\,cm^2$

$100\,cm^2 = 1\,dm^2$

$100\,dm^2 = 1\,m^2$

$100\,m^2 = 1\,a$

$100\,a = 1\,ha$

$100\,ha = 1\,km^2$

Formeln zur Flächenberechnung:

Dreieck	$A = \frac{1}{2}a \cdot h_a = \frac{1}{2}b \cdot h_b = \frac{1}{2}c \cdot h_c$
Rechteck	$A = a \cdot b$
Quadrat	$A = a^2$
Parallelogramm	$A = g \cdot h$
Trapez	$A = \frac{1}{2}(a + c) \cdot h$ mit $a \parallel c$
Kreis	$A = \pi \cdot r^2$

Komplizierte Flächen lassen sich oft bestimmen, indem sie in Rechtecke zerlegt oder zu Rechtecken ergänzt werden. Häufig lassen sie sich auch zu berechenbaren Flächen umbauen.

Gerade

Die Verlängerung der Strecke [AB] über A und B hinaus ergibt die Gerade AB. Geraden werden häufig mit kleinen lateinischen Buchstaben bezeichnet: g, h, …

Gleichschenkliges Dreieck

Ein Dreieck mit zwei gleich langen Seiten heißt gleichschenkliges Dreieck.
Die beiden gleich langen Seiten nennt man Schenkel, die dritte Seite Grundseite oder Basis. Die an der Basis anliegenden Winkel heißen Basiswinkel und sind gleich groß.

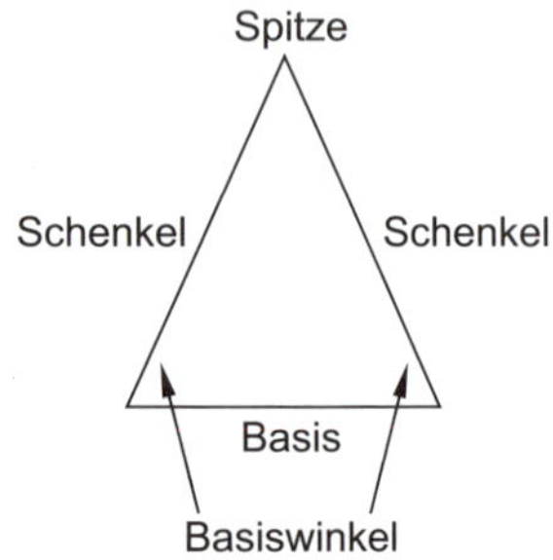

Gleichseitiges Dreieck

Ein Dreieck mit drei gleich langen Seiten heißt gleichseitig. Die Innenwinkel betragen 60°.

Halbgerade

Verlängert man die Strecke von A nach B über B hinaus, so entsteht die Halbgerade [AB.
Halbgeraden werden oft mit kleinen lateinischen Buchstaben bezeichnet: g, h, …

Höhe

Die Höhe eines Dreiecks ist das Lot von einem Eckpunkt auf die jeweils gegenüberliegende Dreiecksseite.

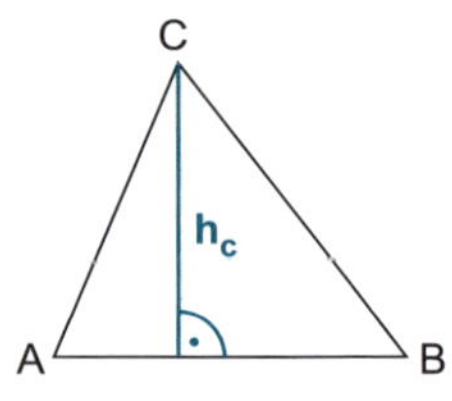

Höhensatz

In einem rechtwinkligen Dreieck mit den Hypotenusenabschnitten p und q gilt:
$h^2 = p \cdot q$

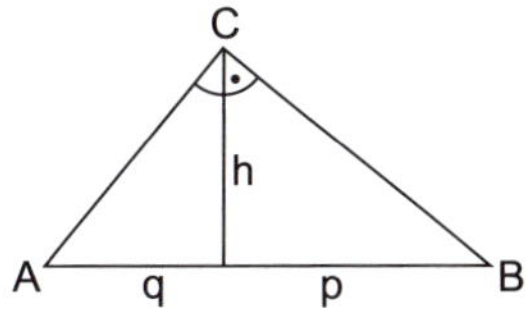

Inkreis

Sind alle Seiten eines n-Ecks Tangenten an einen Kreis, so wird dieser als Inkreis des n-Ecks bezeichnet.

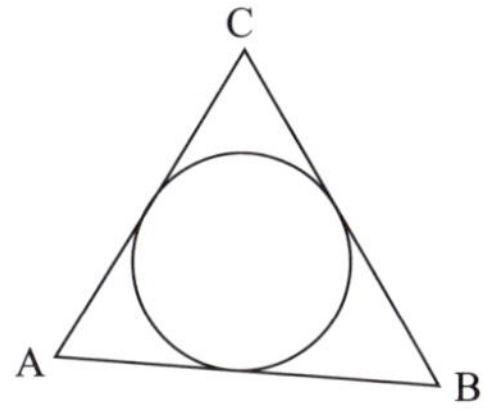

Kathetensätze

In einem rechtwinkligen Dreieck mit den Katheten a und b sowie den Hypotenusenabschnitten p und q gilt:
$a^2 = c \cdot p$
$b^2 = c \cdot q$

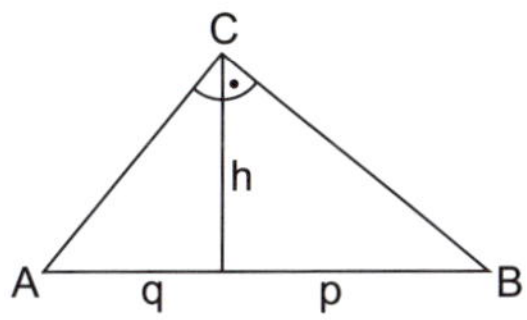

Kegel

Die Grundfläche ist ein Kreis mit Radius r. Der Abstand von der Spitze zur Grundfläche heißt Höhe h. Die Verbindung von der Spitze zu einem beliebigen Punkt auf der Kreislinie heißt Mantellinie s.
Es gilt: $s = \sqrt{r^2 + h^2}$

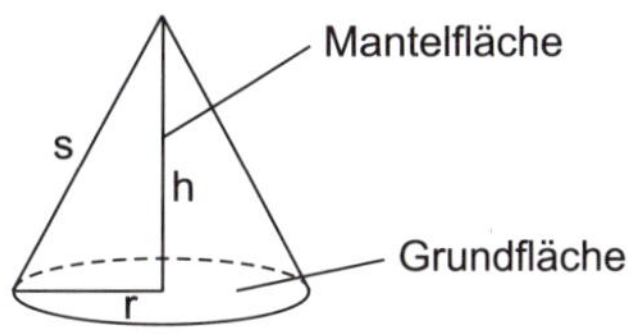

Die gekrümmte Mantelfläche lässt sich zu einem Kreissektor „auseinanderrollen", dessen Umfang dem Umfang der Grundfläche entspricht.

Oberfläche: $O = A_{Kreis} + A_{Mantel}$
$= \pi \cdot r^2 + r \cdot \pi \cdot s$

Volumen: $V = \frac{1}{3} \cdot \pi \cdot r^2 \cdot h$

Kegelnetz:

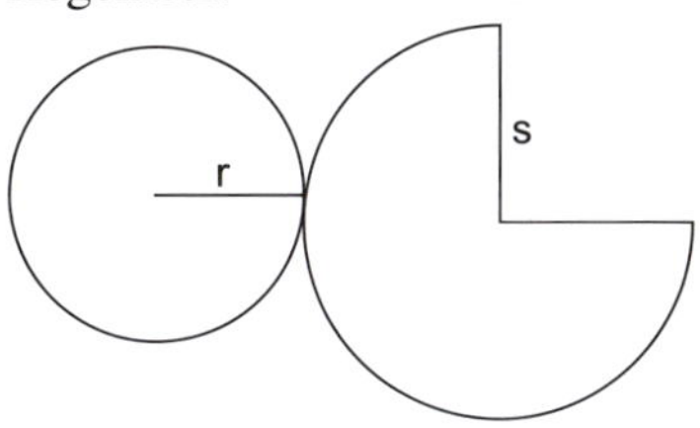

Kongruenz

Figuren, die ausgeschnitten so aufeinandergelegt werden können, dass sie zur Deckung kommen, nennt man deckungsgleich oder kongruent.
Man schreibt: $F_1 \cong F_2$

Kongruenzsätze

- Zwei Dreiecke sind kongruent, wenn sie in drei Seiten übereinstimmen. **SSS-Satz**
- Zwei Dreiecke sind kongruent, wenn sie in zwei Seiten und dem dazwischenliegenden Winkel übereinstimmen. **SWS-Satz**
- Zwei Dreiecke sind kongruent, wenn sie in einer Seite und zwei Winkeln übereinstimmen. **WSW-** bzw. **SWW-Satz**
- Zwei Dreiecke sind kongruent, wenn sie in zwei Seiten und dem der größeren Seite gegenüberliegenden Winkel übereinstimmen. **SsW-Satz**

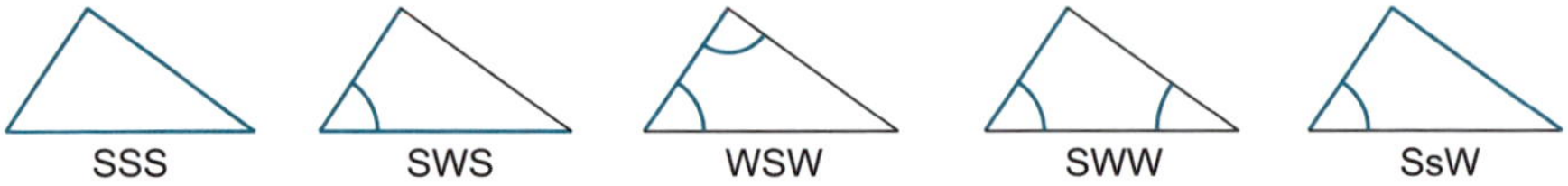

Koordinatensystem

Zwei sich senkrecht bei den Nullpunkten kreuzende Zahlengeraden ergeben ein Koordinatensystem (KOSY).
Der Nullpunkt wird als Ursprung des Koordinatensystems bezeichnet.
Das Koordinatensystem unterteilt die Zeichenebene in vier Quadranten.

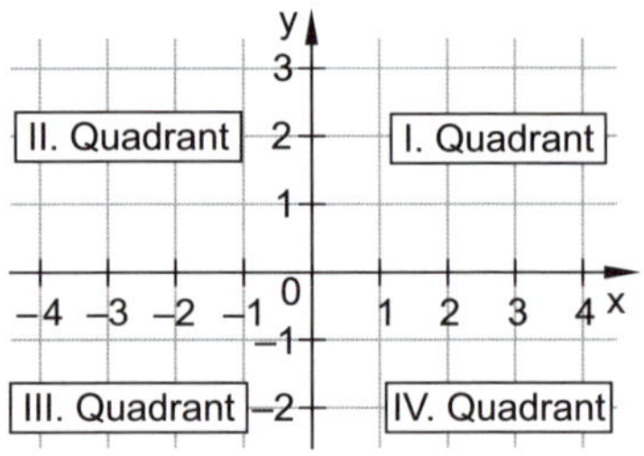

Kreis

Alle Punkte eines Kreises haben vom Mittelpunkt den gleichen Abstand. Dieser Abstand heißt Radius.
Kurzschreibweise: k(M, r) „Kreis um Mittelpunkt M mit Radius r"
Eine Sehne ist eine Strecke, die von einem Punkt auf der Kreislinie zu einem anderen Punkt auf der Kreislinie verläuft.
Der Durchmesser eines Kreises ist eine Sehne durch den Mittelpunkt des Kreises. Sie hat die doppelte Länge des Radius.
Umfang U: $U = 2 \cdot r \cdot \pi$ mit $\pi = 3{,}14159265\ldots$

Flächeninhalt A: $A = r^2\pi = \left(\frac{d}{2}\right)^2 \pi$

Kugel

Alle Punkte auf der Oberfläche haben den gleichen Abstand zum Mittelpunkt.

Lot

Das Lot zu einer Geraden g ist eine Gerade, die senkrecht auf g steht. Der Schnittpunkt des Lotes mit der Geraden heißt Lotfußpunkt.

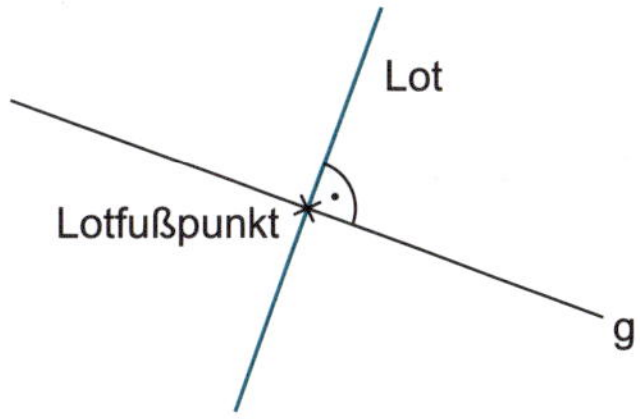

Maßstab

Maßstab 1 : 50 bedeutet, dass 1 cm in der Zeichnung 50 cm in Wirklichkeit entspricht.

Beispiele:

- 4 cm in der Zeichnung: $4 \text{ cm} \cdot 50 = 200 \text{ cm} = 2 \text{ m}$ in Wirklichkeit
- 8 m in Wirklichkeit: $8 \text{ m} : 50 = 800 \text{ cm} : 50 = 16 \text{ cm}$ in der Zeichnung

Mittelsenkrechte

Die Mittelsenkrechte $m_{[AB]}$ zur Strecke [AB] ist die Gerade, die senkrecht auf [AB] steht und [AB] halbiert. Sie ist die Symmetrieachse der Strecke [AB].

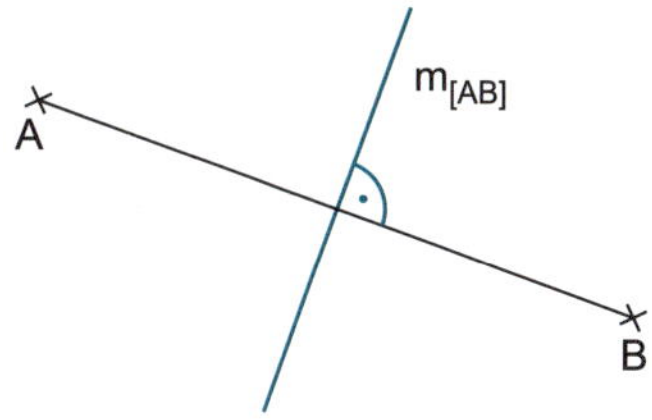

Nebenwinkel

An einer Geradenkreuzung nebeneinanderliegende Winkel heißen Nebenwinkel. Sie addieren sich zu 180°:

$\alpha + \beta = 180°$

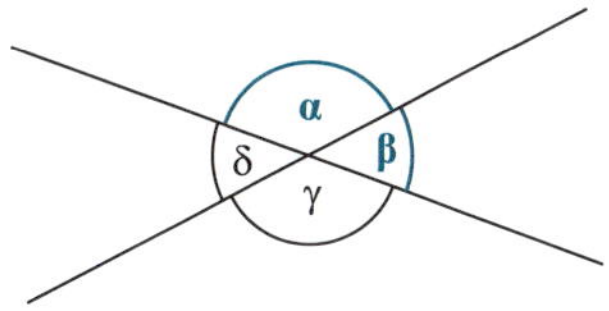

Netz

Schneidet man einen Körper so auf, dass er sich zu einer zusammenhängenden Fläche auseinanderfalten lässt, so wird diese Fläche als Netz des Körpers bezeichnet.

Oberfläche

Die Oberfläche eines Körpers besteht aus allen Flächen, die den Körper begrenzen.

Für die Oberfläche eines Quaders mit den Kantenlängen a, b und c gilt:

$O_{Quader} = 2 \cdot a \cdot b + 2 \cdot a \cdot c + 2 \cdot b \cdot c = 2 \cdot (a \cdot b + a \cdot c + b \cdot c)$

Sonderfall: $O_{Würfel} = 6 \cdot a^2$

Parallelogramm

Ein Viereck, bei dem die jeweils gegenüberliegenden Seiten zueinander parallel sind, heißt Parallelogramm.

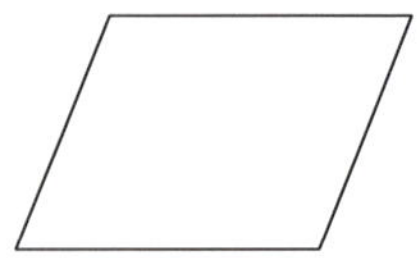

Eigenschaften:
- Gegenüberliegende Seiten sind gleich lang.
- Gegenüberliegende Winkel sind gleich groß.
- Die Diagonalen halbieren sich.
- Benachbarte Winkel ergänzen sich zu 180°.
- punktsymmetrisch zum Diagonalenschnittpunkt

Passante

Eine Gerade, die mit einem Kreis keinen gemeinsamen Punkt hat, heißt Passante zu diesem Kreis.

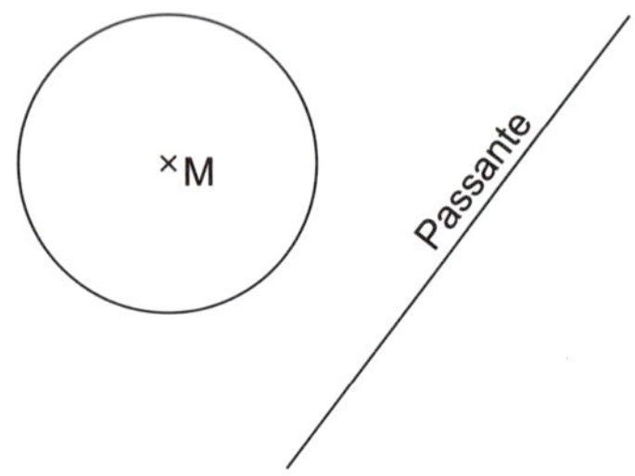

Prisma

Grund- und Deckfläche eines n-seitigen Prismas sind zwei identische n-Ecke, die parallel zueinander sind. Ihr Abstand heißt Höhe h des Prismas. Die Seitenflächen bestehen aus Rechtecken.

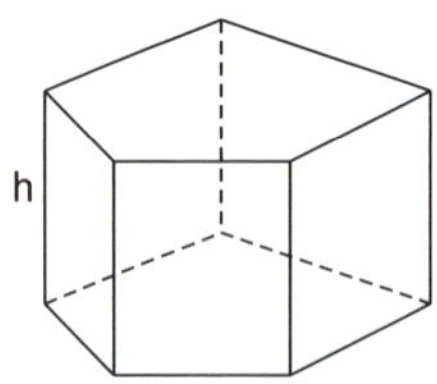

fünfseitiges Prisma

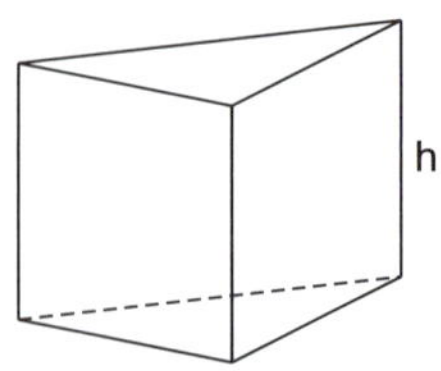

dreiseitiges Prisma

Oberfläche: $O = 2 \cdot A_{Grundfläche} + A_{Seitenflächen}$

$= 2 \cdot A_{Grundfläche} + u_{Grundfläche} \cdot h$

Volumen: $V = G \cdot h$

Punktsymmetrie

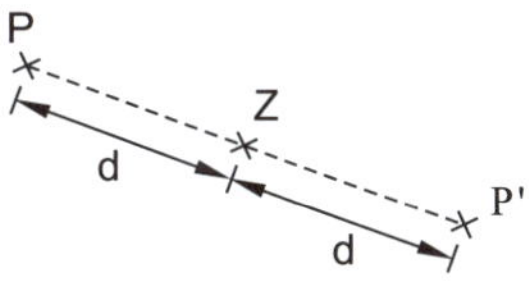

Zwei Punkte P und P' sind punktsymmetrisch bezüglich des Zentrums Z, wenn die Verbindungsstrecke der Punkte von Z halbiert wird.

Pyramide

Die Grundfläche einer Pyramide ist ein n-Eck. Die Seitenflächen sind immer Dreiecke.

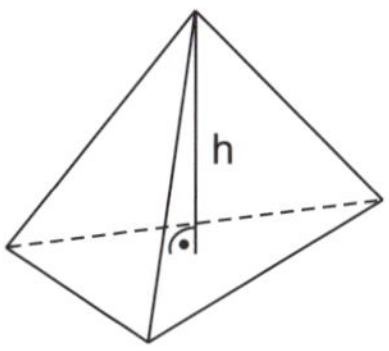

dreiseitige Pyramide

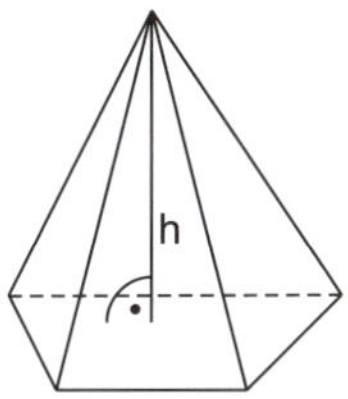

vierseitige Pyramide

Der Abstand von der Grundfläche zur Spitze heißt Höhe h, wobei die Höhe auch außerhalb der Grundfläche liegen kann.

Volumen: $V = \frac{1}{3} \cdot G \cdot h$

Im Netz einer Pyramide schneiden sich die Lote von der Spitze auf die Grundseiten im Höhenfußpunkt der Pyramide.
Ein Pyramidenstumpf ist eine Pyramide, bei der die Spitze parallel zur Grundfläche abgeschnitten wurde.

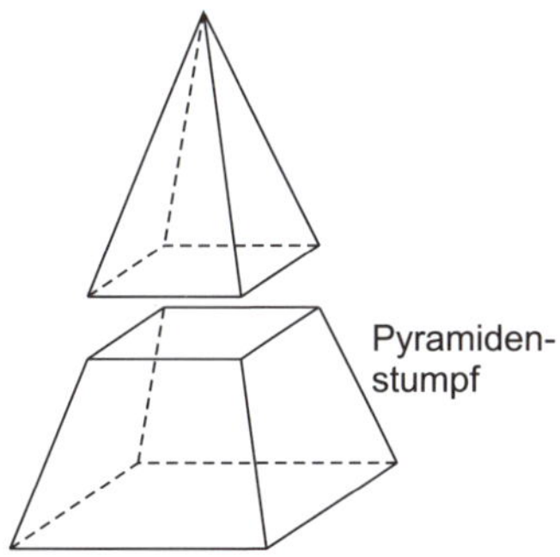

Quader

Die sechs Seiten eines Quaders sind Rechtecke, wobei die beiden gegenüberliegenden Seitenflächen jeweils identisch sind. Aneinander angrenzende Seiten stehen zueinander senkrecht.

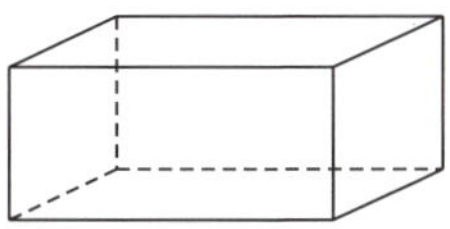

Quadernetz:

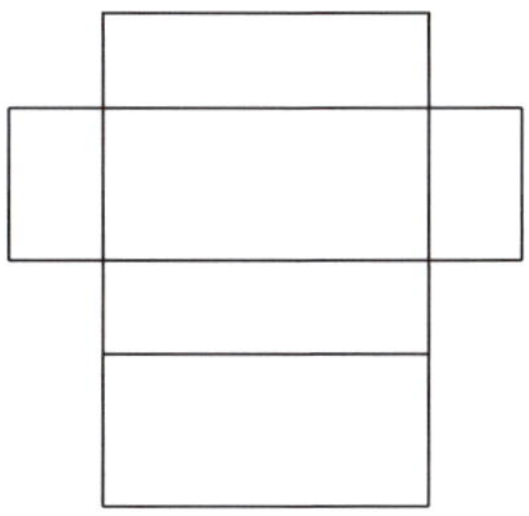

Quadrat

Ein Rechteck mit vier gleich langen Seiten heißt Quadrat.

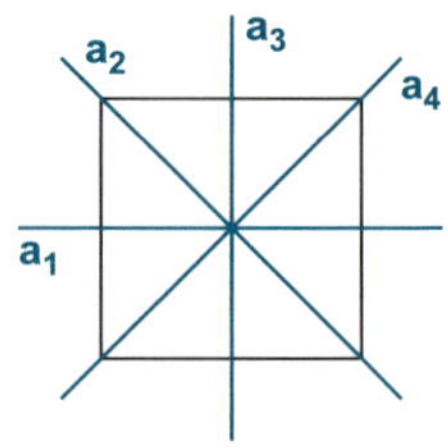

Eigenschaften:

- Die Diagonalen sind gleich lang, halbieren sich gegenseitig und stehen aufeinander senkrecht.
- punktsymmetrisch zum Diagonalenschnittpunkt
- achsensymmetrisch zu den Diagonalen und zu den Mittelsenkrechten (vier Symmetrieachsen)

Raute

Ein Viereck mit vier gleich langen Seiten heißt Raute.

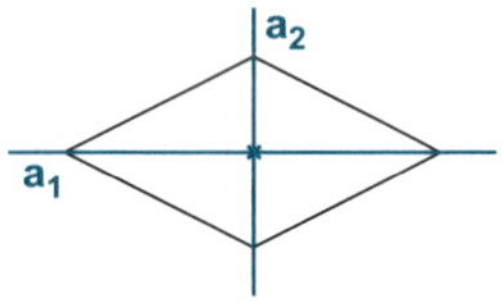

Eigenschaften:

- Gegenüberliegende Winkel sind gleich groß.
- Die Diagonalen stehen senkrecht aufeinander und halbieren sich gegenseitig.
- punktsymmetrisch zum Diagonalenschnittpunkt
- achsensymmetrisch zu den Diagonalen (zwei Symmetrieachsen)

Rechteck

Ein Viereck mit vier rechten Winkeln heißt Rechteck.

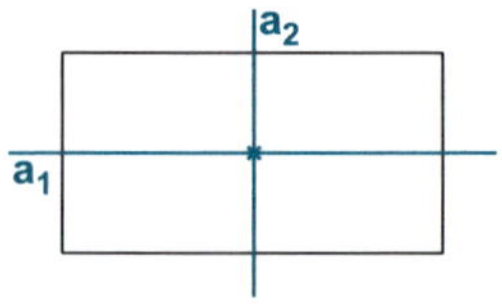

Eigenschaften:

- Die Diagonalen sind gleich lang und halbieren sich gegenseitig.
- Gegenüberliegende Seiten sind gleich lang.
- achsensymmetrisch zu den Mittelsenkrechten (zwei Symmetrieachsen)
- punktsymmetrisch zum Diagonalenschnittpunkt

Rechtwinkliges Dreieck

Ein Dreieck mit einem rechten Winkel heißt rechtwinkliges Dreieck.
Die dem rechten Winkel gegenüberliegende Seite heißt Hypotenuse, die an den rechten Winkel angrenzenden Seiten werden als Katheten bezeichnet.

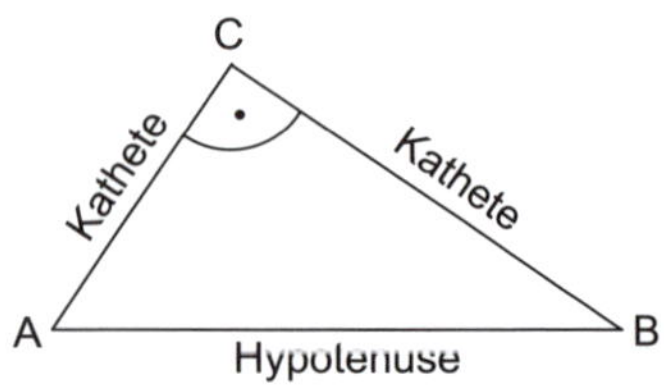

Satz des Pythagoras

In einem rechtwinkligen Dreieck mit Hypotenuse c und den Katheten a und b gilt:
$a^2 + b^2 = c^2$

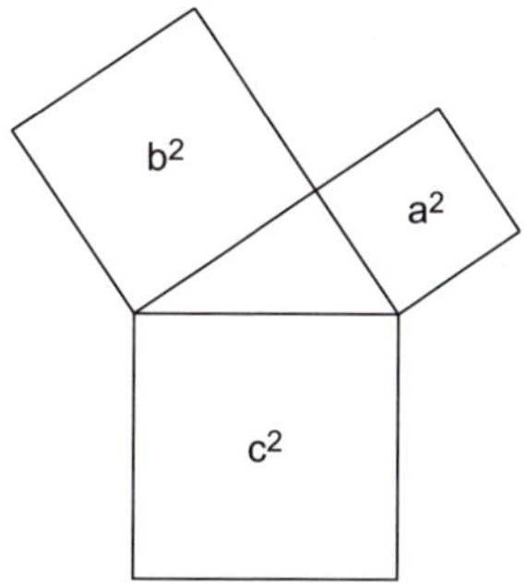

Satz des Thales und Thaleskreis

Ein Dreieck ABC hat genau dann bei C einen rechten Winkel, wenn C auf dem Halbkreis über [AB] liegt.
Der Kreis mit dem Durchmesser [AB] heißt auch Thaleskreis über [AB].

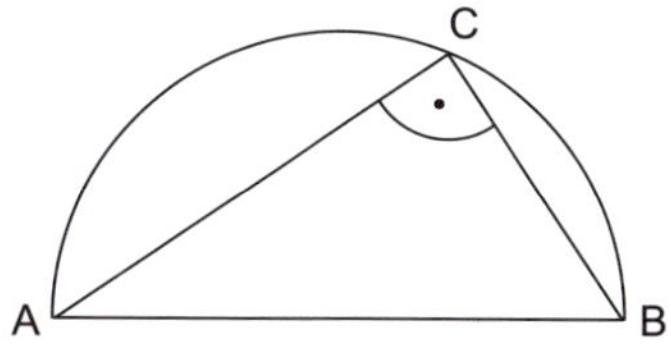

Scheitelwinkel

An einer Geradenkreuzung gegenüberliegende Winkel werden als Scheitelwinkel bezeichnet.
Sie sind gleich groß: $\alpha = \gamma$

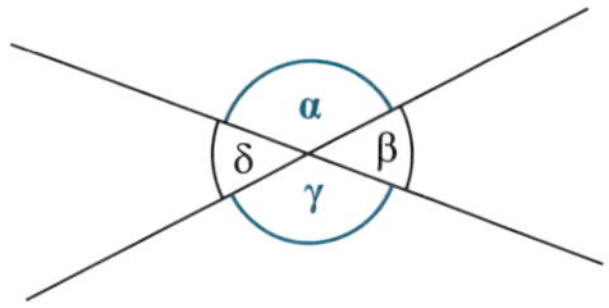

Seitenhalbierende

Als Seitenhalbierende in einem Dreieck wird die Strecke zwischen einem Eckpunkt und der gegenüberliegenden Seitenmitte bezeichnet.

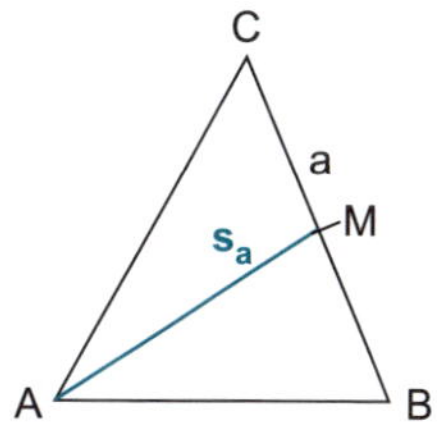

Sekante

Eine Gerade, die einen Kreis in zwei Punkten schneidet, heißt Sekante.

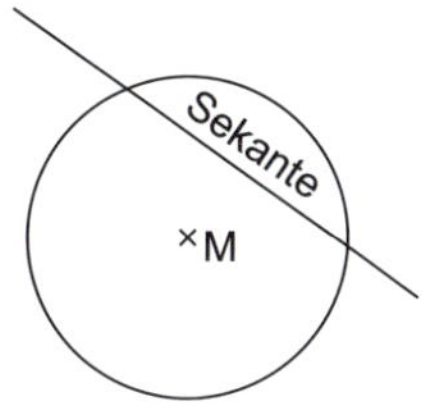

Sinus, Kosinus und Tangens

Im rechtwinkligen Dreieck gilt:

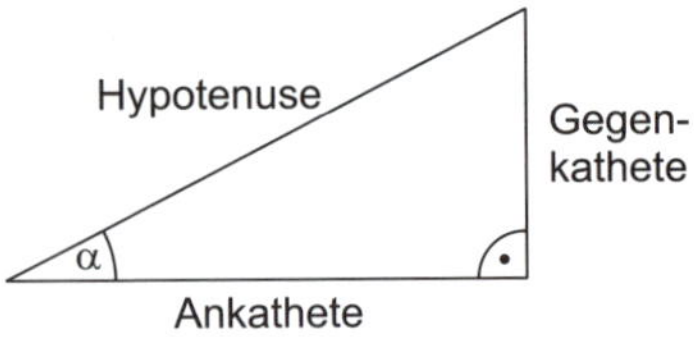

$$\sin\alpha = \frac{\text{Gegenkathete}}{\text{Hypotenuse}}$$

$$\cos\alpha = \frac{\text{Ankathete}}{\text{Hypotenuse}}$$

$$\tan\alpha = \frac{\text{Gegenkathete}}{\text{Ankathete}}$$

Exakte Werte für bestimmte Winkel:

α	$0°$	$30°$	$45°$	$60°$	$90°$
$\sin\alpha$	0	$\frac{1}{2}$	$\frac{\sqrt{2}}{2}$	$\frac{\sqrt{3}}{2}$	1
$\cos\alpha$	1	$\frac{\sqrt{3}}{2}$	$\frac{\sqrt{2}}{2}$	$\frac{1}{2}$	0
$\tan\alpha$	0	$\frac{\sqrt{3}}{3}$	1	$\sqrt{3}$	nicht definiert

Beziehungen untereinander für $0° \le \alpha \le 90°$:

$$\sin\alpha = \cos(90° - \alpha)$$

$$\cos\alpha = \sin(90° - \alpha)$$

$$\tan\alpha = \frac{\sin\alpha}{\cos\alpha}$$

$$(\sin\alpha)^2 + (\cos\alpha)^2 = 1$$

Strahlensatz

1. Strahlensatz: Zwei Abschnitte auf g verhalten sich wie die entsprechenden Abschnitte auf h.

$$\frac{a}{a'} = \frac{b}{b'}$$

$$\frac{a' - a}{a} = \frac{b' - b}{b}$$

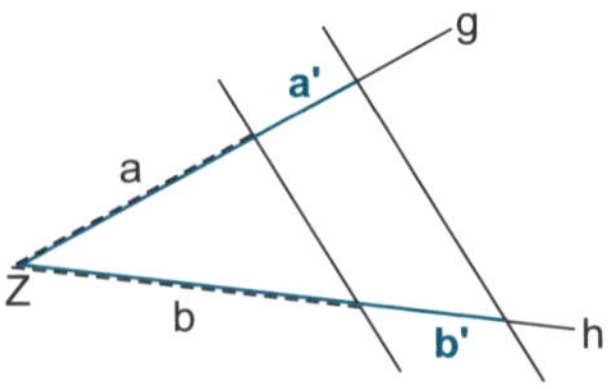

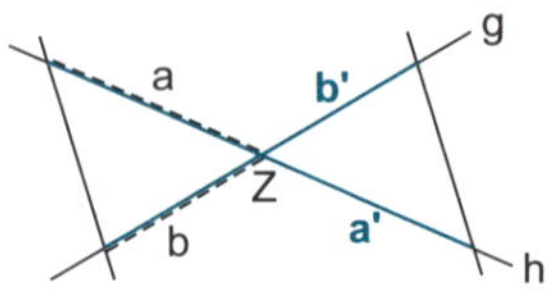

2. Strahlensatz: Die Abschnitte auf den Parallelen verhalten sich wie die entsprechenden von Z aus gemessenen Abschnitte auf den Geraden.

$$\frac{a}{a'} = \frac{b}{b'}$$

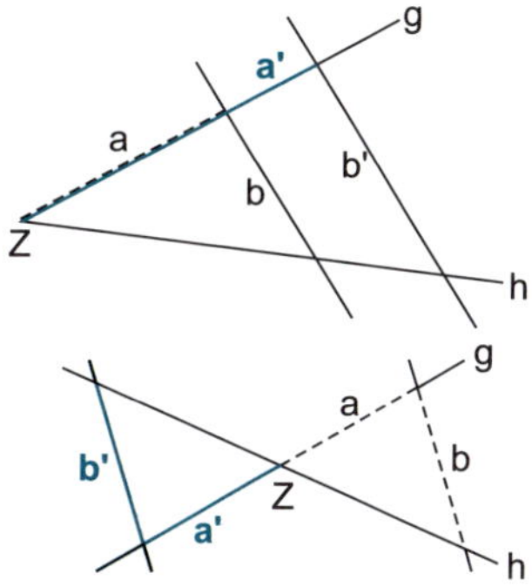

Strecke

Die kürzeste Verbindung zwischen zwei Punkten A und B ist die Strecke [AB]. Die Länge der Strecke [AB] wird abgekürzt als $\overline{AB}$.

Stufenwinkel

An einer Doppelkreuzung sind die Stufenwinkel an parallelen Geraden gleich groß.

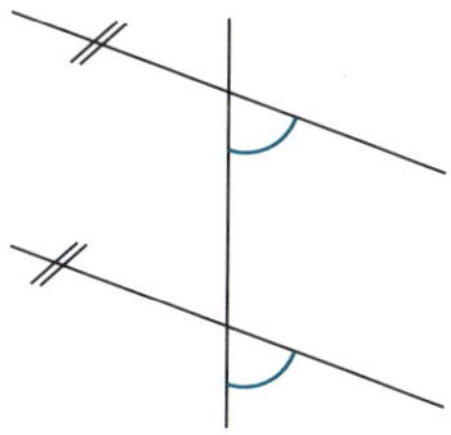

Tangente

Eine Gerade, die einen Kreis in einem Punkt berührt, heißt Tangente. Dieser Punkt heißt Berührpunkt. Die Gerade durch Berührpunkt und Mittelpunkt steht senkrecht auf der Tangente.

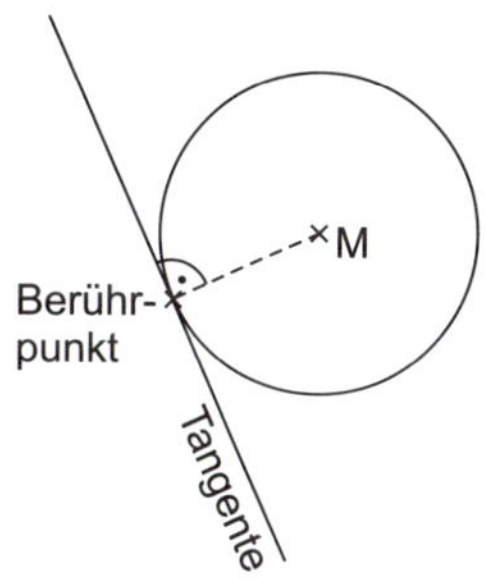

Trapez

Ein Viereck mit zwei zueinander parallelen Seiten heißt Trapez. Die nicht parallelen Seiten werden als Schenkel bezeichnet.

Eigenschaften:
Die an einem Schenkel anliegenden Winkel ergänzen sich zu 180°.

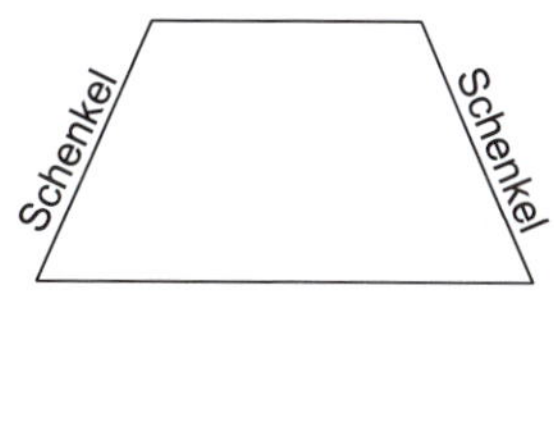

Umkreis

Der Kreis, auf dem alle Ecken eines n-Ecks liegen, heißt Umkreis des n-Ecks.

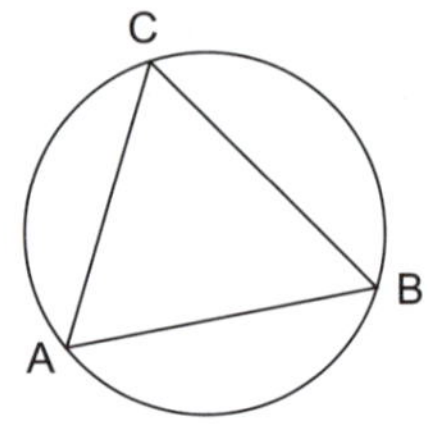

Viereck

Die gängigen Bezeichnungen im Viereck findest du in nebenstehender Abbildung.
Die Verbindung zweier gegenüberliegender Ecken heißt Diagonale.
Die Summe der Innenwinkel (hier: α, β, γ, δ) beträgt 360°.

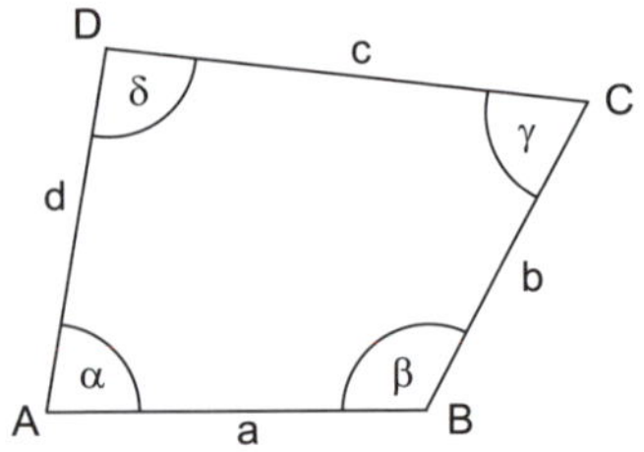

Besondere Vierecke:
Drachenviereck, Parallelogramm, Quadrat, Raute, Rechteck, Trapez

Volumen

Volumeneinheiten:
1 m^3, 1 dm^3, 1 cm^3, 1 mm^3, 1 km^3, 1 ℓ (Liter), 1 $h\ell$ (Hektoliter), 1 $m\ell$ (Milliliter)

Umrechnung:

$1\,000 \text{ mm}^3 = 1 \text{ cm}^3$

$1\,000 \text{ cm}^3 = 1 \text{ dm}^3$

$1\,000 \text{ dm}^3 = 1 \text{ m}^3$

$1\,000\,000\,000 \text{ m}^3 = 1 \text{ km}^3$

$1 \text{ dm}^3 = 1\ \ell$

$100\ \ell = 1\ h\ell$

$1 \text{ cm}^3 = 1\ m\ell$

Volumen eines Quaders mit den Seitenlängen a, b und c:
$V = a \cdot b \cdot c$
Volumen komplizierter Körper lassen sich oft bestimmen, indem sie in Quader zerlegt oder zu Quadern ergänzt werden. Auch ein geeigneter Umbau kann hilfreich sein.

Wechselwinkel

An einer Doppelkreuzung sind die Wechselwinkel an parallelen Geraden gleich groß.

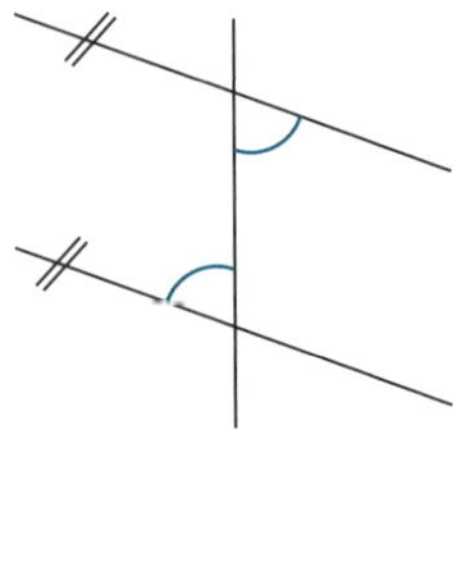

Winkel

Die Halbgeraden [SA und [SB bilden den Winkel α.
S: Scheitel des Winkels
[SA: 1. Schenkel
[SB: 2. Schenkel

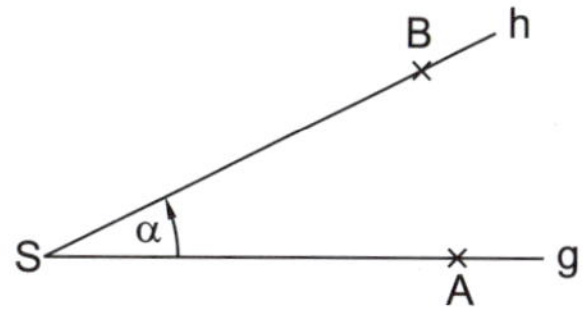

Es gibt unterschiedliche Bezeichnungen:

$\alpha, \beta, \gamma, \delta, \varepsilon, \varphi, \mu$ …	kleine griechische Buchstaben
∢ ASB	Punkt auf erstem Schenkel, Scheitelpunkt, Punkt auf zweitem Schenkel
∢ (g; h), ∢ (SA; SB)	Geraden oder Halbgeraden, die den Winkel einschließen

Besondere Winkel:

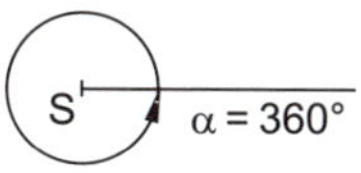

Vollwinkel

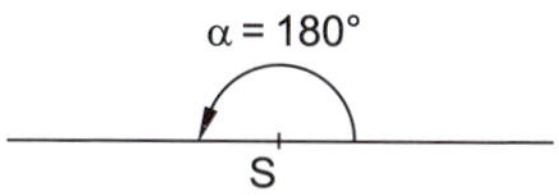

gestreckter Winkel

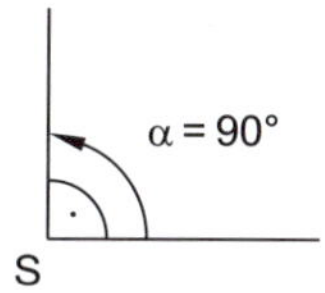

rechter Winkel

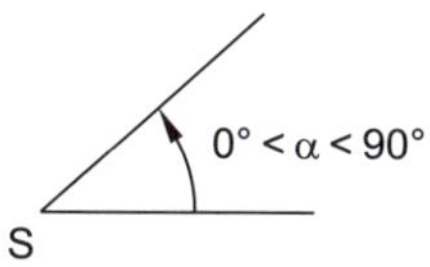

spitzer Winkel

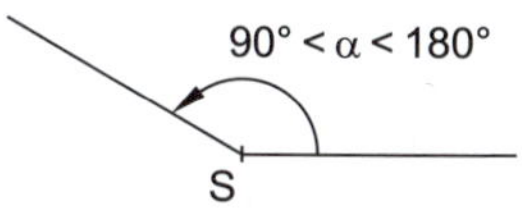

stumpfer Winkel

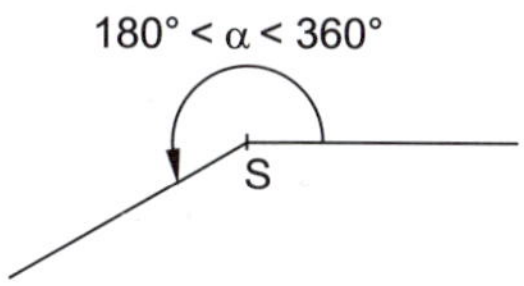

überstumpfer Winkel

Winkelhalbierende

Die Winkelhalbierende w_α des Winkels α ist die Gerade, die durch den Scheitel von α verläuft und den Winkel in zwei gleich große Teile teilt. Sie entspricht der Symmetrieachse der Schenkel von α.

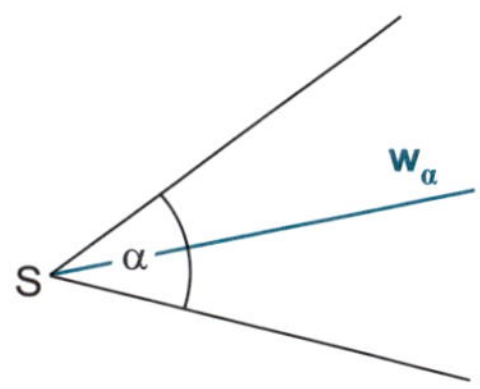

Würfel

Ein Würfel ist ein Quader mit gleicher Länge, Höhe und Breite.

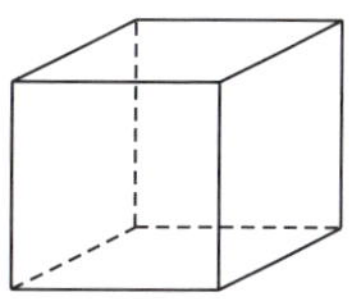

mögliches Würfelnetz:

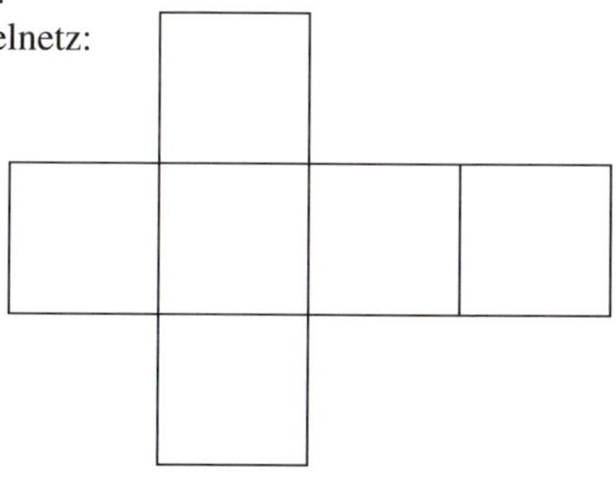

Zentrische Streckung

1. B' liegt auf der Geraden ZB.
2. $\overline{ZB'} = k \cdot \overline{ZB}$

   Streckungsfaktor (Pfeil auf k)

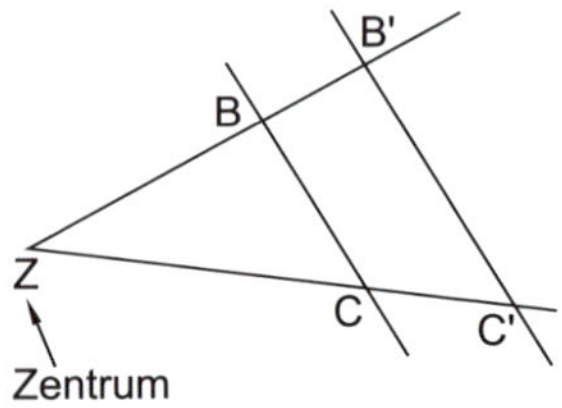

Eigenschaften:

- Parallelität von Strecke und Bildstrecke
- Winkeltreue (entsprechende Winkel bei Figur und Bildfigur sind gleich)
- Die Bildstrecke ist k-mal (Streckungsfaktor) so lang wie die (Ur-)Strecke.
- Der Flächeninhalt ändert sich durch eine zentrische Streckung um den Faktor k^2:
  $A' = k^2 \cdot A$

Zylinder

Grund- und Deckfläche sind identische zueinander parallele Kreise mit Radius r. Der Abstand von Grund- und Deckfläche heißt Höhe h.
Die gekrümmte Mantelfläche lässt sich zu einem Rechteck „auseinanderrollen", dessen Breite dem Umfang der Grundfläche und dessen Länge der Höhe des Zylinders entspricht.

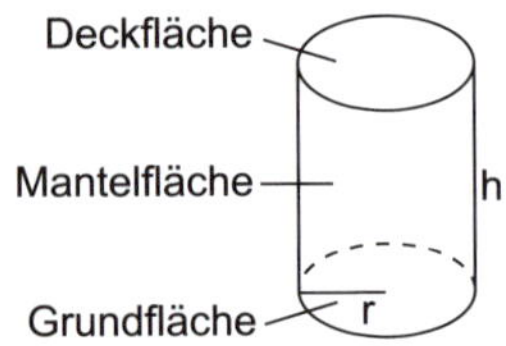

Oberfläche: $O = 2 \cdot \pi \cdot r^2 + 2 \cdot \pi \cdot r \cdot h$

Volumen: $V = \pi \cdot r^2 \cdot h$

Zylindernetz:

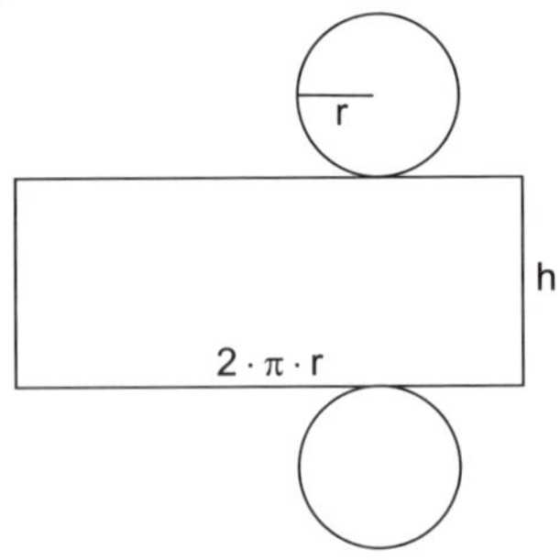

Lösungen

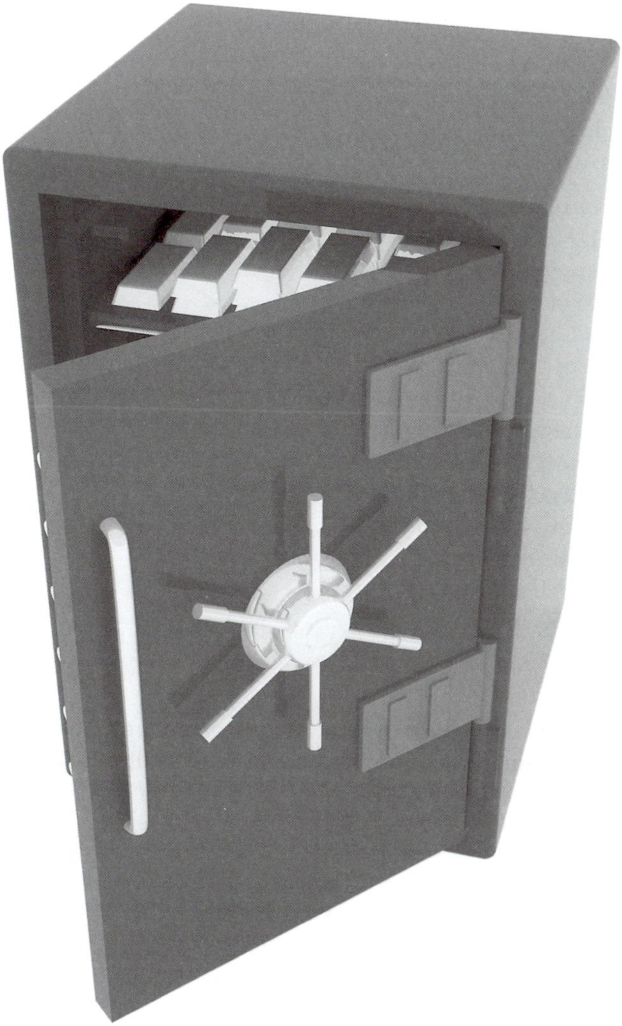

1. a) $g^2 = h \cdot k$

b) $t^2 = s \cdot r$

2. $h^2 = p \cdot q$

Die linke Seite der Gleichung entspricht dem Flächeninhalt eines Quadrats, die rechte Seite dem Flächeninhalt eines Rechtecks. Man muss nun die entsprechenden Größen zuordnen. p entspricht der Länge des Rechtecks, q der Breite. Anhand dieser Größen kann ein rechtwinkliges Dreieck konstruiert werden, dessen Höhe h die Seite des flächengleichen Quadrates ist.

Konstruktionsbeschreibung:
Zeichne $\overline{AD} = q = 3{,}5$ cm und daran anschließend $\overline{DB} = p = 1{,}5$ cm.
Errichte ein Lot zu c in D.
Konstruiere den Thaleskreis über c.
C ist der Schnittpunkt des Lotes mit dem Thaleskreis.
Konstruiere das Quadrat mit Seitenlänge $\overline{DC} = h$, indem du c über B hinaus verlängerst und von D aus h abträgst (E).
Trage anschließend von E und von C aus h ab.

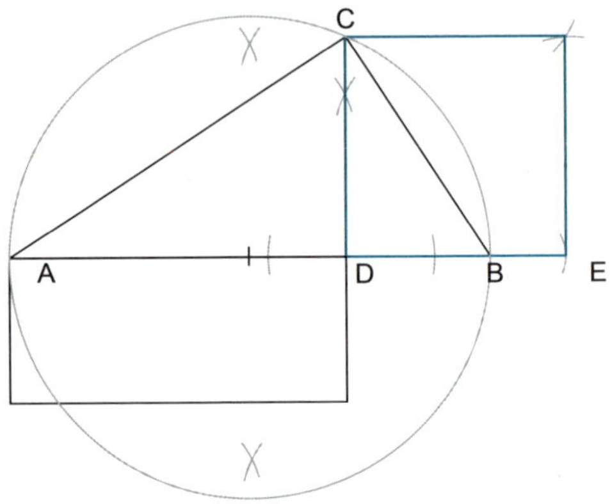

3. Da die Höhe und das Volumen beibehalten werden, muss auch die Grundfläche vom Flächeninhalt her gleich groß sein. Verwandle also ein Quadrat mit Seitenlänge 4 cm (Maßstab 1 : 2!) in ein Rechteck mit den geforderten Eigenschaften.

Hinweise und Tipps:
Zur flächengleichen Umwandlung eines Quadrates in ein Rechteck bietet sich der Höhensatz an: $h^2 = p \cdot q$. Die linke Seite der Gleichung entspricht dem Flächeninhalt des Quadrats, die rechte Seite dem Flächeninhalt des Rechtecks. Du musst nun die gegebenen Größen entsprechend zuordnen. Hieraus kannst du dann ein rechtwinkliges Dreieck konstruieren, um die dritte Größe zu bestimmen, mit deren Hilfe sich dann das gesuchte Rechteck konstruieren lässt.

a) Gesucht ist ein 2,5 cm langes Rechteck, das flächengleich zu einem Quadrat mit Kantenlänge 4 cm ist (Maßstab 1 : 2!).
$h^2 = p \cdot q$ mit $h = 4$ cm und $p = 2{,}5$ cm
Die fehlende Breite des Rechtecks entspricht also dem zweiten Hypotenusenabschnitt eines rechtwinkligen Dreiecks mit Höhe $h = 4$ cm und dem Hypotenusenabschnitt $p = 2{,}5$ cm. Nach Konstruktion dieses Dreiecks lässt sich das gesuchte Rechteck sehr einfach konstruktiv gewinnen.

Konstruktionsbeschreibung:
Zeichne $\overline{DB} = p = 2{,}5$ cm.
Errichte ein Lot zu p in D.
Für Punkt C trage auf dem Lot von D aus die Länge h = 4 cm ab.
Errichte ein Lot zu [BC] in C.
Der Schnittpunkt des Lotes mit DB] ist A.

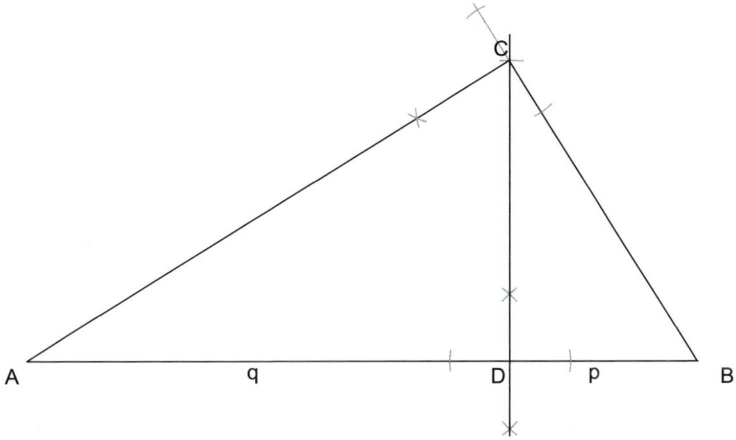

Konstruiere das Rechteck mit den Seitenlängen $\overline{DB} = p$ und $\overline{AD} = q$, indem du die Höhe nach unten verlängerst und an ihr von D aus die Länge p abträgst. Hierdurch ergibt sich der Punkt E.
Die Kreisbögen um E mit r = q bzw. um A mit r = p schneiden sich im Punkt F. FEDA ist das gesuchte Rechteck.

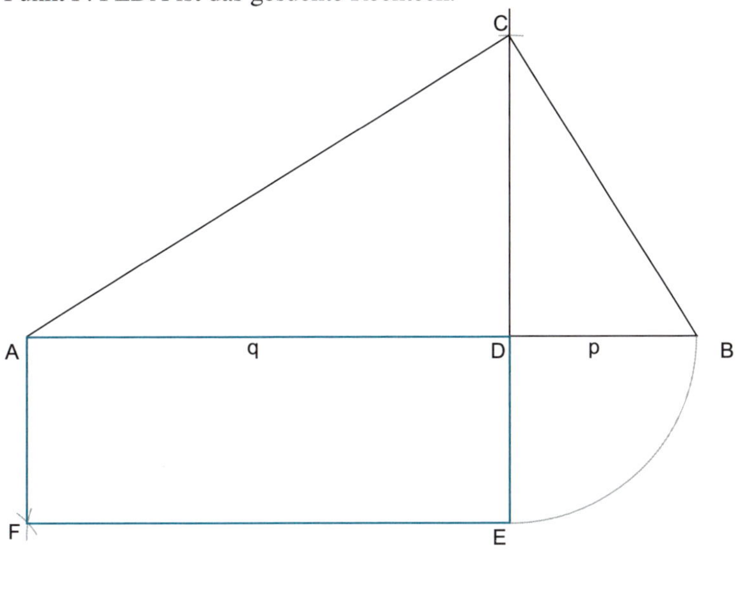

b) Gesucht ist ein Rechteck mit 19 cm Umfang, das flächengleich zu einem Quadrat mit Kantenlänge 4 cm ist (Maßstab 1:2!).
Höhensatz:
$h^2 = p \cdot q$ mit $h = 4$ cm
Die Längen von p und q müssen nun mithilfe der Vorgabe für den Umfang bestimmt werden. Für den Umfang eines Rechtecks gilt:
$u = 2 \cdot (\text{Länge} + \text{Breite})$
Wählt man für Länge und Breite die Hypotenusenabschnitte p und q, so kann aus dem gegebenen Umfang die Seite $c = p + q = \frac{1}{2} \cdot u$ bestimmt werden.
Zu konstruieren ist also ein rechtwinkliges Dreieck mit Höhe $h = 4$ cm und Hypotenuse $c = \frac{1}{2} \cdot u = 9{,}5$ cm. Die Hypotenusenabschnitte p und q sind die gesuchten Rechtecksseiten.

Konstruktionsbeschreibung:
Zeichne $\overline{AB} = c = 9{,}5$ cm.
Konstruiere den Thaleskreis über c.
Zeichne eine Parallele zu c im Abstand 4 cm.
C ist Schnittpunkt der Parallele mit dem Thaleskreis.
Es ergeben sich zwei Lösungen, die sich aber nur in den vertauschten Längen von p und q unterscheiden. Man kann sich daher frei für einen der beiden Schnittpunkte entscheiden.
Fälle ein Lot von C auf AB. Das Lot schneidet AB im Höhenfußpunkt D und teilt c daher in die Hypotenusenabschnitte p und q.

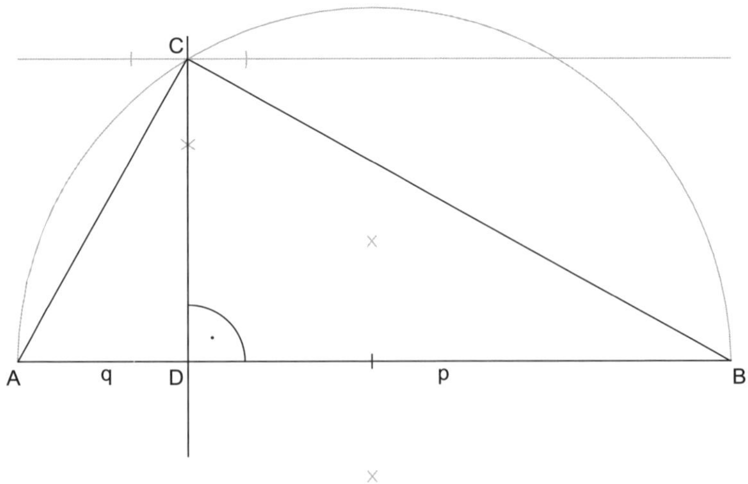

Aus p und q kann nun das gewünschte Rechteck konstruiert werden, indem die Höhe verlängert und q von D aus angetragen wird, wodurch sich der Punkt E ergibt.
Die Kreisbögen um E mit dem Radius p bzw. um B mit Radius q schneiden sich in Punkt F und liefern so die fehlende Ecke des gesuchten Rechtecks EFBD.

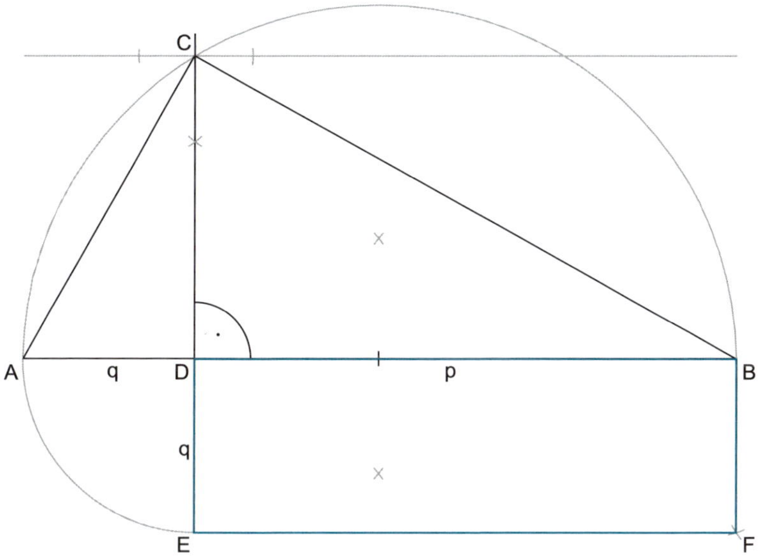

4. Die maximale Durchfahrtshöhe entspricht der Höhe eines rechtwinkligen Dreiecks, das in den Halbkreis der Tunnelröhre eingepasst wurde. Die gesuchte Breite des Gehwegs entspricht dem Hypotenusenabschnitt q. Weiterhin ist die Hypotenusenlänge c bekannt.

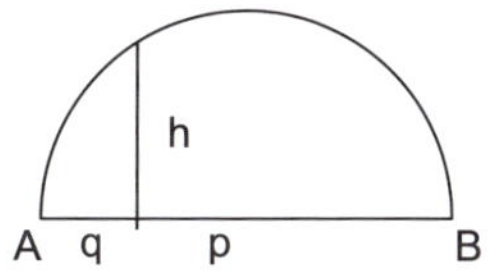

Es gilt:
$h^2 = p \cdot q$ mit $p = c - q$
$\Rightarrow \; h^2 = (c - q) \cdot q$ ausmultiplizieren

Der Einfachheit halber werden die Längeneinheiten weggelassen.

$$3{,}5^2 = (10 - q) \cdot q \quad \text{ausmultiplizieren}$$
$$3{,}5^2 = 10 \cdot q - q^2 \quad | + q^2 - 10 \cdot q$$
$$q^2 - 10 \cdot q + 3{,}5^2 = 0$$

Die Lösungen der quadratischen Gleichung ergeben sich zu:

$$q_{1/2} = \frac{10 \pm \sqrt{100 - 4 \cdot 1 \cdot 3{,}5^2}}{2} = \frac{10 \pm \sqrt{51}}{2}$$

Die beiden Lösungen unterscheiden sich nur in den vertauschten Längen für p und q. Die Breite des Gehsteigs ist die kürzere der beiden Längen.

$$q = \frac{10 - \sqrt{51}}{2} \approx 1{,}43$$

Der Gehsteig ist **1,43 m** breit. Aus Symmetriegründen ist der zweite Gehweg ebenso breit.

5. Gesucht ist die in der Skizze eingezeichnete Höhe h des rechtwinkligen Dreiecks, die bei Verdopplung die maximale Schachtelhöhe ergibt. Die Höhe wird mithilfe des Höhensatzes berechnet. p und q ergeben sich aus der Schachtelbreite und dem Durchmesser der Röhre:

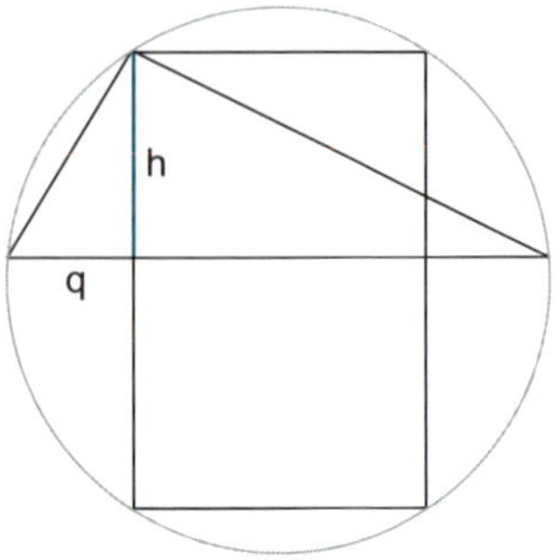

Schachtelbreite + 2 · q = Durchmesser der Röhre

$$\Rightarrow \quad 12\text{ cm} + 2 \cdot q = 20\text{ cm} \quad | -12\text{ cm}$$

$$2 \cdot q = 8\text{ cm} \quad | :2$$

$$q = 4\text{ cm}$$

p ist dementsprechend $20\text{ cm} - 4\text{ cm} = 16\text{ cm}$.

Nun kann h berechnet werden:

$$h = \sqrt{p \cdot q} = \sqrt{16\text{ cm} \cdot 4\text{ cm}} = \sqrt{64}\text{ cm} = 8\text{ cm}$$

Die Schachtel darf maximal **16 cm** hoch sein.

6. a) $f^2 = h \cdot \ell$
$d^2 = k \cdot \ell$

b) $m^2 = r \cdot u$
$p^2 = s \cdot u$

7. $a^2 = c \cdot p$
Die linke Seite der Gleichung entspricht dem Flächeninhalt eines Quadrats, die rechte Seite dem Flächeninhalt eines Rechtecks. Man muss nun die entsprechenden Größen zuordnen. c entspricht der Länge des Rechtecks, p der Breite. Anhand dieser Größen kann ein rechtwinkliges Dreieck konstruiert werden, dessen Kathete a die Seite des flächengleichen Quadrates ist.

Konstruktionsbeschreibung:
Zeichne $\overline{AB} = 5$ cm und trage $\overline{BD} = p = 2$ cm von B aus ab.
Errichte ein Lot zu c in D.
Konstruiere den Thaleskreis über c.
C ist der Schnittpunkt des Lotes mit dem Thaleskreis.
Konstruiere anschließend das Quadrat mit Seitenlänge a, indem du in C und B ein Lot zu a errichtest und a auf den Loten abträgst.

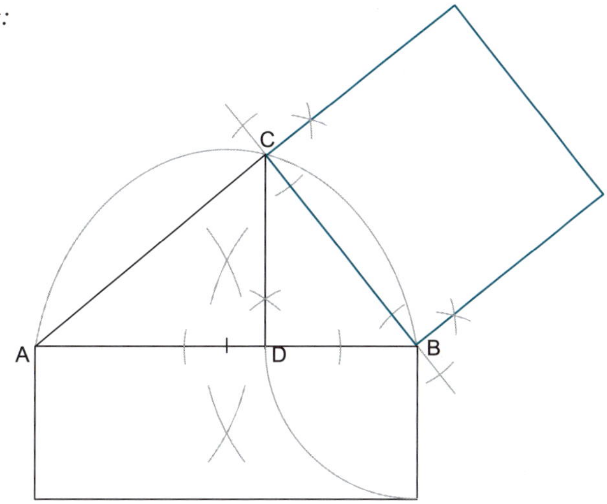

8. Die Länge der maximalen Stütze entspricht einer Kathete in einem rechtwinkligen Dreieck, wobei die Hypotenuse so groß wie der Abstand der Module ist, die zweite Kathete dem Modul und der Hypotenusenabschnitt unter dem Modul der Länge des Schattenwurfes entspricht. Mithilfe des Kathetensatzes lässt sich die maximale Länge der Stütze berechnen:

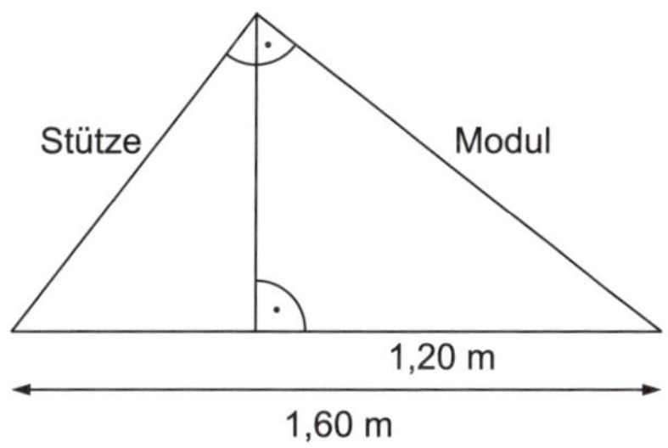

$b^2 = c \cdot q$
mit $q = 1{,}60\text{ m} - 1{,}20\text{ m} = 0{,}40\text{ m}$
$b = \sqrt{c \cdot q} = \sqrt{1{,}60\text{ m} \cdot 0{,}40\text{ m}} = 0{,}80\text{ m}$
Die Stützen dürfen maximal **0,80 m** lang sein.

9. a) Sophie kann folgende Längen messen:
$\overline{AD}$, $\overline{AC}$ und $\overline{CD}$
Im rechtwinkligen Dreieck ABC entspricht dies folgenden Längen:
$\overline{AD} = q$, $\overline{AC} = b$ und $\overline{CD} = h$
Die zu bestimmende Länge ist c.
Der Kathetensatz liefert:

$$b^2 = c \cdot q \quad \Rightarrow \quad \mathbf{c = \frac{b^2}{q}}$$

b) $\overline{AD} = q = 6\text{ m}$, $\overline{AC} = b = 10\text{ m}$

$$c = \frac{b^2}{q} = \frac{100\text{ m}^2}{6\text{ m}} = \mathbf{16\frac{2}{3}\text{ m}}$$

10. Zu zeigen: $a^2 - b^2 = p^2 - q^2$
Welche Kathete man als die längere annimmt, ist für den Beweis unerheblich. Die längere Kathete besitzt auch den längeren Hypotenusenabschnitt.
Nach dem Kathetensatz gilt:
$a^2 - b^2 = p \cdot c - q \cdot c$
Außerdem gilt:
$c = p + q$
In die obere Gleichung eingesetzt, ausmultipliziert und zusammengefasst ergibt dies den Beweis:
$a^2 - b^2 = p \cdot (p+q) - q \cdot (p+q) = p^2 + p \cdot q - q \cdot p - q^2 = p^2 - q^2$

11. a) $a^2 + c^{2a} = b^2$ b) $d^2 + m^2 = k^2$

c) $r^2 + t^2 = s^2$ d) $e^2 + f^2 = d^2$

e) $f^2 + h^2 = g^2$ f) $y^2 + z^2 = x^2$

12. a) $a^2 + b^2 = (0{,}7\text{ cm})^2 + (2{,}4\text{ cm})^2 = 6{,}25\text{ cm}^2$
$c^2 = 6{,}25\text{ cm}^2$
$\Rightarrow\ a^2 + b^2 = c^2$
Das Dreieck ist rechtwinklig mit $\gamma = 90°$.

Hinweise und Tipps:
Bei einem rechtwinkligen Dreieck entspricht die längste Seite der Hypotenuse. Es reicht also, wenn du jeweils die zwei kürzeren Seiten quadrierst und addierst und mit dem Quadrat der längsten Seite vergleichst.

b) $b^2 + c^2 = (2{,}3\text{ cm})^2 + (3{,}9\text{ cm})^2 = 20{,}5\text{ cm}^2$
$a^2 = 20{,}25\text{ cm}^2$
Das Dreieck ist nicht rechtwinklig.

c) $a^2 + b^2 = (56{,}7\text{ cm})^2 + (121\text{ cm})^2$
$= 17\,855{,}89\text{ cm}^2$
$c^2 = 17\,848{,}96\text{ cm}^2$
Das Dreieck ist nicht rechtwinklig.

Hinweise und Tipps:
Hier musst du auf gleiche Einheiten achten.

d) $b^2 + c^2 = 15 + 21 = 36$
$a^2 = 36\text{ cm}^2$
$\Rightarrow\ b^2 + c^2 = a^2$
Das Dreieck ist rechtwinklig mit $\alpha = 90°$

e) $a^2 + c^2 = (3{,}5\text{ m})^2 + (4\text{ m})^2 = 28{,}25\text{ m}^2$
$b^2 = 20{,}25\text{ m}^2$
Das Dreieck ist nicht rechtwinklig.

13. a) Die Höhe zerlegt das Dreieck in zwei rechtwinklige Dreiecke. Die Hypotenuse entspricht einer Dreiecksseite, die Katheten entsprechen der Höhe des Dreiecks und der Hälfte einer Dreiecksseite.

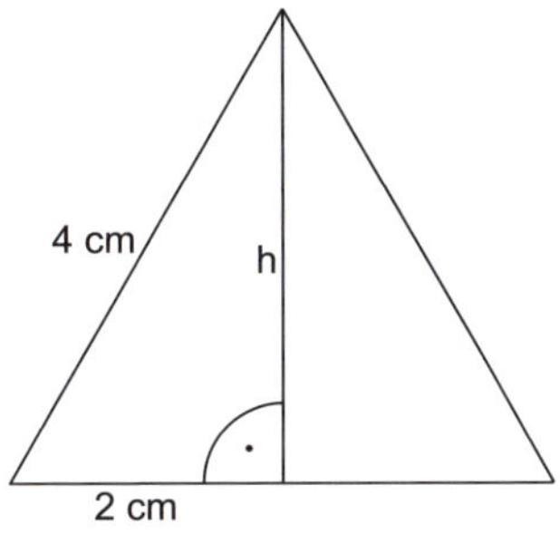

$$h^2 = a^2 - \left(\frac{1}{2} \cdot a\right)^2 = a^2 - \frac{1}{4} \cdot a^2$$

$$= \frac{3}{4} \cdot a^2 = \frac{3}{4} \cdot (4\text{ cm})^2 = 12\text{ cm}^2$$

$$h = \sqrt{12\text{ cm}^2} = \mathbf{2\sqrt{3}\text{ cm}}$$

Allgemein:

$$h = \sqrt{\frac{3}{4} \cdot a^2} = \mathbf{\frac{a}{2}\sqrt{3}}$$

b) In das Koordinatensystem lässt sich ein rechtwinkliges Dreieck legen, bei dem A und B die Endpunkte der Hypotenuse darstellen. Da die Katheten parallel zu den Achsen des Koordinatensystems verlaufen, lassen sich ihre Längen leicht ablesen: Es handelt sich um die Differenz der x-Koordinaten bzw. der y-Koordinaten der Punkte A und B.

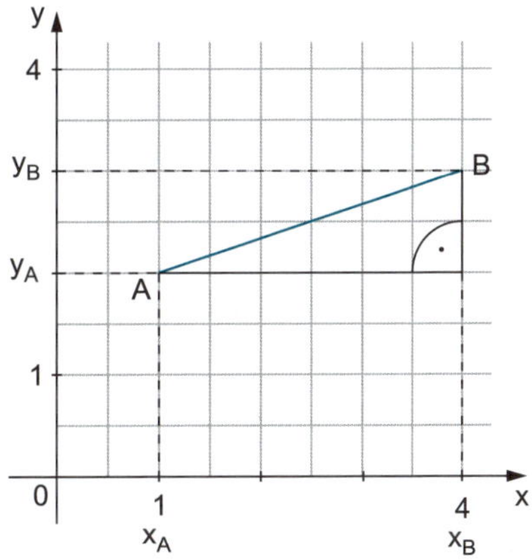

$$d = \sqrt{(4-1)^2 + (3-2)^2}$$

$$= \sqrt{3^2 + 1^2} = \mathbf{\sqrt{10}}$$

Allgemein:

$$d = \mathbf{\sqrt{(x_B - x_A)^2 + (y_B - y_A)^2}}$$

Hinweise und Tipps:
Welchen Punkt du als ersten und welchen als zweiten wählst, ist wegen des Quadrats egal.

14. a) $2 \cdot 3 \cdot 3 = \mathbf{18}$

b) Es gibt mehrere Regalkombinationen mit 3,40 m Länge:
2×100 cm, 1×80 cm und 1×60 cm
3×80 cm, 1×100 cm
4×60 cm, 1×100 cm
3×60 cm, 2×80 cm

c) Um die Regale aufstellen zu können, muss die Diagonale der Seitenflächen kleiner als die Raumhöhe sein.

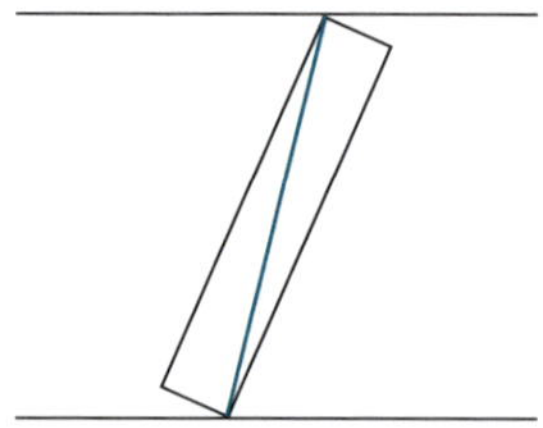

Für das 2,50 m hohe Regal ergibt sich:
$d^2 = t^2 + h^2$
$t^2 = d^2 - h^2$
$t = \sqrt{(255\text{ cm})^2 - (250\text{ cm})^2} = \sqrt{2\,525\text{ cm}^2}$
$\approx 50{,}25\text{ cm}$

Das höchste Regal darf **höchstens 50,25 cm** tief sein.

Für das 60 cm tiefe Regal ergibt sich:
$d^2 = t^2 + h^2$
$h^2 = d^2 - t^2$
$h = \sqrt{(255\text{ cm})^2 - (60\text{ cm})^2} = \sqrt{61\,425\text{ cm}^2} \approx 247{,}85\text{ cm}$

Das tiefste Regal darf **höchstens 247,85 cm** hoch sein.
Regina darf lediglich die 2,5 m hohen Elemente nicht mit 60 cm Tiefe erwerben.

d) Die Tiefe des Regals spielt bei dieser Berechnung keine Rolle.
$d = \sqrt{b^2 + h^2} = \sqrt{(60\text{ cm})^2 + (200\text{ cm})^2} = \sqrt{43\,600\text{ cm}^2} \approx 208{,}8\text{ cm}$
Die Leisten müssen etwa **208,8 cm** lang sein.

15. $5{,}1\,\frac{\text{km}}{\text{h}}$ bedeutet, dass Herr Meier 5,1 km in 60 Minuten zurücklegt.
In 40 Minuten schafft er $\frac{2}{3}$ davon:
$a = \frac{2}{3} \cdot 5{,}1\text{ km} = 3{,}4\text{ km}$
Frau Müller legt in 40 Minuten folgende Entfernung zurück:
$b = \frac{2}{3} \cdot 8{,}4\text{ km} = 5{,}6\text{ km}$
Diese Entfernungen vom Treffpunkt bilden die Katheten eines rechtwinkligen Dreiecks. Die Entfernung der beiden zueinander entspricht der Hypotenuse.
Es gilt:
$c = \sqrt{a^2 + b^2} = \sqrt{(3{,}4\text{ km})^2 + (5{,}6\text{ km})^2} \approx 6{,}55\text{ km}$
Herr Meier und Frau Müller sind nach 40 Minuten ungefähr **6,55 km** voneinander entfernt.

16. Das Dreieck AFS ist rechtwinklig. Es gilt:

$h^2 = s^2 - \overline{AF}^2$

$\overline{AF}$ ist halb so lang wie die Diagonale d der Grundfläche. Hier gilt:

$d = a\sqrt{2}$ (siehe Beispiel 2)

$\overline{AF} = \frac{1}{2} \cdot a\sqrt{2} = \frac{1}{2} \cdot 140\text{ m} \cdot \sqrt{2} \approx 99\text{ m}$

$h = \sqrt{s^2 - \overline{AF}^2} \approx \sqrt{(125\text{ m})^2 - (99\text{ m})^2} \approx 76\text{ m}$

Die Pyramide ist ca. **76 m** hoch.

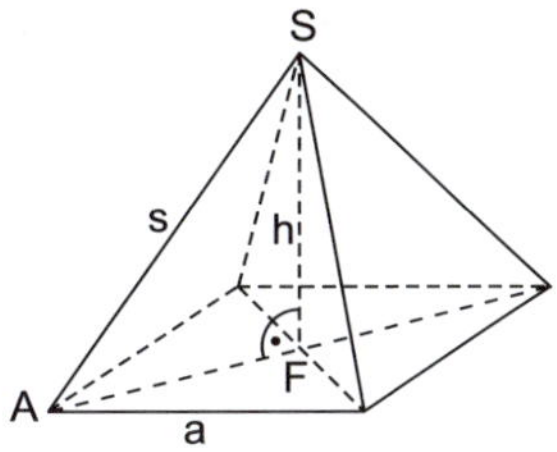

17. a) Zu den Seiten des Sonnensegels können jeweils rechtwinklige Dreiecke gefunden werden.

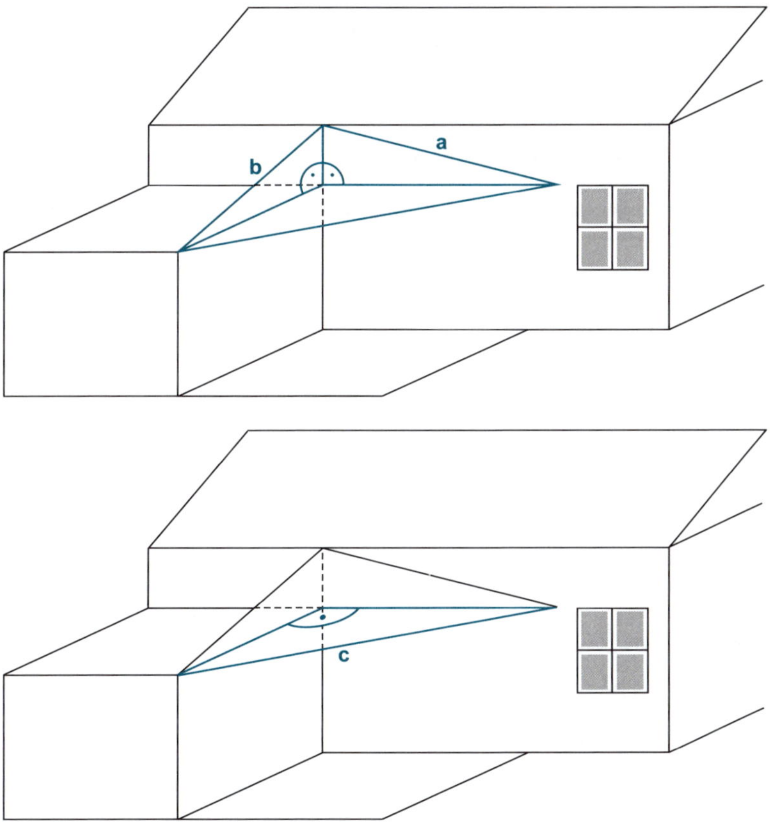

Mithilfe des Satzes von Pythagoras lassen sich die Seitenlängen bestimmen:

$a = \sqrt{(4\text{ m})^2 + (1{,}5\text{ m})^2} = \sqrt{18{,}25\text{ m}^2} \approx \mathbf{4{,}27\text{ m}}$

$b = \sqrt{(6\text{ m})^2 + (1{,}5\text{ m})^2} = \sqrt{38{,}25\text{ m}^2} \approx \mathbf{6{,}18\text{ m}}$

$c = \sqrt{(4\text{ m})^2 + (6\text{ m})^2} = \sqrt{52\text{ m}^2} \approx \mathbf{7{,}21\text{ m}}$

b) $a^2 + b^2 = 18{,}25\text{ m}^2 + 38{,}25\text{ m}^2 = 56{,}5\text{ m}^2$

$c^2 = 52\text{ m}^2$

Das Dreieck ist nicht rechtwinklig, da die Summe der Quadrate der kleineren Seiten nicht gleich dem Quadrat der größten Seite ist.

Wenn man annimmt, dass das Dreieck rechtwinklig ist, so würde für die Seite c' gelten:

$c' = \sqrt{a^2 + b^2} = \sqrt{56{,}5\text{ m}^2} \approx 7{,}52\text{ m}$

Da die Seite c aber nur 7,21 m lang ist, ist der Winkel kleiner als 90°. (Zur besseren Veranschaulichung wurde der Größenunterschied in dieser Skizze stark übertrieben.)

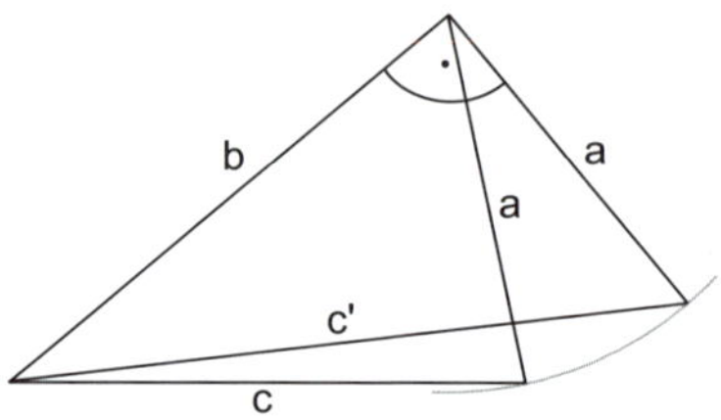

c) Da die Werte für c im nicht rechtwinkligen Dreieck und im rechtwinkligen Dreieck (siehe Teilaufgabe b) nur wenig voneinander abweichen, lässt sich das Sonnensegel für eine Abschätzung als rechtwinkliges Dreieck mit den Seiten a und b auffassen. Für den Flächeninhalt gilt dann:

$A = \frac{1}{2} \cdot a \cdot b = \frac{1}{2} \cdot \sqrt{18{,}25\text{ m}^2} \cdot \sqrt{38{,}25\text{ m}^2} \approx \mathbf{13{,}21\text{ m}^2}$

18. Die Stange passt in die Kiste, wenn die Raumdiagonale größer als die Länge der Stange ist.

Die Raumdiagonale wird in zwei Schritten berechnet.

Zunächst wird die Länge der Diagonalen des Bodens berechnet.

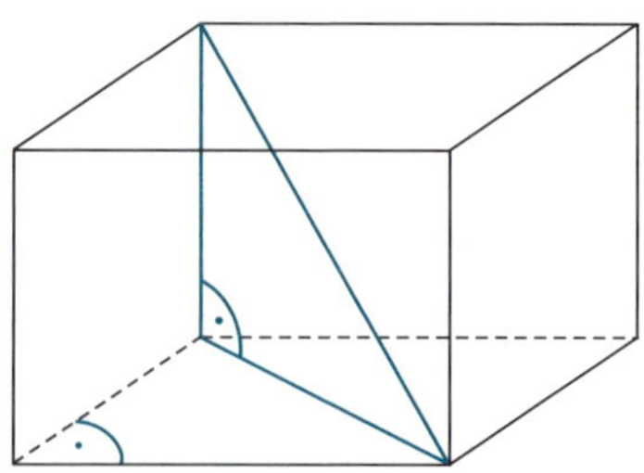

$d_1 = \sqrt{\ell^2 + b^2} = \sqrt{(80\text{ cm})^2 + (40\text{ cm})^2}$

$= \sqrt{8\,000\text{ cm}^2}$

Im zweiten Schritt wird die Länge der Raumdiagonalen bestimmt.

$d = \sqrt{{d_1}^2 + h^2} = \sqrt{\sqrt{8\,000\text{ cm}^2}^{\,2} + (50\text{ cm})^2} = \sqrt{10\,500\text{ cm}^2} \approx \mathbf{102{,}47\text{ cm}}$

Die Stange ist zu lang.

19. a) Hinweise und Tipps:
Suche ein rechtwinkliges Dreieck, dessen Seitenlängen durch x und r ausgedrückt werden können. Mithilfe des Satzes von Pythagoras kannst du nun eine Gleichung aufstellen, deren Lösung x ist.

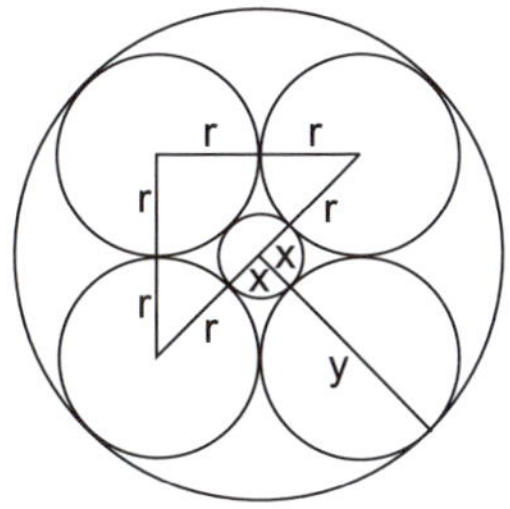

Für das rechtwinklige Dreieck gilt:

$(2r+2x)^2=(2r)^2+(2r)^2$ Größen einsetzen

$(6+2x)^2=6^2+6^2$ ausmultiplizieren

$36+24x+4x^2=72$ $\mid -72$

$4x^2+24x-36=0$

Zur Vereinfachung wird diese Gleichung durch 4 geteilt.

$x^2+6x-9=0$

$$x_{1/2}=\frac{-6\pm\sqrt{36-4\cdot1\cdot(-9)}}{2}=\frac{-6\pm\sqrt{72}}{2}=\frac{-6\pm6\sqrt{2}}{2}=-3\pm3\sqrt{2}$$

Eine der Lösungen für x ist negativ und kommt nicht infrage, da x als Länge positiv sein muss.

$x=(-3+3\sqrt{2})$ mm $\approx$ **1,2 mm**

Für y gilt:

$y=2\cdot r+x=2\cdot3$ mm $+(3\sqrt{2}-3)$ mm $\approx$ **7,2 mm**

20. a)

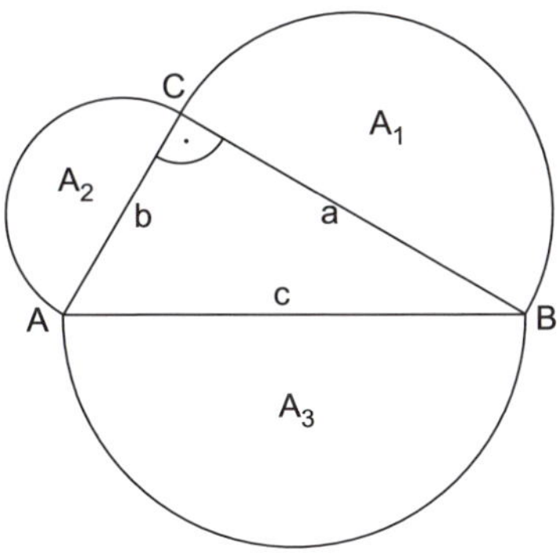

b) $$A_1=\frac{1}{2}\cdot\pi\cdot\left(\frac{1}{2}\cdot a\right)^2=\frac{1}{8}\cdot\pi\cdot a^2$$

$$A_2=\frac{1}{2}\cdot\pi\cdot\left(\frac{1}{2}\cdot b\right)^2=\frac{1}{8}\cdot\pi\cdot b^2$$

$$A_3=\frac{1}{2}\cdot\pi\cdot\left(\frac{1}{2}\cdot c\right)^2=\frac{1}{8}\cdot\pi\cdot c^2$$

c) $$A_1+A_2=\frac{1}{8}\cdot\pi\cdot a^2+\frac{1}{8}\cdot\pi\cdot b^2=\frac{1}{8}\cdot\pi\cdot(a^2+b^2)=\underbrace{\frac{1}{8}\cdot\pi\cdot c^2}_{\text{Pythagoras}}=A_3$$

21. Hinweise und Tipps:
Zwei Größen sind jeweils gegeben. Im Idealfall findet man immer eine Formel, die neben den bekannten Größen lediglich eine unbekannte Größe enthält. Diese Formel muss dann nur nach der unbekannten Größe aufgelöst und die gegebenen Werte eingesetzt werden. So kann man Schritt für Schritt alle Größen bestimmen. Oft gibt es mehrere Möglichkeiten, die aber alle zum selben Ergebnis führen.
Die Teilaufgaben g und h sind nicht so einfach zu lösen: Zu den beiden gegebenen Größen existiert jeweils eine Formel, die zusätzlich jeweils eine unbekannte Größe enthält. Jede einzelne dieser Formeln allein hilft somit nicht weiter. Vielmehr musst du gleichzeitig beide Formeln verwenden. Du hast es hier mit einem Gleichungssystem bestehend aus zwei Gleichungen für zwei Unbekannte zu tun.

Zusammenfassung:

	a	b	c	h	q	p	A
a)	5	12	**13**	$\frac{60}{13}$	$\frac{144}{13}$	$\frac{25}{13}$	**30**
b)	**3**	4	5	$\frac{12}{5}$	$\frac{16}{5}$	$\frac{9}{5}$	**6**
c)	$15\sqrt{29}$	$6\sqrt{29}$	**87**	**30**	12	75	**1 305**
d)	$2\sqrt{5}$	$\sqrt{5}$	**5**	2	**1**	**4**	**5**
e)	**8**	6	**10**	**4,8**	**3,6**	**6,4**	24
f)	$3\sqrt{5}$	$6\sqrt{5}$	**15**	6	**12**	3	**45**
g)	$3\sqrt{5}$	$1{,}5\sqrt{5}$	**7,5**	**3**	1,5	**6**	**11,25**
h)	**7**	**24**	25	6,72	**23,04**	**1,96**	**84**
	24	**7**	25	6,72	**1,96**	**23,04**	**84**

Rechenwege:

a) $a^2+b^2=c^2 \quad\Rightarrow\quad c=\sqrt{a^2+b^2}=\sqrt{25+144}=\sqrt{169}=\mathbf{13}$

$a^2=c\cdot p \quad\Rightarrow\quad p=\frac{a^2}{c}=\mathbf{\frac{25}{13}}$

$p+q=c \quad\Rightarrow\quad q=c-p=13-\frac{25}{13}=\mathbf{\frac{144}{13}}$

$h^2=p\cdot q \quad\Rightarrow\quad h=\sqrt{p\cdot q}=\sqrt{\frac{25}{13}\cdot\frac{144}{13}}=\sqrt{\frac{3\,600}{169}}=\mathbf{\frac{60}{13}}$

$A=\frac{1}{2}\cdot a\cdot b=\frac{1}{2}\cdot 5\cdot 12=\mathbf{30}$

b) $a^2+b^2=c^2 \quad\Rightarrow\quad a=\sqrt{c^2-b^2}=\sqrt{25-16}=\sqrt{9}=\mathbf{3}$

$a^2=c\cdot p \quad\Rightarrow\quad p=\frac{a^2}{c}=\mathbf{\frac{9}{5}}$

$$p+q=c \Rightarrow q=c-p=5-\frac{9}{5}=\mathbf{\frac{16}{5}}$$

$$h^2=p\cdot q \Rightarrow h=\sqrt{p\cdot q}=\sqrt{\frac{9}{5}\cdot\frac{16}{5}}=\sqrt{\frac{144}{25}}=\mathbf{\frac{12}{5}}$$

$$A=\frac{1}{2}\cdot a\cdot b=\frac{1}{2}\cdot 3\cdot 4=\mathbf{6}$$

c) $c=p+q=75+12=\mathbf{87}$

$$h^2=p\cdot q \Rightarrow h=\sqrt{p\cdot q}=\sqrt{12\cdot 75}=\sqrt{900}=\mathbf{30}$$

$$a^2=c\cdot p \Rightarrow a=\sqrt{c\cdot p}=\sqrt{87\cdot 75}=\sqrt{6\,525}=\mathbf{15\sqrt{29}}$$

$$b^2=c\cdot q \Rightarrow b=\sqrt{c\cdot q}=\sqrt{87\cdot 12}=\sqrt{1\,044}=\mathbf{6\sqrt{29}}$$

$$A=\frac{1}{2}\cdot h\cdot c=\frac{1}{2}\cdot 30\cdot 87=\mathbf{1\,305}$$

d) Auch in den Teildreiecken gilt der Satz von Pythagoras:

$$a^2=h^2+p^2 \Rightarrow p=\sqrt{a^2-h^2}=\sqrt{(2\sqrt{5})^2-4}=\mathbf{4}$$

$$h^2=p\cdot q \Rightarrow q=\frac{h^2}{p}=\frac{4}{4}=\mathbf{1}$$

$$c=p+q=4+1=\mathbf{5}$$

$$b^2=c\cdot q \Rightarrow b=\sqrt{c\cdot q}=\sqrt{5\cdot 1}=\mathbf{\sqrt{5}}$$

$$A=\frac{1}{2}\cdot h\cdot c=\frac{1}{2}\cdot 2\cdot 5=\mathbf{5}$$

e) $A=\frac{1}{2}\cdot a\cdot b \Rightarrow a=\frac{2\cdot A}{b}=\frac{2\cdot 24}{6}=\mathbf{8}$

$$a^2+b^2=c^2 \Rightarrow c=\sqrt{a^2+b^2}=\sqrt{36+64}=\mathbf{10}$$

$$a^2=c\cdot p \Rightarrow p=\frac{a^2}{c}=\frac{64}{10}=\mathbf{6{,}4}$$

$$p+q=c \Rightarrow q=c-p=10-6{,}4=\mathbf{3{,}6}$$

$$h^2=p\cdot q \Rightarrow h=\sqrt{p\cdot q}=\sqrt{6{,}4\cdot 3{,}6}=\mathbf{4{,}8}$$

f) $h^2=p\cdot q \Rightarrow q=\frac{h^2}{p}=\frac{36}{3}=\mathbf{12}$

$$c=p+q=3+12=\mathbf{15}$$

$$a^2=c\cdot p \Rightarrow a=\sqrt{c\cdot p}=\sqrt{15\cdot 3}=\sqrt{45}=\mathbf{3\sqrt{5}}$$

$$b^2=c\cdot q \Rightarrow b=\sqrt{c\cdot q}=\sqrt{15\cdot 12}=\sqrt{180}=\mathbf{6\sqrt{5}}$$

$$A=\frac{1}{2}\cdot a\cdot b=\frac{1}{2}\cdot 3\sqrt{5}\cdot 6\sqrt{5}=\mathbf{45}$$

g) $a^2 = c \cdot p$ und $c = p + q \Rightarrow a^2 = (p+q) \cdot p$ ausmultiplizieren

$a^2 = p^2 + q \cdot p$ | $-a^2$

$p^2 + q \cdot p - a^2 = 0$ a, q einsetzen

$p^2 + 1{,}5p - 45 = 0$

$$p_{1/2} = \frac{-1{,}5 \pm \sqrt{1{,}5^2 - 4 \cdot 1 \cdot (-45)}}{2} = \frac{-1{,}5 \pm 13{,}5}{2}$$

$p_1 = \mathbf{6}$ $p_2 = -7{,}5$

Da p eine Länge ist, kann die zweite Lösung nicht vorkommen.

$c = p + q = 6 + 1{,}5 = \mathbf{7{,}5}$

$b^2 = c \cdot q \Rightarrow b = \sqrt{c \cdot q} = \sqrt{7{,}5 \cdot 1{,}5} = \sqrt{11{,}25} = \mathbf{1{,}5\sqrt{5}}$

$h^2 = p \cdot q \Rightarrow h = \sqrt{p \cdot q} = \sqrt{6 \cdot 1{,}5} = \mathbf{3}$

$$A = \frac{1}{2} \cdot h \cdot c = \frac{1}{2} \cdot 3 \cdot 7{,}5 = \mathbf{11{,}25}$$

h) $A = \frac{1}{2} \cdot c \cdot h = \frac{1}{2} \cdot 25 \cdot 6{,}72 = \mathbf{84}$

$h^2 = p \cdot q$ und $p = c - q \Rightarrow h^2 = (c - q) \cdot q$ ausmultiplizieren

$h^2 = c \cdot q - q^2$ | $+q^2$

$q^2 - c \cdot q + h^2 = 0$ c, h einsetzen

$q^2 - 25q + 6{,}72^2 = 0$

$$q_{1/2} = \frac{25 \pm \sqrt{625 - 4 \cdot 1 \cdot 6{,}72^2}}{2} = \frac{25 \pm 21{,}08}{2}$$

$q_1 = \mathbf{23{,}04}$ $q_2 = \mathbf{1{,}96}$

$c = p_1 + q_1 \Rightarrow p_1 = c - q_1 = 25 - 23{,}04 = \mathbf{1{,}96}$

Bei der zweiten Lösung vertauschen sich lediglich die Rollen von p und q. Die beiden resultierenden Dreiecke sind symmetrisch zueinander. Es genügt also, einen Fall zu Ende zu rechnen und für den zweiten Fall die entsprechenden Größen zu vertauschen.

$a^2 = c \cdot p_1 \Rightarrow a = \sqrt{25 \cdot 1{,}96} = \mathbf{7}$

$b^2 = c \cdot q_1 \Rightarrow b = \sqrt{25 \cdot 23{,}04} = \mathbf{24}$

22. a) Der Höhenfußpunkt liegt genau dann außerhalb des Dreiecks, wenn ein Winkel größer als 90° ist, das Dreieck also stumpfwinklig ist. Da das Dreieck rechtwinklig ist, ist die Summe der beiden anderen Winkel 90°. Keiner der beiden anderen Winkel kann also größer als 90° sein.

b) In einem rechtwinkligen Dreieck fallen die Höhen der Seiten, die den rechten Winkel bilden, mit den Seiten des Dreiecks zusammen. Bei der Anwendung der Dreiecksflächenformel muss somit als Grundseite g eine der beiden Katheten gewählt werden – die andere Kathete ist dann die zugehörige Höhe:

$$A = \frac{1}{2} \cdot g \cdot h = \frac{1}{2} \cdot a \cdot b = \frac{1}{2} \cdot 4\text{ cm} \cdot 3\text{ cm} = \mathbf{6\text{ cm}^2}$$

c) $a^2 = c \cdot p \;\Rightarrow\; p = \frac{a^2}{c}$

$b^2 = c \cdot q \;\Rightarrow\; q = \frac{b^2}{c}$

$\Rightarrow\; h^2 = p \cdot q = \frac{a^2}{c} \cdot \frac{b^2}{c} = \frac{a^2 b^2}{c^2} \;\Rightarrow\; \mathbf{h = \frac{ab}{c}}$

23. a) Höhensatz: $h^2 = p \cdot q$

Da z. B. $10 = 5 \cdot 2$ gilt, kann die Seite des zu konstruierenden Quadrates als Höhe eines rechtwinkligen Dreiecks mit den Hypotenusenabschnitten $p = 5$ cm und $q = 2$ cm konstruiert werden.

Konstruktionsbeschreibung:

Zeichne $\overline{AB} = c = p + q = 5\text{ cm} + 2\text{ cm} = 7\text{ cm}$ und trage $p = 5$ cm ab.
Damit erhält man den Punkt D.
Errichte ein Lot zu c in D.
Konstruiere den Thaleskreis über c.
Der Schnittpunkt von Thaleskreis und Lot ist C.
$\overline{CD}$ ist die gesuchte Seitenlänge des Quadrates, das nun konstruiert werden kann.

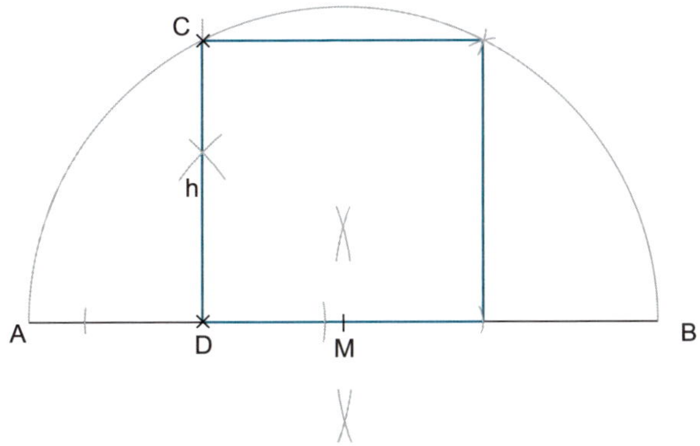

b) Kathetensatz: $b^2 = c \cdot q$
Da z. B. $10 = 5 \cdot 2$ gilt, kann die Seitenlänge des zu konstruierenden Quadrates als Kathete b eines rechtwinkligen Dreiecks mit Hypotenuse $c = 5$ cm und Hypotenusenabschnit $q = 2$ cm konstruiert werden.

Konstruktionsbeschreibung:
Zeichne $\overline{AB} = c = 5$ cm und trage $q = 2$ cm ab, wodurch man den Punkt D erhält.
Errichte ein Lot zu c in D.
Konstruiere den Thaleskreis über c.
Der Schnittpunkt von Thaleskreis und Lot ist C.
$\overline{AC}$ ist die gesuchte Seitenlänge des Quadrates, das nun konstruiert werden kann.

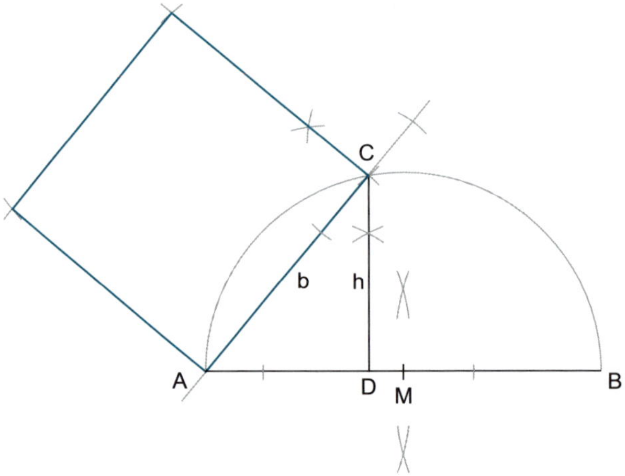

c) Pythagoras: $c^2 = a^2 + b^2$
Da $10 = 1 + 9 = 1^2 + 3^2$ gilt, kann die Kantenlänge des zu konstruierenden Quadrates als Hypotenuse c eines rechtwinkligen Dreiecks mit den Katheten $a = 1$ cm und $b = 3$ cm konstruiert werden.

Konstruktionsbeschreibung:
Zeichne $\overline{CA} = b = 3$ cm.
Errichte ein Lot in C zu CA.
Den Punkt B erhält man, indem man von C ausgehend $a = 1$ cm auf dem Lot abträgt.
$\overline{AB}$ ist die gesuchte Seitenlänge des Quadrats, das nun konstruiert werden kann.

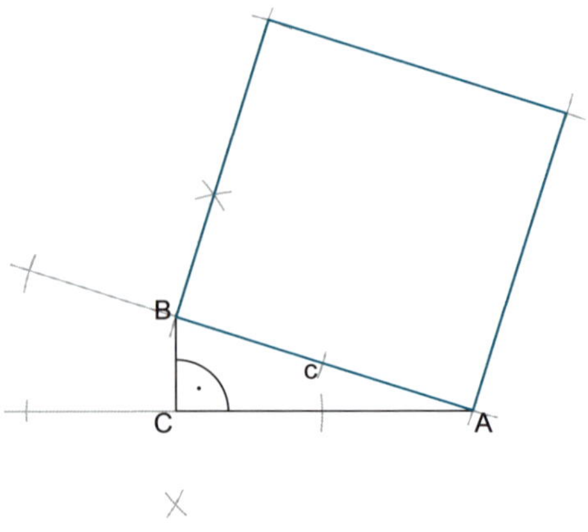

24. a) i) Höhensatz: $h^2 = p \cdot q$ mit
$(\sqrt{5})^2 = 5 = 5 \cdot 1$
$\sqrt{5}$ ist die Länge der Höhe eines rechtwinkligen Dreiecks mit den Hypotenusenabschnitten $p = 5$ und $q = 1$.

Hinweise und Tipps:
Vergleiche Aufgabe 23. Dort musste ein Quadrat mit vorgegebenem Flächeninhalt konstruiert werden. Die jetzt zu konstruierende Länge $\sqrt{5}$ entspricht der Kantenlänge eines Quadrates mit dem Flächeninhalt 5.

Konstruktionsbeschreibung:
Zeichne $\overline{AB} = c = p + q = 5 + 1 = 6$ und trage von B aus $p = 5$ ab. Auf diese Weise erhält man den Punkt D.
Errichte in D ein Lot zu c.
Konstruiere den Thaleskreis über c.
Der Schnittpunkt von Thaleskreis und Lot ist C.
$\overline{CD}$ ist die gesuchte Länge.

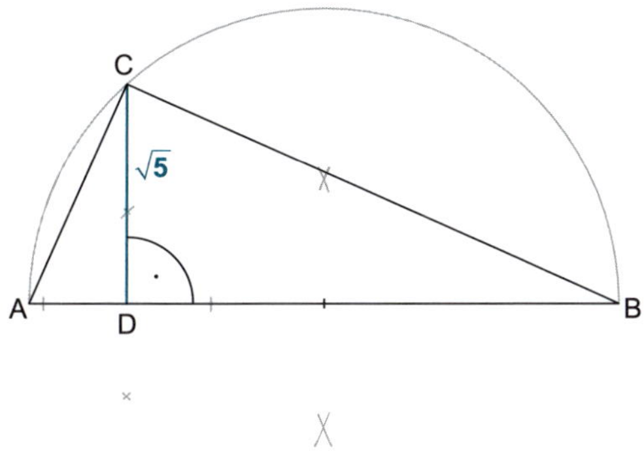

ii) Kathetensatz: $a^2 = c \cdot p$ mit $(\sqrt{5})^2 = 5 = 5 \cdot 1$
$\sqrt{5}$ ist die Länge der Kathete a eines rechtwinkligen Dreiecks mit Hypotenuse $c = 5$ und Hypotenusenabschnitt $p = 1$.

Konstruktionsbeschreibung:
Zeichne $\overline{AB} = c = 5$ und trage von B aus $p = 1$ ab, wodurch man wieder den Punkt D erhält.
Errichte ein Lot zu c in D.
Konstruiere den Thaleskreis über c.
Der Schnittpunkt des Lotes mit dem Thaleskreis ist C.
Die Länge $\overline{BC}$ ist die gesuchte Länge.

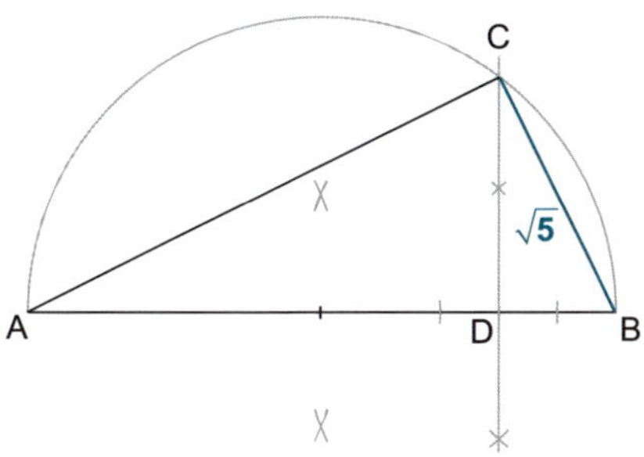

iii) Satz des Pythagoras: $a^2 + b^2 = c^2$ mit $1^2 + 2^2 = (\sqrt{5})^2$
$\sqrt{5}$ ist die Länge der Hypotenuse c eines rechtwinkligen Dreiecks mit den Katheten $a = 1$ und $b = 2$.

Konstruktionsbeschreibung:
Zeichne $\overline{CA} = b = 2$.
Errichte ein Lot zu b in C und trage von C aus $a = 1$ ab. Auf diese Weise erhält man den Punkt B.
$\overline{AB}$ ist die gesuchte Länge.

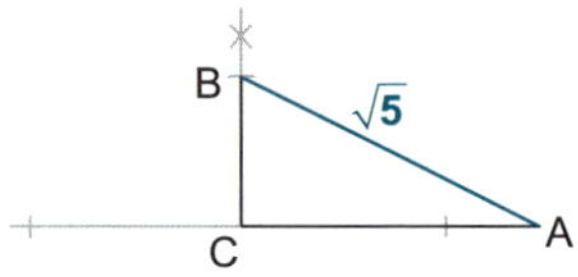

b) Jede Zahl n lässt sich als Produkt aus 1 und n darstellen. Wählt man nun z. B. h als $\sqrt{n}$, so erhält man mithilfe des Höhensatzes:

$h^2 = p \cdot q$

$(\sqrt{n})^2 = n \cdot 1$

Die Höhe in einem rechtwinkligen Dreieck mit $p = n$ und $q = 1$ hat somit die Länge $\sqrt{n}$.

25. a)

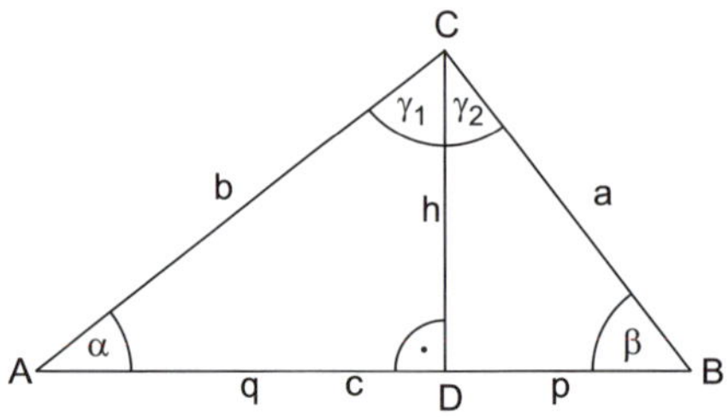

Hinweise und Tipps:
Betrachte die Winkel γ_1 und γ_2.

Mithilfe der Winkelsumme im Dreieck ergeben sich folgende Zusammenhänge:

(1) $\beta = 180° - 90° - \alpha$ (ΔABC)
(2) $\alpha = 180° - 90° - \beta$ (ΔABC)
(3) $\gamma_1 = 180° - 90° - \alpha$ (ΔADC)
(4) $\gamma_2 = 180° - 90° - \beta$ (ΔDBC)

(1) und (3) $\Rightarrow$ $\gamma_1 = \beta$
(2) und (4) $\Rightarrow$ $\gamma_2 = \alpha$

Somit weisen die drei Dreiecke die gleichen Winkel auf und sind dem WW-Satz zufolge zueinander ähnlich.

b) Für die Dreiecke ADC und DBC gilt:

$\frac{h}{q} = \frac{p}{h}$ (jeweils $\frac{\text{kürzere Kathete}}{\text{längere Kathete}}$)

Die Multiplikation dieser Gleichung mit q und h liefert den Höhensatz $h^2 = p \cdot q$.

Für die Dreiecke ABC und ADC gilt:

$\frac{c}{b} = \frac{b}{q}$ (jeweils $\frac{\text{Hypotenuse}}{\text{längere Kathete}}$)

Die Multiplikation dieser Gleichung mit b und q liefert den Kathetensatz $c \cdot q = b^2$ bzw. $b^2 = c \cdot q$.

Für die Dreiecke ABC und DBC gilt:

$\frac{c}{a} = \frac{a}{p}$ (jeweils $\frac{\text{Hypotenuse}}{\text{kürzere Kathete}}$)

Die Multiplikation dieser Gleichung mit a und p liefert den Kathetensatz $c \cdot q = a^2$ bzw. $a^2 = c \cdot p$.

c) Zwei Gleichungen werden addiert, indem die beiden linken Seiten und die beiden rechten Seiten addiert werden. Es ergibt sich:
$a^2 + b^2 = p \cdot c + q \cdot c = (p+q) \cdot c = c \cdot c = c^2$

26. a) Hinweise und Tipps:
Suche ein rechtwinkliges Dreieck, das die gegebenen und gesuchten Größen enthält. Manchmal ist es allerdings einfacher, über einen kleinen Umweg an die gesuchte Größe zu gelangen, wodurch sich hier zwei prinzipiell unterschiedliche Möglichkeiten anbieten:

1. Möglichkeit:
Bei der ersten Möglichkeit wird der Satz des Thales ausgenutzt, der sicherstellt, dass das eingezeichnete Dreieck rechtwinklig ist. Der Hypotenusenabschnitt q ist die gesuchte Größe. Sie kann über den Höhensatz berechnet werden, da die Größen c (Durchmesser der Kugel) und h (Radius des Lochs) gegeben sind.

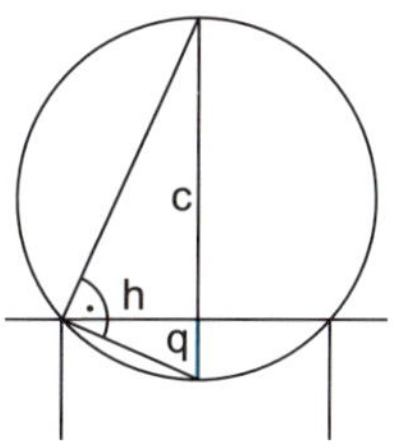

Es gilt:

$h^2 = p \cdot q$ (1)

$c = p + q \Rightarrow p = c - q$ (2)

Wird die Gleichung (2) in Gleichung (1) eingesetzt, so ergibt sich:

$h^2 = (c-q) \cdot q = c \cdot q - q^2$

$q^2 - c \cdot q + h^2 = 0$

Einsetzen der gegebenen Größen ergibt folgende Gleichung:

$q^2 - 5q + 2,25 = 0$

$$q_{1/2} = \frac{5 \pm \sqrt{5^2 - 4 \cdot 1 \cdot 2,25}}{2} = \frac{5 \pm 4}{2} = 2,5 \pm 2$$

Da die Kugel von oben in das Loch fällt, ist die Lösung für q der kleinere der beiden Werte.

$q =$ **0,5 mm**

2. Möglichkeit:

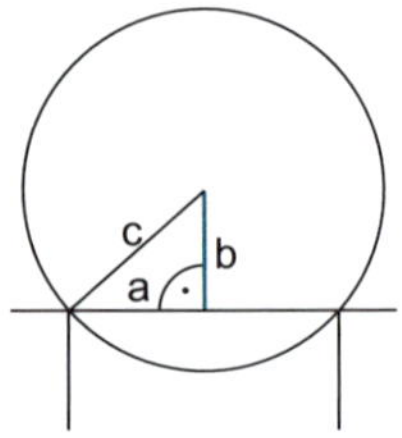

Die zweite Möglichkeit ist auf den ersten Blick nicht so offensichtlich, da die gesuchte Größe nicht Teil des nun betrachteten Dreiecks ist. Allerdings lässt sich die Einsinktiefe als Differenz aus Kugelradius und einer Kathete des eingezeichneten rechtwinkligen Dreiecks leicht ermitteln, wobei die benötigte Kathete mit dem Satz des Pythagoras sehr einfach bestimmt werden kann.

Es gilt $c^2 = a^2 + b^2$, wobei c dem Kugelradius und a dem halben Lochdurchmesser entspricht.

$$\Rightarrow \quad b = \sqrt{c^2 - a^2} = \sqrt{(2{,}5\text{ mm})^2 - (1{,}5\text{ mm})^2} = 2\text{ mm}$$

Für die Einsinktiefe gilt:

$c - b = 2{,}5\text{ mm} - 2\text{ mm} = \mathbf{0{,}5\text{ mm}}$

27. Es bieten sich zwei Möglichkeiten an:

1. Möglichkeit:

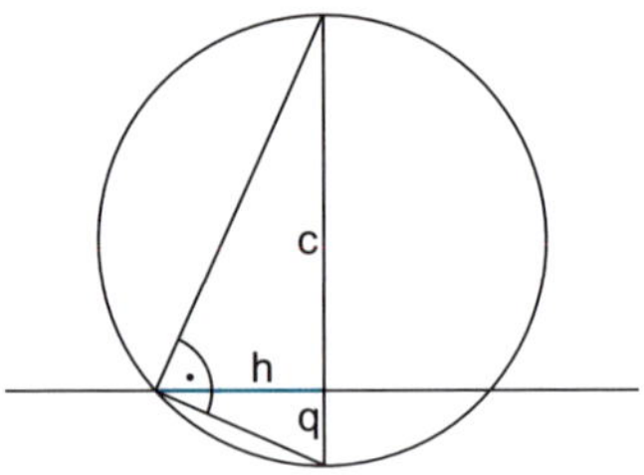

Bei der ersten Möglichkeit wird der Satz des Thales verwendet. Die Höhe des eingezeichneten rechtwinkligen Dreiecks ist der benötigte Kreisradius und kann über den Höhensatz ermittelt werden. Die Größen c (Durchmesser des Balls) und q (ein Viertel des Balldurchmessers, also $\frac{1}{4}c$) sind gegeben.

Aus c und q kann p zu $\frac{3}{4}c$ bestimmt werden.

Für die Höhe gilt:

$$h = \sqrt{p \cdot q} = \sqrt{\frac{3}{4} \cdot c \cdot \frac{1}{4} \cdot c} = \sqrt{\frac{3}{16} \cdot c^2}$$

$$= \sqrt{\frac{3}{16} \cdot (18\text{ cm})^2} = \frac{18}{4}\sqrt{3}\text{ cm} \approx 7{,}8\text{ cm}$$

Für den gesuchten Kreisumfang ergibt sich:

$$U = 2 \cdot r \cdot \pi = 2 \cdot \frac{1}{2} \cdot c \cdot \pi = 18\text{ cm} \cdot \pi \approx \mathbf{49\text{ cm}}$$

2. Möglichkeit:

Bei der zweiten Möglichkeit wird der Satz des Pythagoras verwendet. Die Hypotenuse c entspricht dem halben Balldurchmesser, die Kathete b dem nicht eingesunkenen Teil des Balles abzüglich des halben Balldurchmessers. Die Kathete a ist der benötigte Kreisradius.

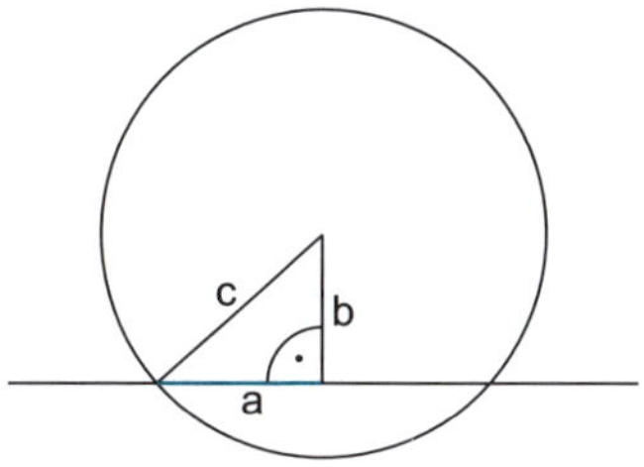

Es gilt:

$a = \sqrt{c^2 - b^2} = \sqrt{(9\text{ cm})^2 - (4{,}5\text{ cm})^2} = \sqrt{60{,}75} \approx 7{,}8\text{ cm}$

Der Umfang $U = 2 \cdot r \cdot \pi$ des Kreises, den die Wasseroberfläche mit dem Ball bildet, beträgt daher etwa **49 cm**.

28. a) $\sin\alpha = \frac{a}{c}$, $\cos\alpha = \frac{b}{c}$, $\tan\alpha = \frac{a}{b}$,

$\sin\beta = \frac{b}{c}$, $\cos\beta = \frac{a}{c}$, $\tan\beta = \frac{b}{a}$

b) $\sin\alpha = \frac{c}{b}$, $\cos\alpha = \frac{a}{b}$, $\tan\alpha = \frac{c}{a}$,

$\sin\beta = \frac{a}{b}$, $\cos\beta = \frac{c}{b}$, $\tan\beta = \frac{a}{c}$

c) $\sin\alpha = \frac{u}{s}$, $\cos\alpha = \frac{t}{s}$, $\tan\alpha = \frac{u}{t}$,

$\sin\beta = \frac{t}{s}$, $\cos\beta = \frac{u}{s}$, $\tan\beta = \frac{t}{u}$

d) $\sin\alpha = \frac{m}{k}$, $\cos\alpha = \frac{\ell}{k}$, $\tan\alpha = \frac{m}{\ell}$,

$\sin\beta = \frac{\ell}{k}$, $\cos\beta = \frac{m}{k}$, $\tan\beta = \frac{\ell}{m}$

Hinweise und Tipps:
Suche in dem Dreieck die Hypotenuse und die zum Winkel gehörende An- bzw. Gegenkathete.

29. a) $\sin 26° \approx$ **0,44**

b) $\cos 12° \approx$ **0,98**

c) $\tan 36° \approx$ **0,73**

d) $\sin 69° \approx$ **0,93**

e) $\cos 73° \approx$ **0,29**

f) $\tan 80° \approx$ **5,67**

Hinweise und Tipps:
Durch Betätigen der entsprechenden Taschenrechnertaste und korrektes Runden erhält man den gesuchten Wert. Achte darauf, dass der Taschenrechner im Modus „Degree“ ist.

30. Die Taste „sin“ liefert für einen Winkel das zugehörige Verhältnis aus Gegenkathete und Hypotenuse. Bei dieser Aufgabe ist dieses Verhältnis jedoch vorgegeben und der zugehörige Winkel wird gesucht. Diese „Umkehraufgabe“ bearbeitet der Taschenrechner mit „$\sin^{-1}$“ gefolgt vom vorgegebenen Seitenverhältnis. In aller Regel wird „$\sin^{-1}$“ durch die Tastenkombination „SHIFT“ „sin“ aufgerufen.

a) $\alpha = \sin^{-1} 0{,}34 \approx 19{,}88°$

b) $\alpha = \cos^{-1} 0{,}67 \approx 47{,}93°$

c) $\alpha = \tan^{-1} 2{,}34 \approx 66{,}86°$

d) $\alpha = \cos^{-1} 0{,}37 \approx 68{,}28°$

e) $\alpha = \tan^{-1} 0{,}67 \approx 33{,}82°$

f) geht nicht, da der Sinus nur für Werte kleiner 1 definiert ist.

Hinweise und Tipps:
Achte darauf, dass der Taschenrechner im Modus „Degree“ ist.

31. a) In einem gleichseitigen Dreieck sind alle Innenwinkel 60° groß. Da es nur auf das Verhältnis der Seiten ankommt, kann man als Seitenlänge 1 annehmen. Man zeichnet eine Höhe ein, um zwei rechtwinklige Dreiecke zu erhalten. Da die Höhe der Grundseite halbiert wird, entstehen zwei kongruente rechtwinklige Dreiecke mit Hypotenusenlänge 1 und einer bekannten Kathetenlänge $\frac{1}{2}$.

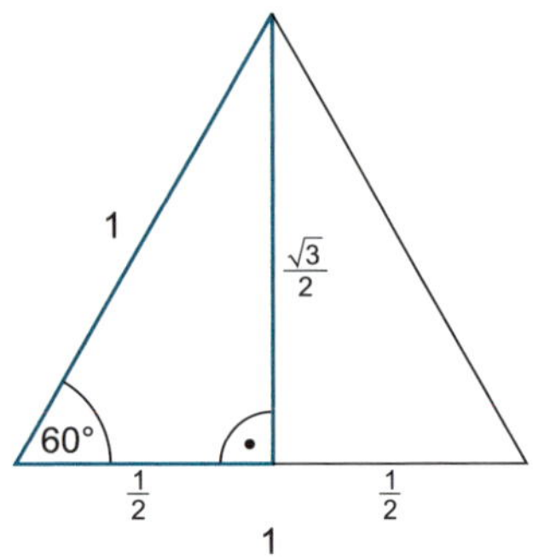

Mithilfe des Satzes von Pythagoras kann die Höhe des ursprünglichen Dreiecks bestimmt werden, die gleichzeitig die benötigte zweite Kathete in dem rechtwinkligen Dreieck darstellt.

$$h = \sqrt{1^2 - \left(\frac{1}{2}\right)^2} = \sqrt{1 - \frac{1}{4}} = \sqrt{\frac{3}{4}} = \frac{\sqrt{3}}{2}$$

Hiermit können nun die gesuchten Verhältnisse ermittelt werden:

$$\sin 60° = \frac{\frac{\sqrt{3}}{2}}{1} = \frac{\sqrt{3}}{2} \qquad \cos 60° = \frac{\frac{1}{2}}{1} = \frac{1}{2} \qquad \tan 60° = \frac{\frac{\sqrt{3}}{2}}{\frac{1}{2}} = \sqrt{3}$$

b) In einem gleichseitigen Dreieck halbiert jede Höhe nicht nur ihre Grundseite, sondern auch den gegenüberliegenden Innenwinkel. So erhält man ein rechtwinkliges Dreieck mit einem 30°-Winkel und bekannten Seiten (siehe Teilaufgabe a).

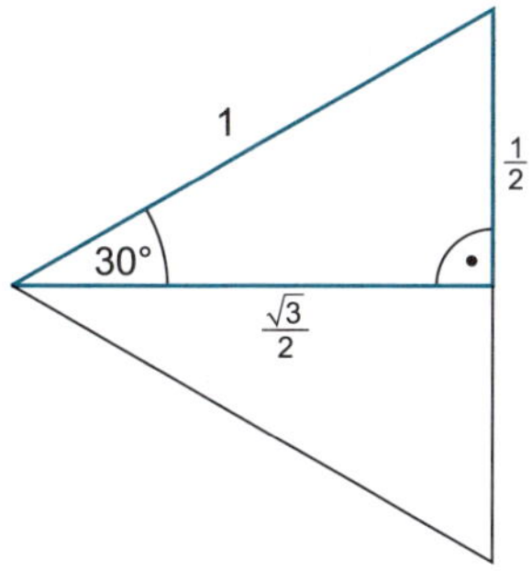

Für die gesuchten Verhältnisse folgt somit:

$$\sin 30° = \frac{\frac{1}{2}}{1} = \frac{1}{2} \qquad \cos 30° = \frac{\frac{\sqrt{3}}{2}}{1} = \frac{\sqrt{3}}{2}$$

$$\tan 30° = \frac{\frac{1}{2}}{\frac{\sqrt{3}}{2}} = \frac{1}{\sqrt{3}} = \frac{\sqrt{3}}{3}$$

c) $\sin 30° = \frac{1}{2}$, $\sin 60° = \frac{\sqrt{3}}{2}$

Eine Verdopplung des Winkels α führt nicht zu einer Verdopplung von $\sin\alpha$!

$\sin(2 \cdot \alpha) \neq 2 \cdot \sin\alpha$

32. a) i) Bei gleichbleibender Hypotenuse wird die Gegenkathete größer, der Sinuswert wird also auch größer.

Hinweise und Tipps:
Mit der Formulierung „ein spitzer Winkel" ist eindeutig festgelegt, dass nicht der rechte Winkel des Dreiecks verändert wird, da nur Winkel kleiner als 90° als spitze Winkel bezeichnet werden.

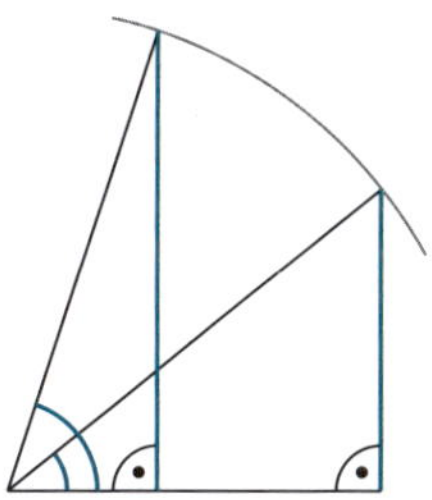

ii) Wird dagegen die Länge der Gegenkathete beibehalten, so müssen sowohl Ankathete als auch Hypotenuse verkleinert werden, um den betrachteten Winkel zu vergrößern.
Auch in diesem Fall vergrößert sich also das Verhältnis von Gegenkathete zu Hypotenuse und damit der Sinus des Winkels.

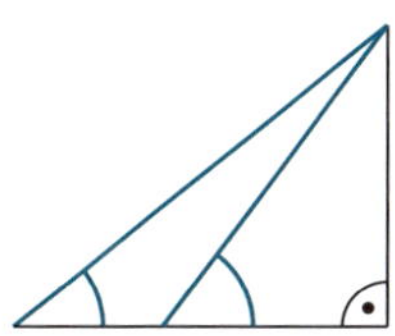

b) i) Bei gleichbleibender Hypotenuse wird die Ankathete kleiner, weshalb der Kosinuswert ebenfalls kleiner wird.

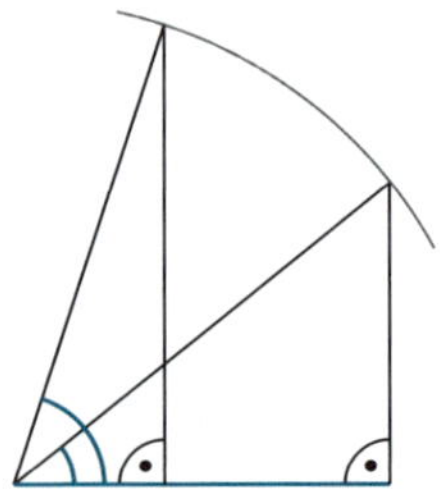

ii) Bei gleichbleibender Ankathete verlängern sich Gegenkathete und Hypotenuse, was zu einem kleineren Kosinuswert führt.

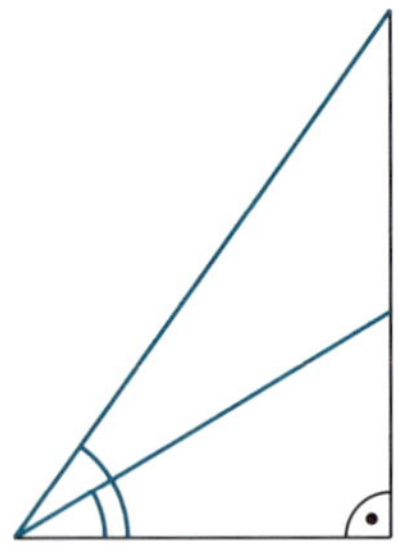

c) i) Bei gleichbleibender Gegenkathete verkürzen sich Ankathete und Hypotenuse, was ebenfalls zu einem größeren Tangens führt.

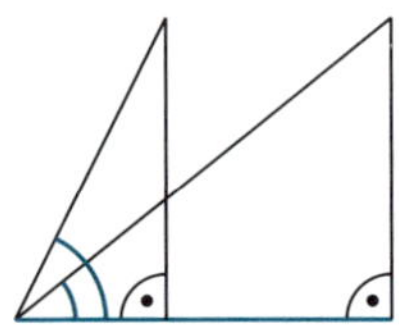

ii) Bei gleichbleibender Ankathete wird die Gegenkathete größer. Der Tangens wird also auch größer.

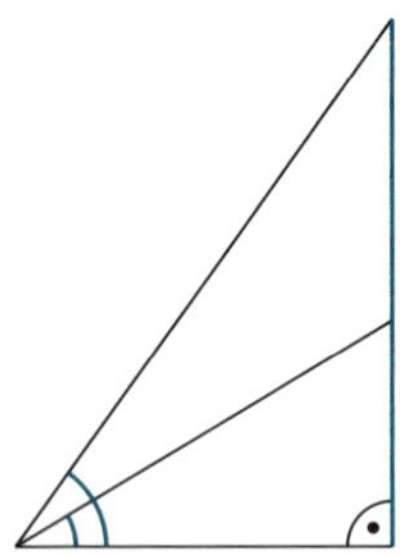

33. Die gefahrene Strecke ist die Hypotenuse eines rechtwinkligen Dreiecks, dessen eine Kathete der gegebene Höhenunterschied ist. Diese Kathete liegt gegenüber des gesuchten Steigungswinkels α. Es sind somit die Hypotenuse und die Gegenkathete gegeben.

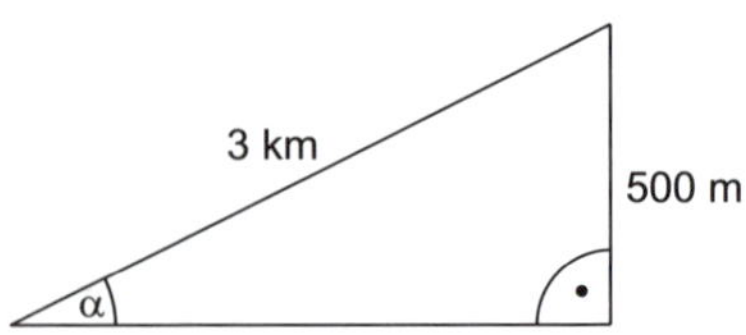

Es gilt:

$$\sin\alpha = \frac{500\ \text{m}}{3\ \text{km}}$$

$$\alpha = \sin^{-1}\left(\frac{500\ \text{m}}{3\,000\ \text{m}}\right) \approx 9{,}6°$$

Der Steigungswinkel beträgt **9,6°**.

Hinweise und Tipps:
Beachte, dass die Streckenlängen in die gleiche Einheit umgewandelt werden müssen.

34. a) Je größer der Winkel ist, desto höher ist die Reichweite der Leiter. Im rechtwinkligen Dreieck entspricht die Leiter der Hypotenuse, die Gegenkathete zum gegebenen Winkel $\alpha = 75°$ ist die gesuchte Höhe h. Sie kann mithilfe des Sinus berechnet werden.

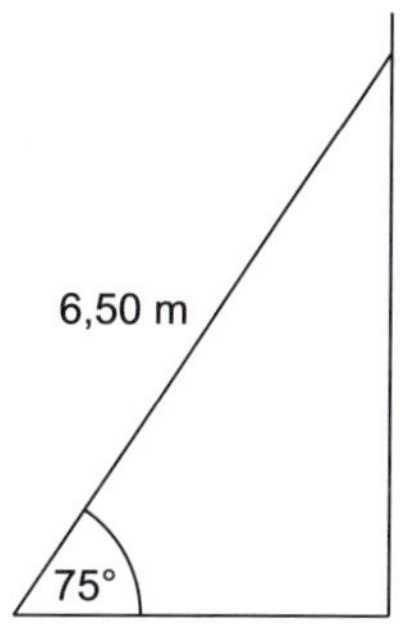

Ohne Einstiegsöffnung gilt:

$$\sin 75° = \frac{h}{6{,}5\ \text{m}}$$

$$h = 6{,}5\ \text{m} \cdot \sin 75° \approx \mathbf{6{,}3\ m}$$

b) Mit Einstiegsöffnung verringert sich die Länge der Hypotenuse um drei Sprossenabstände.

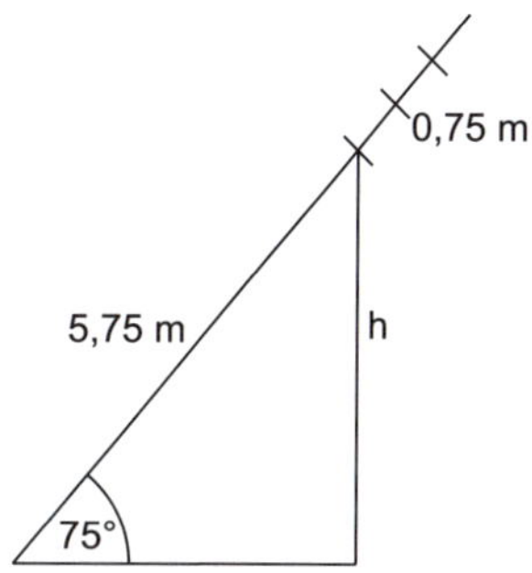

$$\sin 75° = \frac{h}{6{,}5\ \text{m} - 3 \cdot 0{,}25\ \text{m}}$$

$$h = 5{,}75\ \text{m} \cdot \sin 75° \approx \mathbf{5{,}6\ m}$$

Beachte, dass das Fensterbrett nicht mindestens drei Sprossenabstände unterhalb der in a bestimmten höchsten Berührstelle liegen muss, da die Länge entlang der schräg gestellten Leiter nicht der Höhendifferenz entlang der senkrechten Hauswand entspricht.

35. Gesucht ist die Länge der Hypotenuse des vom Hang gebildeten rechtwinkligen Dreiecks.
Für den zurückgelegten Höhenunterschied gilt:
$h = 2\,345\ \text{m} - 2\,223\ \text{m} = 122\ \text{m}$

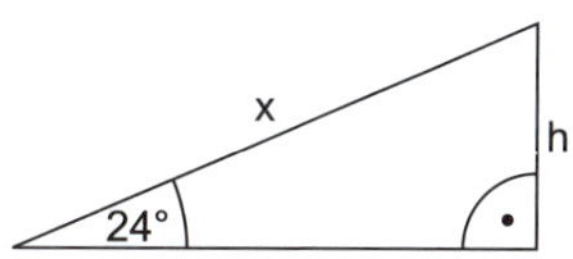

Damit gilt:

$$\sin 24° = \frac{h}{x}$$

$$x = \frac{h}{\sin 24°} = \frac{122 \text{ m}}{\sin 24°} \approx 300 \text{ m}$$

Aus der Geschwindigkeit und der zurückgelegten Strecke lässt sich die dafür benötigte Zeit berechnen:

$$v = \frac{s}{t} \quad \Rightarrow \quad t = \frac{s}{v} = \frac{300 \text{ m}}{20 \frac{\text{km}}{\text{h}}} = \frac{0{,}300 \text{ km}}{20 \frac{\text{km}}{\text{h}}} = 0{,}015 \text{ h} = 0{,}9 \text{ min} = 54 \text{ s}$$

Der Skifahrer benötigt etwa **54 s**.

36. a) Für den Flächeninhalt eines Dreiecks gilt:

$$A = \frac{1}{2} \cdot c \cdot h_c$$

h_c lässt sich mithilfe von α und b bestimmen:

$$\sin \alpha = \frac{h_c}{b} \quad \Rightarrow \quad h_c = b \cdot \sin \alpha$$

$$A = \frac{1}{2} \cdot c \cdot b \cdot \sin \alpha$$

$$= \frac{1}{2} \cdot 3{,}5 \text{ cm} \cdot 5 \text{ cm} \cdot \sin 30°$$

$$= \mathbf{4{,}375 \text{ cm}^2}$$

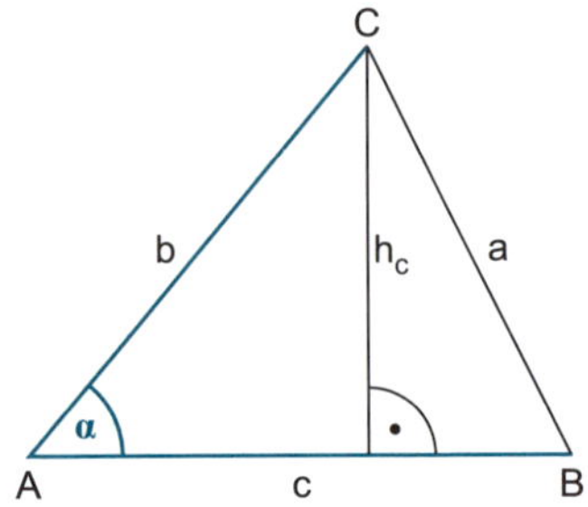

b) Sind α, b und c gegeben, so ergibt sich die entsprechende Formel aus der Überlegung zu Teilaufgabe a:

$$A = \frac{1}{2} \cdot c \cdot b \cdot \sin \alpha$$

Die Überlegung lässt sich auf die beiden anderen Konstellationen gegebener Größen übertragen:

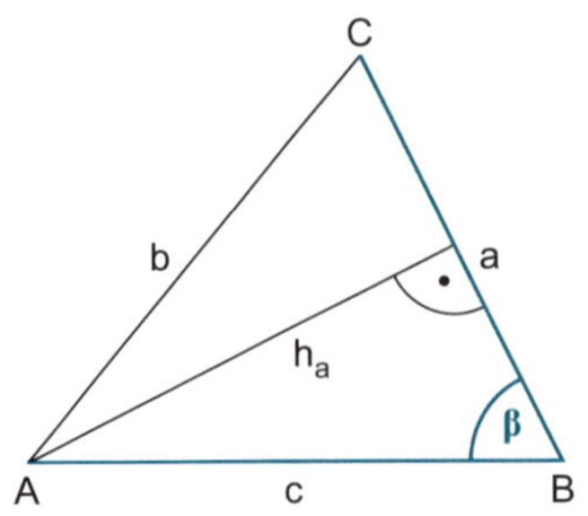

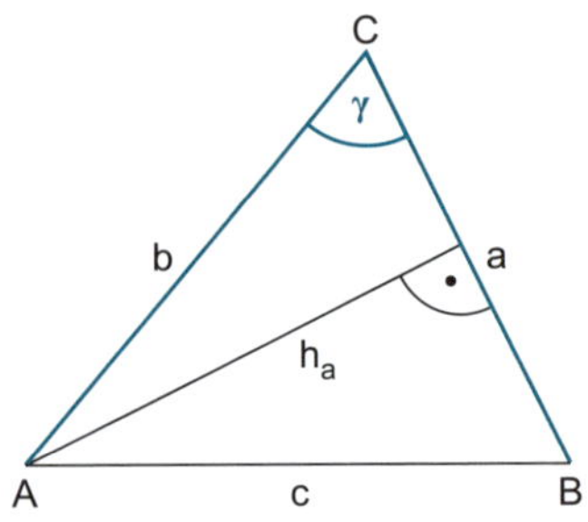

Für die Berechnung des Flächeninhalts wird immer eine Höhe und die entsprechende Grundseite benötigt.

Die Höhe h_a lässt sich aus β und c oder aus γ und b berechnen:

$$\sin\beta = \frac{h_a}{c} \quad \Rightarrow \quad h_a = c \cdot \sin\beta$$

$$\sin\gamma = \frac{h_a}{b} \quad \Rightarrow \quad h_a = b \cdot \sin\gamma \qquad (*)$$

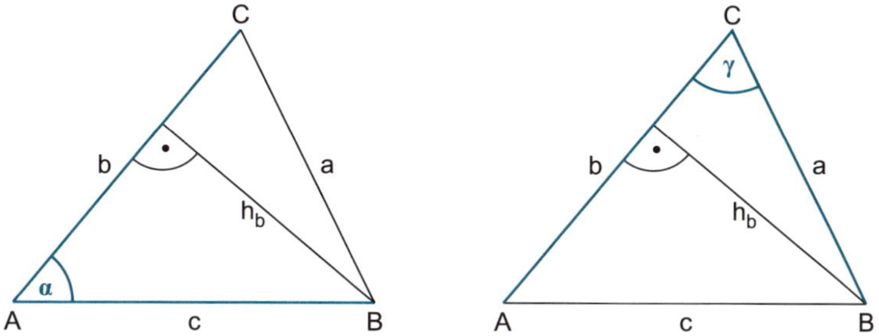

Ebenso wird mithilfe von α und c oder γ und a die Höhe h_b bestimmt:

$$\sin\alpha = \frac{h_b}{c} \quad \Rightarrow \quad h_b = c \cdot \sin\alpha$$

$$\sin\gamma = \frac{h_b}{a} \quad \Rightarrow \quad h_b = a \cdot \sin\gamma \qquad (**)$$

Letztendlich lässt sich die Höhe h_c durch β und a oder durch α und b ausdrücken:

$$\sin\beta = \frac{h_c}{a} \quad \Rightarrow \quad h_c = a \cdot \sin\beta$$

$$\sin\alpha = \frac{h_c}{b} \quad \Rightarrow \quad h_c = b \cdot \sin\alpha$$

Es fällt auf, dass sowohl in (*) als auch in (**) der Winkel γ enthalten ist. Während bei der Flächenberechnung mithilfe von (*) die zur Höhe h_a gehörende Grundseite a notwendig ist, benötigt man bei Verwendung von (**) die Seite b. In beiden Fällen ergibt sich für den Flächeninhalt die gleiche Formel:

$$(*) \quad \Rightarrow \quad A = \frac{1}{2} \cdot a \cdot h_a = \frac{1}{2} \cdot a \cdot b \cdot \sin\gamma$$

$$(**) \quad \Rightarrow \quad A = \frac{1}{2} \cdot b \cdot h_b = \frac{1}{2} \cdot b \cdot a \cdot \sin\gamma = \frac{1}{2} \cdot a \cdot b \cdot \sin\gamma \text{ (Kommutativgesetz)}$$

In entsprechender Weise führen die insgesamt sechs Möglichkeiten zur Darstellung der drei Höhen des Dreiecks lediglich auf drei prinzipiell unterschiedliche Formeln für den Flächeninhalt:

$$A = \frac{1}{2} \cdot a \cdot h_a = \frac{1}{2} \cdot a \cdot c \cdot \sin \beta$$

oder:

$$A = \frac{1}{2} \cdot b \cdot h_b = \frac{1}{2} \cdot b \cdot a \cdot \sin \gamma$$

oder:

$$A = \frac{1}{2} \cdot c \cdot h_c = \frac{1}{2} \cdot c \cdot b \cdot \sin \alpha$$

37. Aus der Wanderkarte lässt sich nur die senkrechte Projektion des Weges ablesen. Die tatsächliche Länge ergibt sich als Hypotenuse eines rechtwinkligen Dreiecks. Bekannt sind hier der Steigungswinkel α und dessen Ankathete. Es gilt:

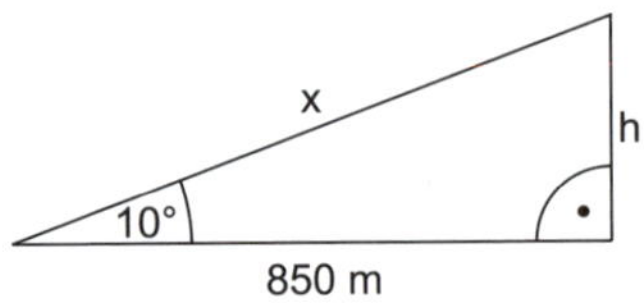

$$\cos 10° = \frac{850\text{ m}}{x}$$

$$x = \frac{850\text{ m}}{\cos 10°} \approx 863\text{ m}$$

Den Höhenunterschied kann man entweder unter Verwendung von Sinus oder Tangens oder mithilfe des Satzes von Pythagoras bestimmen:

$$h = \sqrt{(863\text{ m})^2 - (850\text{ m})^2} \approx 149\text{ m}$$

Es werden tatsächlich **863 m** zurückgelegt und der Höhenunterschied beträgt **149 m**.

38. a) Die Leiter entspricht der Hypotenuse eines rechtwinkligen Dreiecks, in dem ein Winkel und dessen Ankathete gegeben sind. Es gilt:

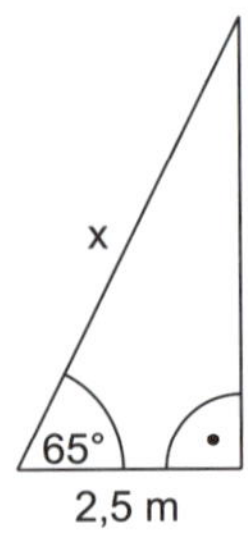

$$\cos 65° = \frac{2{,}5\text{ m}}{x}$$

$$x = \frac{2{,}5\text{ m}}{\cos 65°} \approx 5{,}9\text{ m}$$

Die Leiter muss mindestens **5,9 m** lang sein.

b) Bekannt sind der Winkel α sowie die Hypotenuse (Leiterlänge). Gesucht ist die Ankathete von α. Es gilt:

$$\cos 57° = \frac{y}{5{,}9\text{ m}}$$

$y = 5{,}9\text{ m} \cdot \cos 57° \approx 3{,}2\text{ m}$

Der Krokodilgraben darf höchstens **3,2 m** breit sein.

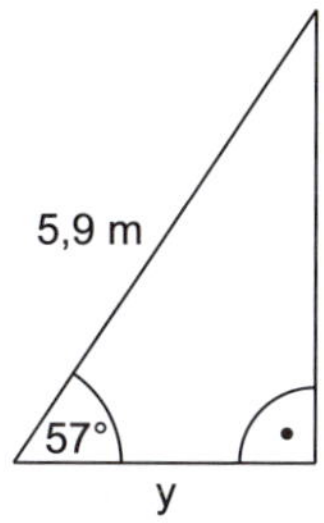

39. Das in nebenstehender Zeichnung markierte Dreieck bietet sich an. Die Länge der Hypotenuse entspricht der Leistenlänge. Unter Berücksichtigung der Eigenschaften von Winkeln an parallelen Geradenpaaren ergibt sich der eingezeichnete Winkel als Hälfte des Schnittwinkels der Leisten. Gesucht ist nun die Ankathete. Es gilt:

$$\cos\left(\frac{106°}{2}\right) = \frac{b}{1{,}0\text{ m}}$$

$b = 1{,}0\text{ m} \cdot \cos 53° \approx 0{,}60\text{ m}$

Das Regal ist **60 cm** breit.

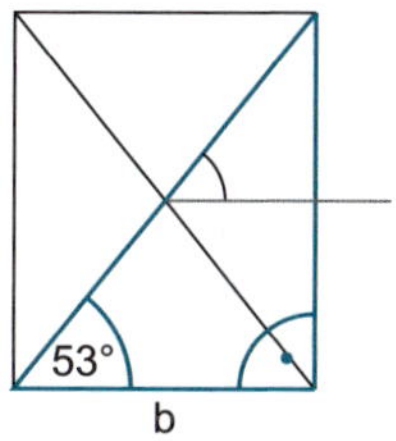

40. Auch bei geneigtem Regal befindet sich der Schwerpunkt S immer auf Höhe der durch die Mitten der Seitenteile verlaufenden Parallele zum Boden und 20 cm von den Seiten entfernt.

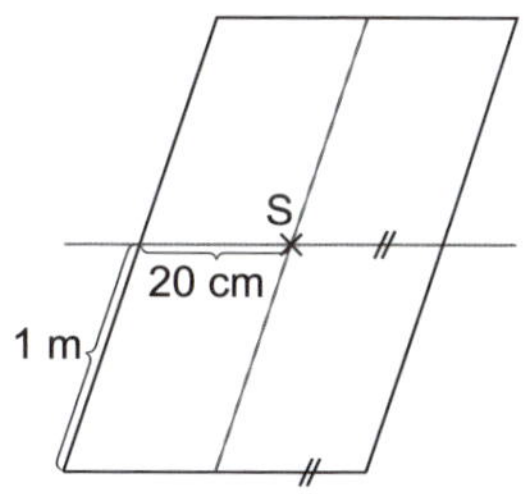

a) Das Regal kippt um, wenn der Fußpunkt F des Lotes vom Schwerpunkt S außerhalb des Regalbodens liegt, wenn also der Abstand d zwischen Fußpunkt F und Regalecke größer als 40 cm ist.

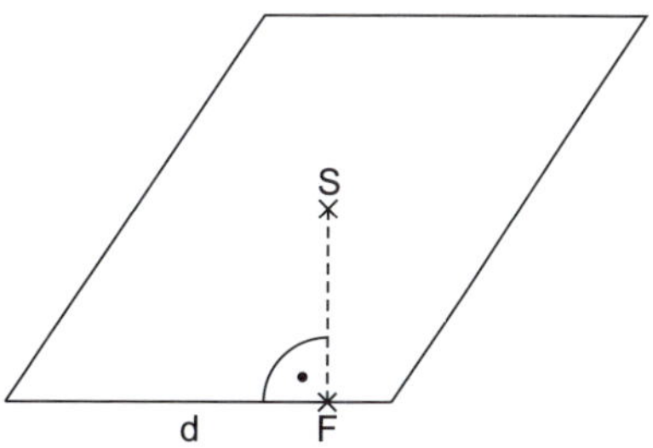

Der Abstand d berechnet sich mithilfe des in nebenstehender Zeichnung eingezeichneten rechtwinkligen Dreiecks.
Es gilt:

$$\cos 75° = \frac{x}{1{,}0\ \text{m}}$$

$$x = 1{,}0\ \text{m} \cdot \cos 75° \approx 0{,}26\ \text{m}$$

$$d = x + 0{,}20\ \text{m} = 0{,}46\ \text{m}$$

Das Regal kippt also um.

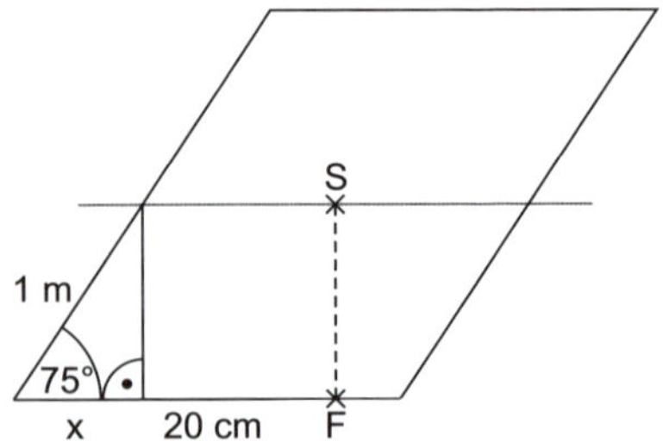

b) Gesucht ist nun jener Grenzwinkel, der zu einer horizontalen Verschiebung x des Schwerpunktes um 20 cm führt. Dann ist der Abstand d genau 40 cm groß und der Schwerpunkt liegt gerade noch im Bereich der Auflagefläche.

$$\cos \alpha = \frac{0{,}2\ \text{m}}{1{,}0\ \text{m}}$$

$$\alpha = \cos^{-1}\left(\frac{0{,}20\ \text{m}}{1{,}0\ \text{m}}\right) \approx 78{,}46\ldots°$$

Der Winkel muss mindestens **78,5°** betragen.

Beachte: Wenn man den Winkel wie sonst üblich auf Grad rundet, würde man 78° erhalten. Bei dieser Neigung würde das Regal aber bereits kippen. Also entweder auf eine Dezimalstelle runden oder mit entsprechendem Hinweis 79° als Grenzwinkel angeben.

41. a) etwa **26,5°**

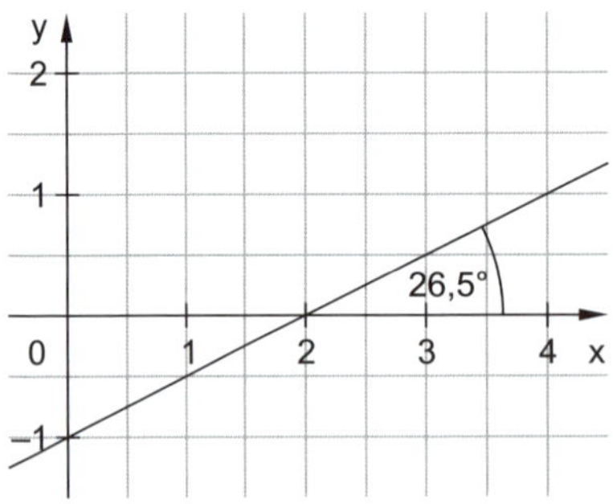

b) 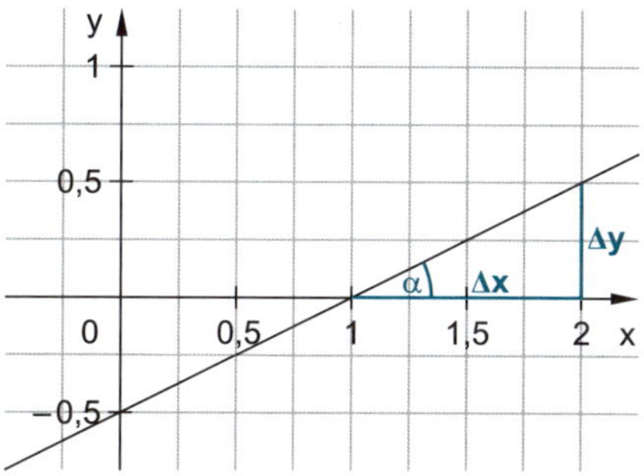

Hinweise und Tipps:
Zeichne ein Steigungsdreieck ein, das den Neigungswinkel beinhaltet.

Wählt man $\ell = 1$, so gilt für den Neigungswinkel:

$$\tan\alpha = \frac{\Delta y}{\Delta x} = m,$$

wobei m die Steigung der Geraden ist.
Für die in Teilaufgabe a gezeichnete Gerade gilt:
$m = 0{,}5$
Für den gemessenen Winkel lässt sich mithilfe des Taschenrechners der Tangens bestimmen:
$\tan^{-1} 0{,}5 \approx \mathbf{26{,}5°}$

c) $m = 2 \;\Rightarrow\; \tan\alpha = 2$
$\alpha = \tan^{-1} 2 \approx \mathbf{63{,}4°}$

d) Die Geradengleichung lautet allgemein: $y = m \cdot x + t$
Mithilfe des Neigungswinkels lässt sich die Steigung bestimmen:
$m = \tan 31° \approx 0{,}6 \;\Rightarrow\; y = 0{,}6 \cdot x + t$
t lässt sich mithilfe des gegebenen Punktes bestimmen, indem man nach t auflöst und dessen Koordinaten in die Geradengleichung einsetzt.
$t = y - 0{,}6 \cdot x$
$t = 4 - 0{,}6 \cdot 5$
$t = 1$
$\Rightarrow\; \mathbf{y = 0{,}6 \cdot x + 1}$

42. a) 20 % lässt sich als Bruch schreiben. Zum Beispiel:

$$20\,\% = \frac{20}{100},$$

d. h., man gewinnt 20 m an Höhe, wenn man sich 100 m in horizontaler Richtung bewegt.

b) Maßstab 1 : 25 000 bedeutet, dass 1 cm auf der Karte in der Wirklichkeit 25 000 cm = 250 m entsprechen.
4,5 cm Entfernung auf der Karte entspricht also einer Entfernung von $4{,}5 \cdot 250\text{ m} = 1\,125\text{ m}$.

Die Steigung berechnet sich aus dem Verhältnis des Höhenunterschieds zum waagrecht zurückgelegten Weg:

$$\frac{2\,650\text{ m} - 2\,400\text{ m}}{1125\text{ m}} \approx 0{,}22 = \mathbf{22\ \%}$$

Für den Neigungswinkel gilt:

$$\tan\alpha = \frac{2\,650\text{ m} - 2\,400\text{ m}}{1125\text{ m}} \quad\Rightarrow\quad \alpha = \tan^{-1}\left(\frac{2\,650\text{ m} - 2\,400\text{ m}}{1125\text{ m}}\right) \approx \mathbf{12{,}5°}$$

43.

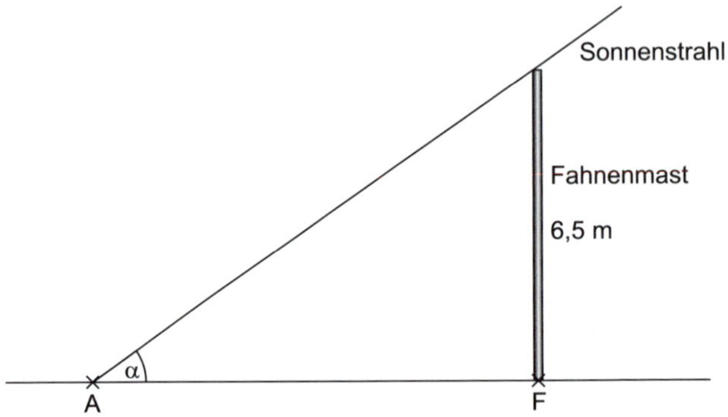

Je höher die Sonne steht, desto kürzer werden die Schatten. Der Schattenwurf ist also minimal, wenn α am größten ist.
Die gesuchte Größe ist $\overline{AF}$. Es gilt:

$$\tan\alpha = \frac{6{,}5\text{ m}}{\overline{AF}}$$

$$\overline{AF} = \frac{6{,}5\text{ m}}{\tan 66°} \approx 2{,}9\text{ m}$$

Der minimale Schatten ist also **2,9 m** lang.

44. Mithilfe des Satzes von Pythagoras kann die Breite des Brettes bestimmt werden:

$$\ell = \sqrt{(30\text{ cm})^2 + (20\text{ cm})^2} \approx 36\text{ cm}$$

Das Brett ist 40 cm lang und 36 cm breit und hat somit eine Fläche von:
$A = 40\text{ cm} \cdot 36\text{ cm} = 1\,440\text{ cm}^2 = \mathbf{14{,}4\ dm^2}$

Der Neigungswinkel kann mithilfe von Sinus, Kosinus oder Tangens bestimmt werden:

$$\tan\alpha = \frac{20\text{ cm}}{30\text{ cm}} \quad\Rightarrow\quad \alpha = \tan^{-1}\frac{2}{3} \approx \mathbf{33{,}7°}$$

45. a) Mithilfe des Satzes von Pythagoras und des Dreiecks EFS kann man die Treppenlänge bestimmen. Die Länge $\overline{EF}$ entspricht der Hälfte einer Seite, also $\frac{1}{2}\overline{AB}$.

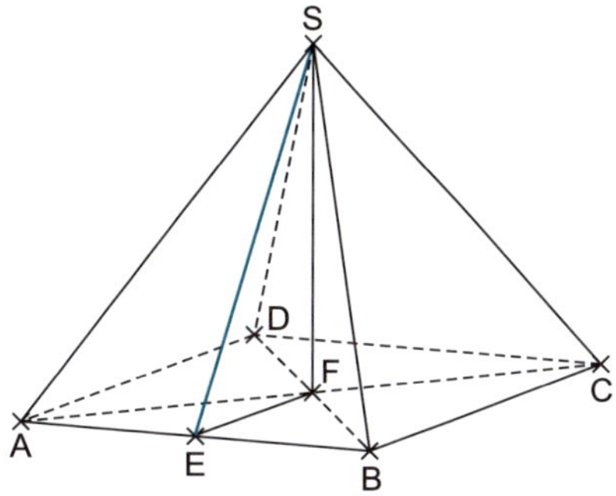

$$\overline{ES} = \sqrt{\overline{EF}^2 + \overline{FS}^2} = \sqrt{\left(\frac{1}{2}\cdot\overline{AB}\right)^2 + \overline{FS}^2} = \sqrt{\left(\frac{1}{2}\cdot 55\text{ m}\right)^2 + (30\text{ m})^2} \approx \mathbf{40{,}7\ m}$$

b) Für den Neigungswinkel ∢ FES gilt:

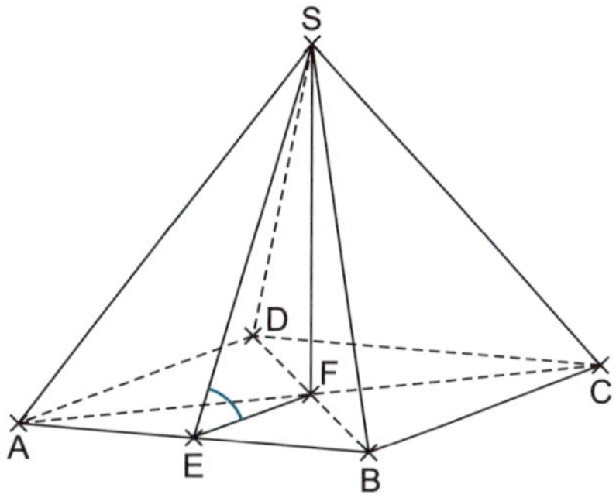

$$\tan ∢\,\text{FES} = \frac{\overline{SF}}{\overline{EF}} \Rightarrow$$

$$∢\,\text{FES} = \tan^{-1}\frac{\overline{SF}}{\overline{EF}} = \tan^{-1}\frac{\overline{SF}}{\frac{1}{2}\cdot\overline{AB}} = \tan^{-1}\frac{30\text{ m}}{\frac{1}{2}\cdot 55\text{ m}} \approx \mathbf{47{,}5°}$$

c) Für den Neigungswinkel ∢ FAS gilt:

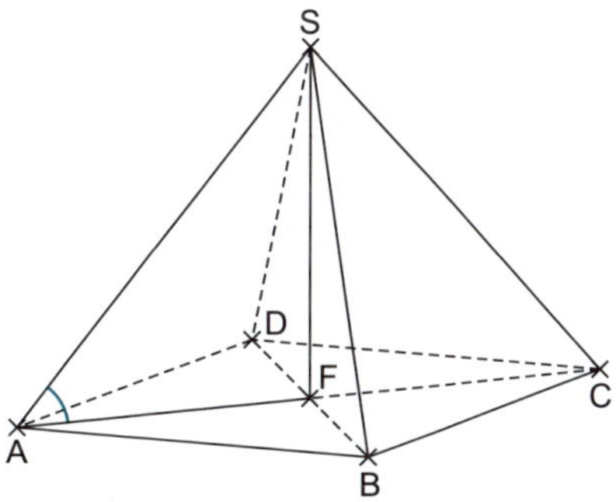

$$\tan ∢\,\text{FAS} = \frac{\overline{SF}}{\overline{AF}}$$

$\overline{AF}$ ist die Hälfte der Diagonale der Grundfläche ABCD.

$$\overline{AF} = \frac{1}{2}\sqrt{\overline{AB}^2 + \overline{BC}^2} = \frac{1}{2}\sqrt{(55\text{ m})^2 + (55\text{ m})^2} \approx 38{,}9\text{ m}$$

$$∢\,\text{FAS} = \tan^{-1}\frac{\overline{SF}}{\overline{AF}} = \tan^{-1}\frac{30\text{ m}}{38{,}9\text{ m}} \approx \mathbf{37{,}6°}$$

46. a) Da nicht angegeben ist, zu welcher Brückenseite der 40°-Winkel gehört, könnte man das Dreieck auch gespiegelt zeichnen.

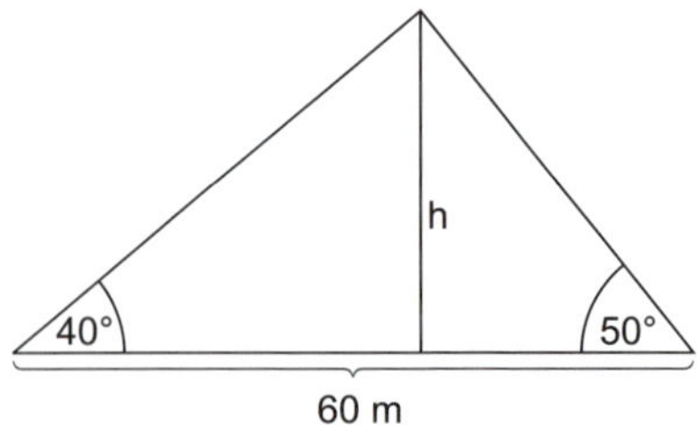

b) Es gilt:

(1) $\tan 40° = \frac{h}{\ell_1}$

(2) $\tan 50° = \frac{h}{\ell_2}$

Für ℓ_1 und ℓ_2 gilt:
(3) $\ell_1 + \ell_2 = 60\text{ m}$

Hinweise und Tipps:
Zerlege das Dreieck in zwei rechtwinklige Teildreiecke und wende den Tangens an.

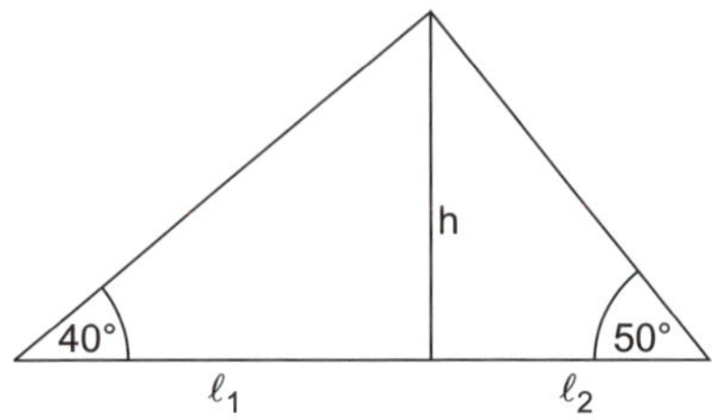

Man hat es hier mit einem linearen Gleichungssystem mit drei Gleichungen und drei Unbekannten zu tun, das eindeutig lösbar ist. Hierfür gibt es mehrere Möglichkeiten, die mehr oder weniger schnell zum Ziel führen: das Gleichsetzungsverfahren, das Einsetzungsverfahren oder das Additionsverfahren.
Am besten verwendet man hier das Einsetzungsverfahren. Dazu werden die Gleichungen (1) und (2) nach ℓ_1 bzw. ℓ_2 aufgelöst und in Gleichung (3) eingesetzt.

$\ell_1 = \frac{h}{\tan 40°}$ $\qquad$ $\ell_2 = \frac{h}{\tan 50°}$

Eingesetzt ergibt dies:

$$\frac{h}{\tan 40°} + \frac{h}{\tan 50°} = 60\text{ m}$$

Nun muss nur noch nach h aufgelöst werden.

$$h \cdot \frac{1}{\tan 40°} + h \cdot \frac{1}{\tan 50°} = 60\text{ m}$$ h ausklammern

$$h \cdot \left(\frac{1}{\tan 40°} + \frac{1}{\tan 50°}\right) = 60\text{ m}$$ $\left| : \left(\frac{1}{\tan 40°} + \frac{1}{\tan 50°}\right)\right.$

$$h = \frac{60\text{ m}}{\frac{1}{\tan 40°} + \frac{1}{\tan 50°}} \approx \mathbf{29{,}5\text{ m}}$$

47. a) Die Verhältnisse für Sinus, Kosinus und Tangens gelten nur im rechtwinkligen Dreieck.
Indem man die Höhe h_c einzeichnet, erhält man zwei rechtwinklige Dreiecke, mit deren Hilfe die gesuchten Größen bestimmt werden können.

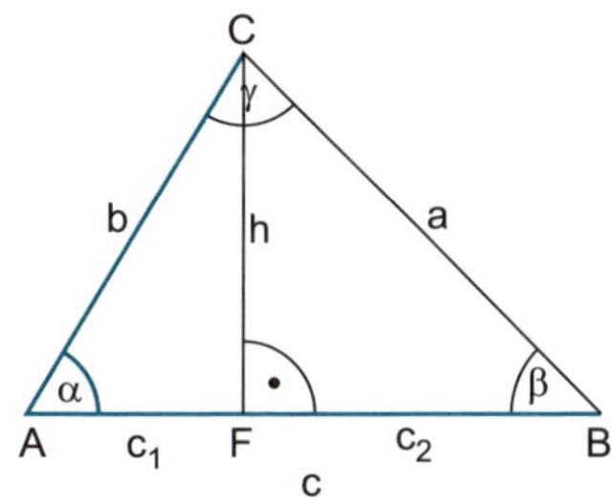

$$\sin\alpha = \frac{h}{b} \quad\Rightarrow\quad h = b \cdot \sin\alpha = 7\text{ cm} \cdot \sin 53° \approx 5{,}59\text{ cm}$$

$$\cos\alpha = \frac{c_1}{b} \quad\Rightarrow\quad c_1 = b \cdot \cos\alpha = 7\text{ cm} \cdot \cos 53° \approx 4{,}21\text{ cm}$$

$$c_2 = c - c_1 \approx 7{,}4\text{ cm} - 4{,}21\text{ cm} = 3{,}19\text{ cm}$$

$$\tan\beta = \frac{h}{c_2} \quad\Rightarrow\quad \beta = \tan^{-1}\left(\frac{h}{c_2}\right) = \tan^{-1}\left(\frac{5{,}59\text{ cm}}{3{,}19\text{ cm}}\right) \approx \mathbf{60{,}29°}$$

Mithilfe der Winkelsumme im Dreieck lässt sich γ bestimmen:
$\gamma = 180° - \alpha - \beta = 180° - 53° - 60{,}29° = \mathbf{66{,}71°}$

$$\sin\beta = \frac{h}{a} \quad\Rightarrow\quad a = \frac{h}{\sin\beta} = \frac{5{,}59\text{ cm}}{\sin 60{,}29°} \approx \mathbf{6{,}44\text{ cm}}$$

$$A = \frac{1}{2} \cdot h \cdot c = \frac{1}{2} \cdot 5{,}59\text{ cm} \cdot 7{,}4\text{ cm} \approx \mathbf{20{,}68\text{ cm}^2}$$

b) $\gamma = 180° - \alpha - \beta = 180° - 45° - 60° = \mathbf{75°}$
(Winkelsumme im Dreieck)
Die Höhe h_c hilft in diesem Fall nicht weiter, weil man die Länge der Teilabschnitte c_1 und c_2 nicht kennt. Aber die anderen beiden Höhen führen zum gewünschten Ziel.

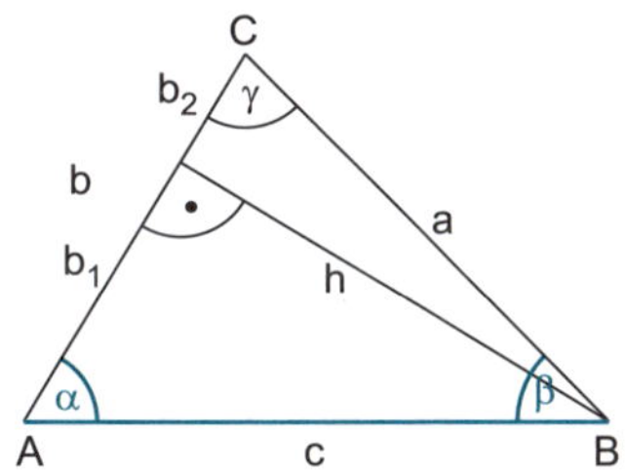

$$\cos\alpha = \frac{b_1}{c} \quad\Rightarrow\quad b_1 = c \cdot \cos\alpha = 4\text{ cm} \cdot \cos 45° = 4\text{ cm} \cdot \frac{\sqrt{2}}{2} = 2\sqrt{2}\text{ cm}$$

$$h = \sqrt{c^2 - b_1^2} = \sqrt{(4\text{ cm})^2 - (2\sqrt{2}\text{ cm})^2} = \sqrt{16\text{ cm}^2 - 8\text{ cm}^2} = \sqrt{8\text{ cm}^2} = 2\sqrt{2}\text{ cm}$$

$$\tan\gamma = \frac{h}{b_2} \quad\Rightarrow\quad b_2 = \frac{h}{\tan\gamma} = \frac{2\sqrt{2}\text{ cm}}{\tan 75°} \approx 0{,}76\text{ cm}$$

$$b = b_1 + b_2 = 2\sqrt{2}\text{ cm} + 0{,}76\text{ cm} \approx \mathbf{3{,}59\text{ cm}}$$

$$\sin\gamma = \frac{h}{a} \quad\Rightarrow\quad a = \frac{h}{\sin\gamma} = \frac{2\sqrt{2}\text{ cm}}{\sin 75°} \approx \mathbf{2{,}93\text{ cm}}$$

$$A = \frac{1}{2}\cdot h\cdot b = \frac{1}{2}\cdot 2\sqrt{2}\text{ cm}\cdot 3{,}59\text{ cm} \approx \mathbf{5{,}08\text{ cm}^2}$$

48. a) x_p entspricht der Länge $\overline{OA}$ im rechtwinkligen Dreieck OAP, y_p entspricht der Länge $\overline{AP}$. Da P auf dem Kreis mit Radius 1 liegt, gilt $\overline{OP} = 1$.
Es gilt außerdem:

$$\sin\alpha = \frac{\overline{AP}}{\overline{OP}} = \frac{\overline{AP}}{1} = \overline{AP} = y_p$$

$$\cos\alpha = \frac{\overline{OA}}{\overline{OP}} = \frac{\overline{OA}}{1} = \overline{OA} = x_p$$

Für die Koordinaten von P gilt somit:
P(cos α | sin α)

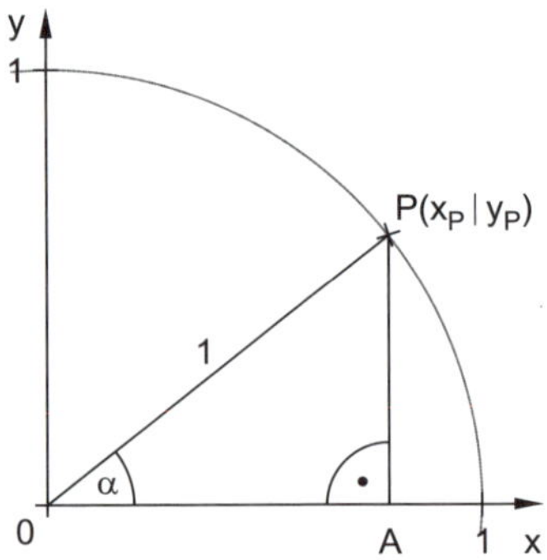

b) Da die Tangente an einen Kreis mit der Verbindung zwischen Berührpunkt und Kreismittelpunkt einen rechten Winkel einschließt, ist das Dreieck OFA rechtwinklig. Da F auf dem Einheitskreis liegt, gilt $\overline{OF} = 1$.
Daraus lässt sich folgern:

$$\tan\alpha = \frac{\overline{AF}}{\overline{OF}} = \frac{\overline{AF}}{1} = \overline{AF}$$

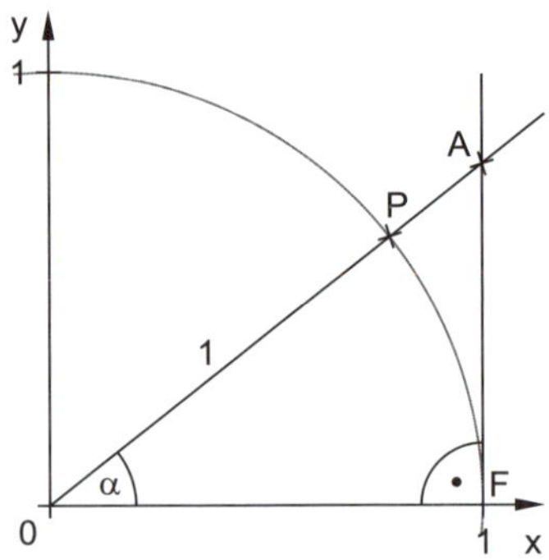

49. a) Länge der Abkürzung a:

$$\cos 35° = \frac{50\text{ m}}{a}$$

$$a = \frac{50\text{ m}}{\cos 35°} \approx 61\text{ m}$$

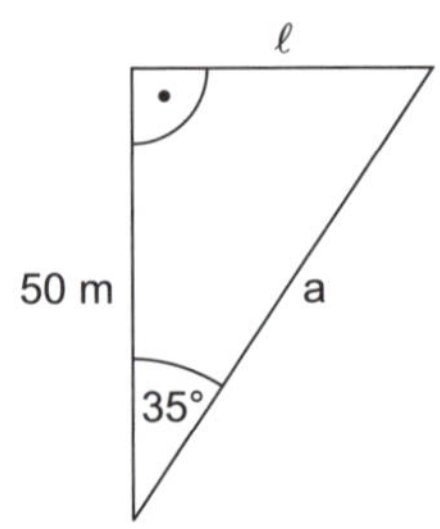

Länge des nicht abgekürzten Weges, der sich aus zwei Stücken zusammensetzt:

$$\tan 35° = \frac{\ell}{50\text{ m}}$$

$$\ell = 50\text{ m} \cdot \tan 35° \approx 35\text{ m}$$

Gesamtlänge: $50\text{ m} + 35\text{ m} = 85\text{ m}$

Wegersparnis: $85\text{ m} - 61\text{ m} = \mathbf{24\text{ m}}$

b) In der Zeit, die sie für die ursprüngliche Strecke benötigen würde, legt sie mit zwei Drittel der Geschwindigkeit zwei Drittel der Strecke zurück:

$$85\text{ m} \cdot \frac{2}{3} \approx 56{,}7\text{ m}$$

Da die „Abkürzung“ aber 61 m lang ist, braucht sie länger als auf dem ursprünglichen Weg.

50. a) Der Flächeninhalt eines Parallelogramms entspricht dem Produkt aus Höhe und zugehöriger Grundseite. Die Höhe kann mithilfe des Sinus des gegebenen Winkels und der schräg nach oben verlaufenden Seite berechnet werden.

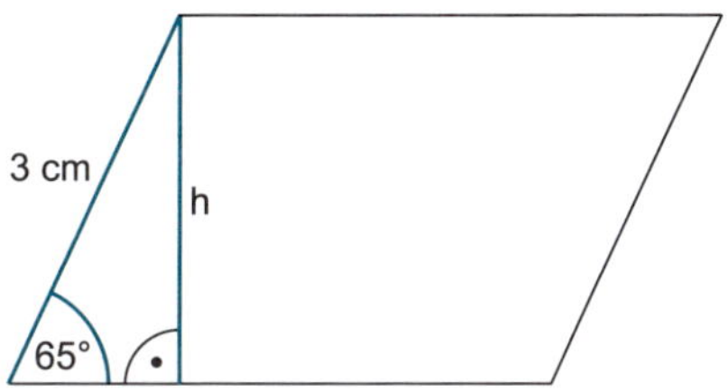

$$\sin 65° = \frac{h}{3\text{ cm}} \quad \Rightarrow \quad h = 3\text{ cm} \cdot \sin 65° \approx 2{,}72\text{ cm}$$

$$A = g \cdot h = 4\text{ cm} \cdot 2{,}72\text{ cm} = \mathbf{10{,}88\text{ cm}^2}$$

b) Das Trapez lässt sich in zwei rechtwinklige Dreiecke und ein Rechteck zerlegen.

$$A = \frac{1}{2} \cdot a_1 \cdot h + a_2 \cdot h + \frac{1}{2} \cdot a_3 \cdot h$$

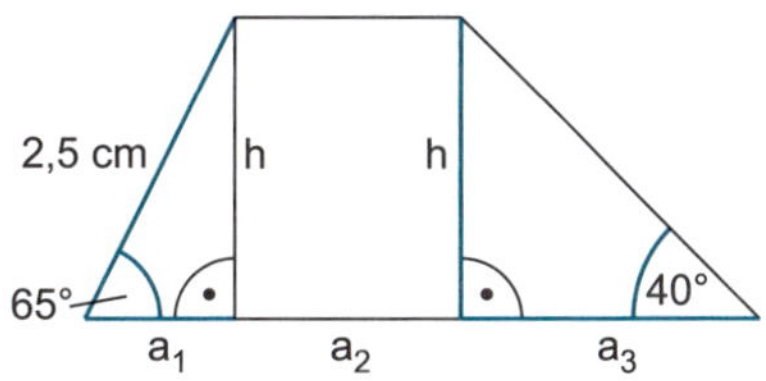

Die Höhe erhält man analog zu Teilaufgabe a aus dem linken Teildreieck:

$$\sin 65° = \frac{h}{2{,}5\text{ cm}} \quad \Rightarrow \quad h = 2{,}5\text{ cm} \cdot \sin 65° \approx 2{,}27\text{ cm}$$

a_1 berechnet man mithilfe des Kosinus:

$$\cos 65° = \frac{a_1}{2{,}5\text{ cm}} \quad \Rightarrow \quad a_1 = 2{,}5\text{ cm} \cdot \cos 65° \approx 1{,}06\text{ cm}$$

a_3 berechnet man anhand des rechten Teildreiecks und der vorher bestimmten Höhe:

$$\tan 40° = \frac{h}{a_3} \quad \Rightarrow \quad a_3 = \frac{h}{\tan 40°} = \frac{2,27\text{ cm}}{\tan 40°} \approx 2,71\text{ cm}$$

Für a_2 gilt:

$a_2 = 6\text{ cm} - a_1 - a_3 = 6\text{ cm} - 1,06\text{ cm} - 2,71\text{ cm} = 2,23\text{ cm}$

$$A = \frac{1}{2} \cdot a_1 \cdot h + a_2 \cdot h + \frac{1}{2} \cdot a_3 \cdot h$$

$$= \frac{1}{2} \cdot 1,06\text{ cm} \cdot 2,27\text{ cm} + 2,23\text{ cm} \cdot 2,27\text{ cm} + \frac{1}{2} \cdot 2,71\text{ cm} \cdot 2,27\text{ cm}$$

$$\approx \mathbf{9,34\text{ cm}^2}$$

Alternativ kann auch die Formel für Trapeze verwendet werden:

$$A = \frac{1}{2} \cdot (a + c) \cdot h,$$

wobei a und c die parallelen Seiten sind. c erhält man wiederum mithilfe von a_1 und a_3.

c) Man zerlegt den Drachen mithilfe der Diagonalen in vier rechtwinklige Dreiecke. Je zwei der Dreiecke sind kongruent zueinander und haben den gleichen Flächeninhalt. Da die Dreiecke rechtwinklig sind, berechnet sich ihr Flächeninhalt aus dem Produkt der Katheten geteilt durch 2.

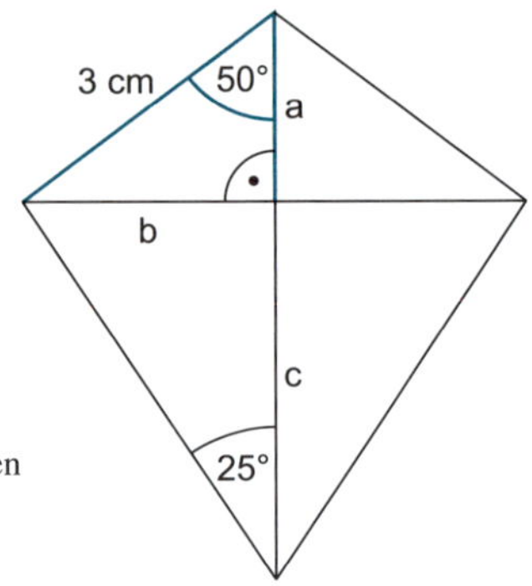

$$A = 2 \cdot A_{\text{Dreieck links oben}} + 2 \cdot A_{\text{Dreieck links unten}}$$

$$= 2 \cdot \frac{1}{2} \cdot a \cdot b + 2 \cdot \frac{1}{2} \cdot b \cdot c = a \cdot b + b \cdot c$$

Es gilt:

$$\cos 50° = \frac{a}{3\text{ cm}} \quad \Rightarrow \quad a = 3\text{ cm} \cdot \cos 50° \approx 1,93\text{ cm}$$

$$\sin 50° = \frac{b}{3\text{ cm}} \quad \Rightarrow \quad b = 3\text{ cm} \cdot \sin 50° \approx 2,30\text{ cm}$$

$$\tan 25° = \frac{b}{c} \quad \Rightarrow \quad c = \frac{b}{\tan 25°} = \frac{2,30\text{ cm}}{\tan 25°} \approx 4,93\text{ cm}$$

$$A = a \cdot b + b \cdot c = 1,93\text{ cm} \cdot 2,30\text{ cm} + 2,30\text{ cm} \cdot 4,93\text{ cm} \approx \mathbf{15,78\text{ cm}^2}$$

51. a) Die Gewichtskraft der Kugel lässt sich in die Hangabtriebskraft und die Normalkraft zerlegen. Die Hangabtriebskraft beschleunigt die Kugel den Hang hinunter und verläuft parallel zur schiefen Ebene. Die Normalkraft ist die Kraft, mit der die Kugel auf die schiefe Ebene drückt, sie zeigt senkrecht zur schiefen Ebene.

In nebenstehender Zeichnung ist gut zu erkennen, dass die Normalkraft F_N und die Hangabtriebskraft F_H zwei Seiten eines Rechtecks darstellen, dessen Diagonale durch F_G gegeben ist. Da gegenüberliegende Seiten im Rechteck gleich lang sind und zueinander parallel liegen, sind F_N und F_H die Katheten eines rechtwinkligen Dreiecks mit der Hypotenuse F_G.

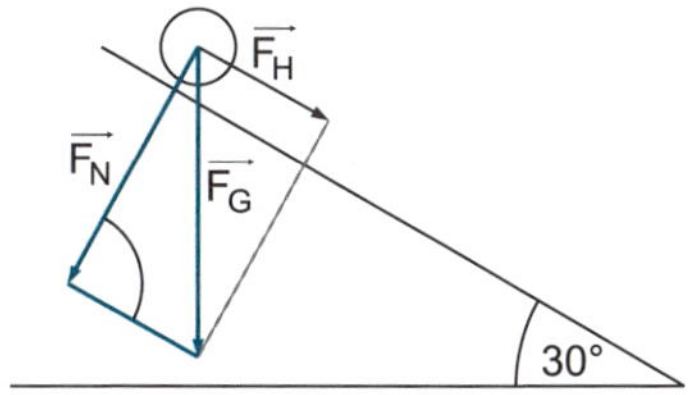

Da die Gewichtskraft F_G über die Beziehung $F_G = m \cdot g$ bekannt ist, lassen sich die gesuchten Kräfte einfach ermitteln, wenn einer der beiden an die Hypotenuse angrenzenden Winkel bekannt ist.

Die Vermutung liegt nahe, dass der Neigungswinkel der schiefen Ebene Einfluss auf die Winkel im betrachteten Kräftedreieck hat. Tatsächlich lässt sich durch eine geeignete Verschiebung des Dreiecks zeigen, dass der Winkel zwischen F_N und F_G dem Neigungswinkel der Ebene entspricht:

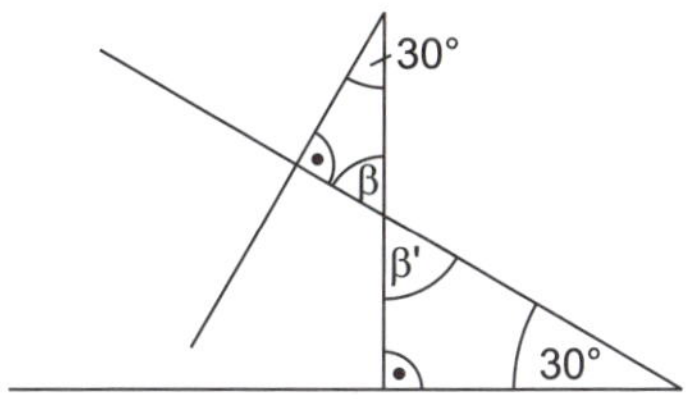

beide eingezeichneten Dreiecke sind rechtwinklig und die mit β und β' bezeichneten Winkel sind als Scheitelwinkel gleich groß, weshalb die verbleibenden beiden Winkel ebenfalls identisch sein müssen.

Die Verhältnisse im Kräftedreieck lassen sich im gerade gerückten Dreieck leichter überblicken.
Zu beachten ist hierbei, dass der als Neigungswinkel erkannte 30°-Winkel zwischen F_N und F_G liegt. Es gilt:

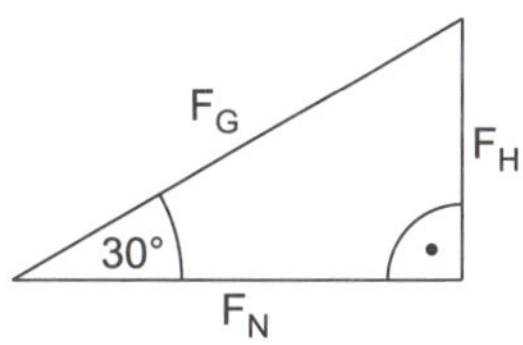

$$\sin 30° = \frac{F_H}{F_G} \text{ mit } F_G = m \cdot g$$

$$F_H = F_G \cdot \sin 30° = m \cdot g \cdot \sin 30° = 0{,}25\ \text{kg} \cdot 10\ \frac{\text{m}}{\text{s}^2} \cdot \sin 30° = \mathbf{1{,}25\ N}$$

$$\cos 30° = \frac{F_N}{F_G} \text{ mit } F_G = m \cdot g$$

$$F_N = F_G \cdot \cos 30° = m \cdot g \cdot \cos 30° = 0{,}25\ \text{kg} \cdot 10\ \frac{\text{m}}{\text{s}^2} \cdot \cos 30° \approx \mathbf{2{,}17\ N}$$

b) Mit den Überlegungen aus Teilaufgabe a folgt durch Ersetzen der 30° durch α:
$F_H = F_G \cdot \sin\alpha = m \cdot g \cdot \sin\alpha$
$F_N = F_G \cdot \cos\alpha = m \cdot g \cdot \cos\alpha$

c) $F_N + F_H = F_G \cdot \cos\alpha + F_G \cdot \sin\alpha = F_G \cdot (\cos\alpha + \sin\alpha)$
$F_N + F_H = F_G$ gilt somit nur, wenn $\cos\alpha + \sin\alpha = 1$ ist.
Mit $\cos\alpha = \frac{\text{Ankathete}}{\text{Hypotenuse}}$ und $\sin\alpha = \frac{\text{Gegenkathete}}{\text{Hypotenuse}}$ folgt:

$$\cos\alpha + \sin\alpha = \frac{\text{Ankathete}}{\text{Hypotenuse}} + \frac{\text{Gegenkathete}}{\text{Hypotenuse}} = \frac{\text{Ankathete + Gegenkathete}}{\text{Hypotenuse}}$$

In einem rechtwinkligen Dreieck ($0° < \alpha < 90°$) ist die Summe aus Ankathete und Gegenkathete immer größer als die Hypotenuse.
Bleiben nur noch die Spezialfälle $\alpha = 0°$ und $\alpha = 90°$ zu überprüfen:
Für $\boldsymbol{\alpha = 0°}$ gilt $F_H = 0$ und $F_N = F_G$.
Für $\boldsymbol{\alpha = 90°}$ dagegen $F_H = F_G$ und $F_N = 0$.
In beiden Fällen gilt somit: $F_N + F_H = F_G$

52. Ähnlich wie bei der vorhergehenden Aufgabe lässt sich die Gewichtskraft in zwei zueinander senkrechte Komponenten zerlegen. Eine entspricht der Kraft, mit der das Gewicht am Faden zieht (F_1), die andere ist die Kraft, mit der das Gewicht zurück in die Ruhelage gezogen wird (F_2).
Hier ist einfach zu sehen, dass der Winkel zwischen F_G und F_1 gerade der Auslenkung von 25° entspricht. Mithilfe eines rechtwinkligen Dreiecks mit F_1 und F_2 als Katheten und F_G als Hypotenuse kann man nun die gesuchten Größen bestimmen.

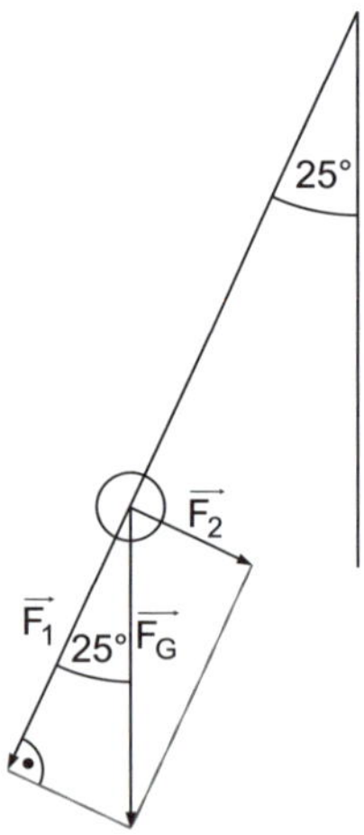

a) Es gilt:

$$\cos 25° = \frac{F_1}{F_G} \quad \Rightarrow \quad F_1 = F_G \cdot \cos 25° = m \cdot g \cdot \cos 25°$$
$$= 0{,}500 \text{ kg} \cdot 10 \frac{\text{m}}{\text{s}^2} \cdot \cos 25°$$
$$\approx \mathbf{4{,}53\ N}$$

b) Es gilt:

$$\sin 25° = \frac{F_2}{F_G} \quad \Rightarrow \quad F_2 = F_G \cdot \sin 25° = m \cdot g \cdot \sin 25°$$
$$= 0{,}500 \text{ kg} \cdot 10 \frac{\text{m}}{\text{s}^2} \cdot \sin 25°$$
$$\approx \mathbf{2{,}11\ N}$$

53.

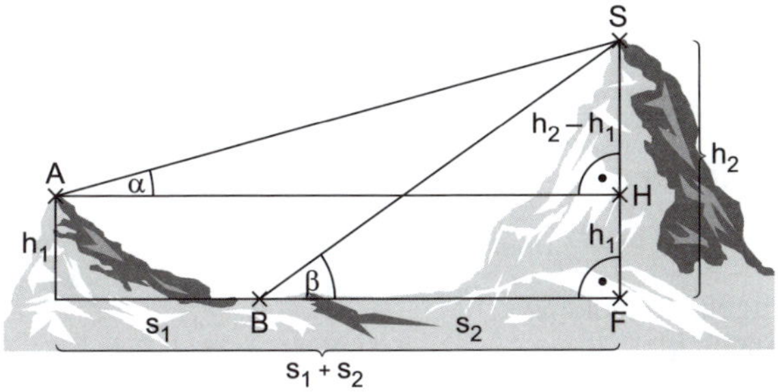

Wie bei Beispiel 3 muss man hier wieder ein Gleichungssystem aufstellen. In diesem Fall sind allerdings die rechtwinkligen Dreiecke AHS und BFS zu betrachten, die nur den Punkt S gemeinsam haben.

(I) $\tan\alpha = \dfrac{h_2 - h_1}{s_1 + s_2}$

(II) $\tan\beta = \dfrac{h_2}{s_2}$

In diesem Fall bietet es sich an, die einfachere Gleichung (II) nach einer Unbekannten aufzulösen und in (I) einzusetzen.

(II') $h_2 = s_2 \cdot \tan\beta$

In (I) eingesetzt ergibt:

$$\tan\alpha = \frac{s_2 \cdot \tan\beta - h_1}{s_1 + s_2} \qquad | \cdot (s_1 + s_2)$$

Diese Gleichung lässt sich nun nach s_2 auflösen:

$$(s_1 + s_2) \cdot \tan\alpha = s_2 \cdot \tan\beta - h_1 \qquad \text{ausmultiplizieren}$$

$$s_1 \cdot \tan\alpha + s_2 \cdot \tan\alpha = s_2 \cdot \tan\beta - h_1 \qquad | -s_2 \tan\alpha + h_1$$

$$s_1 \cdot \tan\alpha + h_1 = s_2 \cdot \tan\beta - s_2 \cdot \tan\alpha \qquad \text{ausklammern}$$

$$s_1 \cdot \tan\alpha + h_1 = s_2 \cdot (\tan\beta - \tan\alpha) \qquad | : (\tan\beta - \tan\alpha)$$

$$s_2 = \frac{s_1 \cdot \tan\alpha + h_1}{\tan\beta - \tan\alpha}$$

$$= \frac{260\text{ m} \cdot \tan 8{,}2° + 14\text{ m}}{\tan 12{,}6° - \tan 8{,}2°} \approx \mathbf{648\text{ m}}$$

Einsetzen in (II') liefert die gesuchte Berghöhe:

$h_2 = s_2 \cdot \tan\beta = 648\text{ m} \cdot \tan 12{,}6° \approx \mathbf{145\text{ m}}$

54. Im Dreieck AFS gilt:

$$\tan\varepsilon = \frac{\overline{SF}}{\overline{AF}} \quad\Rightarrow\quad \overline{SF} = \overline{AF}\cdot\tan\varepsilon$$

$\overline{AF}$ kann man mithilfe des Dreiecks ABF bestimmen.
Da die Verhältnisse für sin, cos und tan nur in rechtwinkligen Dreiecken gelten, muss das Dreieck ABF durch die Höhe h in zwei rechtwinklige Dreiecke zerlegt werden.

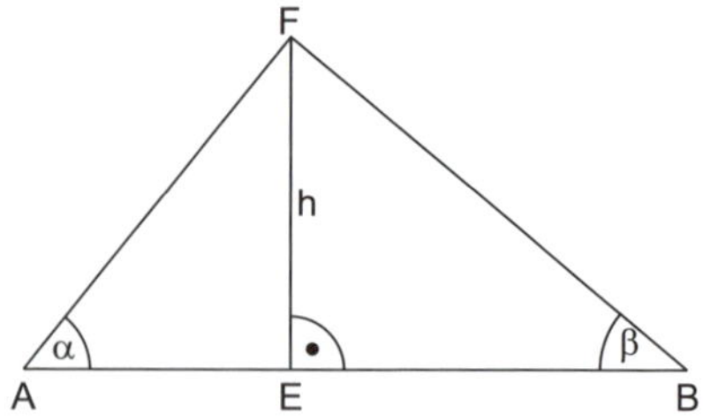

Um $\overline{AF}$ zu bestimmen, benötigt man im Dreieck AEF außer dem bekannten α noch eine Länge. Die Höhe h ist auch im Dreieck EBF enthalten, von dem man einen Winkel kennt und außerdem weiß, dass gilt:
$\overline{EB} + \overline{AE} = \overline{AB}$ (*)

Es gilt:

$$\tan\alpha = \frac{h}{\overline{AE}} \quad\Rightarrow\quad \overline{AE} = \frac{h}{\tan\alpha}$$

$$\tan\beta = \frac{h}{\overline{EB}} \quad\Rightarrow\quad \overline{EB} = \frac{h}{\tan\beta}$$

Einsetzen in (*) liefert:

$$\overline{AB} = \overline{AE} + \overline{EB} = \frac{h}{\tan\alpha} + \frac{h}{\tan\beta} \qquad \text{h ausklammern}$$

Diese Gleichung lässt sich nun nach h auflösen:

$$\overline{AB} = h\cdot\left(\frac{1}{\tan\alpha} + \frac{1}{\tan\beta}\right) \qquad \left|:\left(\frac{1}{\tan\alpha} + \frac{1}{\tan\beta}\right)\right.$$

$$h = \frac{\overline{AB}}{\frac{1}{\tan\alpha} + \frac{1}{\tan\beta}} = \frac{50\text{ m}}{\frac{1}{\tan 62{,}2^\circ} + \frac{1}{\tan 47{,}0^\circ}} \approx 34{,}3\text{ m}$$

Im Dreieck AEF gilt nun:

$$\sin\alpha = \frac{h}{\overline{AF}} \quad\Rightarrow\quad \overline{AF} = \frac{h}{\sin\alpha} \approx \frac{34{,}3\text{ m}}{\sin 62{,}2^\circ} \approx 38{,}8\text{ m}$$

Für die gesuchte Höhe des Fahnenmastes gilt somit:
$\overline{SF} = \overline{AF}\cdot\tan\varepsilon = 38{,}8\text{ m}\cdot\tan 14{,}5^\circ \approx$ **10,0 m**

55. a) $\sin 36° = \cos(90° - 36°) = \cos \mathbf{54°}$

b) $\cos 75° = \sin(90° - 75°) = \sin \mathbf{15°}$

c) $\tan 65° = \frac{\sin 65°}{\cos 65°} = \frac{\cos(90° - 65°)}{\cos 65°} = \frac{\cos \mathbf{25°}}{\cos \mathbf{65°}}$

d) $\frac{\sin 60°}{\sin 30°} = \frac{\sin 60°}{\cos(90° - 30°)} = \frac{\sin 60°}{\cos 60°} = \tan \mathbf{60°}$

e) $\tan 35° = \frac{\sin 35°}{\cos 35°} = \frac{\cos(90° - 35°)}{\sin(90° - 35°)} = \frac{\cos \mathbf{55°}}{\sin \mathbf{55°}}$

f) $\frac{\cos 70°}{\sin 70°} = \frac{\sin(90° - 70°)}{\cos(90° - 70°)} = \frac{\sin 20°}{\cos 20°} = \tan \mathbf{20°}$

56. a) $\frac{\tan\alpha}{\sin\alpha}$

$= \frac{\frac{\sin\alpha}{\cos\alpha}}{\sin\alpha}$ Ersetze nach (2).

$= \frac{\sin\alpha}{\cos\alpha \cdot \sin\alpha}$

$= \frac{1}{\cos\alpha}$

b) $\tan(90° - \alpha)$ Ersetze nach (2).

$= \frac{\sin(90° - \alpha)}{\cos(90° - \alpha)}$ Ersetze nach (1).

$= \frac{\cos\alpha}{\sin\alpha}$

$= \frac{1}{\frac{\sin\alpha}{\cos\alpha}}$ Ersetze nach (2).

$= \frac{1}{\tan\alpha}$

c) $\tan\alpha + \frac{1}{\tan\alpha}$ Ersetze nach (2).

$$= \frac{\sin\alpha}{\cos\alpha} + \frac{1}{\frac{\sin\alpha}{\cos\alpha}}$$

$$= \frac{\sin\alpha}{\cos\alpha} + \frac{\cos\alpha}{\sin\alpha}$$ Bringe auf den gleichen Nenner.

$$= \frac{(\sin\alpha)^2}{\sin\alpha\cos\alpha} + \frac{(\cos\alpha)^2}{\sin\alpha\cos\alpha}$$

$$= \frac{(\sin\alpha)^2 + (\cos\alpha)^2}{\sin\alpha\cos\alpha}$$ Ersetze nach (3).

$$= \frac{1}{\sin\alpha\cos\alpha}$$

d) $1 + (\tan\alpha)^2$ Ersetze nach (2).

$$= 1 + \frac{(\sin\alpha)^2}{(\cos\alpha)^2}$$ Bringe auf den gleichen Nenner.

$$= \frac{(\cos\alpha)^2}{(\cos\alpha)^2} + \frac{(\sin\alpha)^2}{(\cos\alpha)^2}$$

$$= \frac{(\cos\alpha)^2 + (\sin\alpha)^2}{(\cos\alpha)^2}$$ Ersetze nach (3).

$$= \frac{1}{(\cos\alpha)^2}$$

e) $\frac{1}{(\cos\alpha)^2} - 1$ Bringe auf den gleichen Nenner.

$$= \frac{1}{(\cos\alpha)^2} - \frac{(\cos\alpha)^2}{(\cos\alpha)^2}$$

$$= \frac{1 - (\cos\alpha)^2}{(\cos\alpha)^2}$$ Ersetze nach (3).

$$= \frac{(\sin\alpha)^2}{(\cos\alpha)^2}$$ Ersetze nach (2).

$$= (\tan\alpha)^2$$

f) $\sqrt{1+(\tan\alpha)^2}\cdot\sin(90°-\alpha)$ — Ersetze nach (1) und (2).

$=\sqrt{1+\frac{(\sin\alpha)^2}{(\cos\alpha)^2}}\cdot\cos\alpha$ — Bringe auf den gleichen Nenner.

$=\sqrt{\frac{(\cos\alpha)^2}{(\cos\alpha)^2}+\frac{(\sin\alpha)^2}{(\cos\alpha)^2}}\cdot\cos\alpha$

$=\sqrt{\frac{(\cos\alpha)^2+(\sin\alpha)^2}{(\cos\alpha)^2}}\cdot\cos\alpha$ — Ersetze nach (3).

$=\sqrt{\frac{1}{(\cos\alpha)^2}}\cdot\cos\alpha$

$=\frac{1}{\cos\alpha}\cdot\cos\alpha$

$=1$

57. a) Aus (3) kann man den Wert für $\sin\alpha$ bestimmen:

$(\sin\alpha)^2+(\cos\alpha)^2=1$

$(\sin\alpha)^2=1-(\cos\alpha)^2$

$(\sin\alpha)^2=1-\left(\frac{2}{5}\right)^2=1-\frac{4}{25}=\frac{21}{25}$

$\sin\alpha=\sqrt{\frac{21}{25}}=\mathbf{\frac{\sqrt{21}}{5}}$

Aus (2) lässt sich nun $\tan\alpha$ bestimmen:

$\tan\alpha=\frac{\sin\alpha}{\cos\alpha}=\frac{\frac{\sqrt{21}}{5}}{\frac{2}{5}}=\mathbf{\frac{\sqrt{21}}{2}}$

b) Die Beziehungen (2) und (3) reichen jeweils für sich allein genommen nicht aus, um die gesuchten Werte zu bestimmen. Man muss (2) und (3) gleichzeitig anwenden.

Beziehung (3) liefert einen Zusammenhang zwischen $\sin\alpha$ und $\cos\alpha$:

$\sin\alpha=\sqrt{1-(\cos\alpha)^2}$

Eingesetzt in (2) ergibt sich eine Gleichung, die nach $\cos\alpha$ aufgelöst werden kann:

$\tan\alpha=\frac{\sin\alpha}{\cos\alpha}=\frac{\sqrt{1-(\cos\alpha)^2}}{\cos\alpha}$

$$\tan\alpha = \frac{\sqrt{1-(\cos\alpha)^2}}{\cos\alpha} \qquad |\cdot\cos\alpha$$

$$\tan\alpha\cdot\cos\alpha = \sqrt{1-(\cos\alpha)^2} \qquad |\uparrow^2$$

$$(\tan\alpha)^2\cdot(\cos\alpha)^2 = 1-(\cos\alpha)^2 \qquad |+(\cos\alpha)^2$$

$$(\tan\alpha)^2\cdot(\cos\alpha)^2+(\cos\alpha)^2 = 1 \qquad (\cos\alpha)^2 \text{ ausklammern}$$

$$(\cos\alpha)^2\cdot[(\tan\alpha)^2+1] = 1 \qquad |:[(\tan\alpha)^2+1]$$

$$(\cos\alpha)^2 = \frac{1}{(\tan\alpha)^2+1} \qquad |\sqrt{}$$

$$\cos\alpha = \sqrt{\frac{1}{(\tan\alpha)^2+1}} = \sqrt{\frac{1}{\left(\frac{4}{3}\right)^2+1}}$$

$$= \sqrt{\frac{1}{\frac{16}{9}+1}} = \sqrt{\frac{1}{\frac{25}{9}}}$$

$$= \sqrt{\frac{9}{25}} = \mathbf{\frac{3}{5}}$$

Beziehung (2) liefert anschließend $\sin\alpha$:

$$\sin\alpha = \tan\alpha\cdot\cos\alpha = \frac{4}{3}\cdot\frac{3}{5} = \mathbf{\frac{4}{5}}$$

58. Die vordere Kante der Pyramidengrundfläche wird parallel zur Bildebene ausgerichtet, wodurch sie in Originallänge dargestellt wird. Die Seitenkanten werden auf die Hälfte verkürzt und um 45° geneigt gezeichnet.
Die Diagonalen der Grundfläche schneiden sich im Höhenfußpunkt – sowohl im Dreidimensionalen als auch im Schrägbild.
Da die Höhe einer geraden Pyramide senkrecht zur Grundfläche und damit parallel zur Zeichenebene verläuft, liegt die Pyramidenspitze im Schrägbild genau 2 cm senkrecht über dem Höhenfußpunkt.

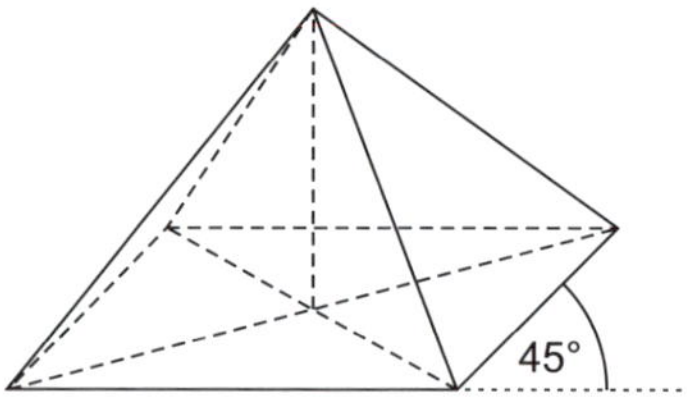

Hinweise und Tipps:
Achte beim Verbinden sämtlicher Punkte darauf, welche Linien du siehst und welche verdeckt sind und daher gestrichelt eingezeichnet werden müssen.

59. a) Die Vorderseite des Würfels wird wieder parallel zur Zeichenebene ausgerichtet, wodurch die Längen im Schrägbild nicht verändert werden. Da weder Verzerrungsfaktor noch Neigungswinkel angegeben sind, empfiehlt sich eine Verkürzung um 50 % und eine Neigung um 45° gegenüber der Horizontalen. Die nach hinten verlaufenden vier Kanten des Würfels werden entsprechend eingezeichnet und ihre Endpunkte verbunden.

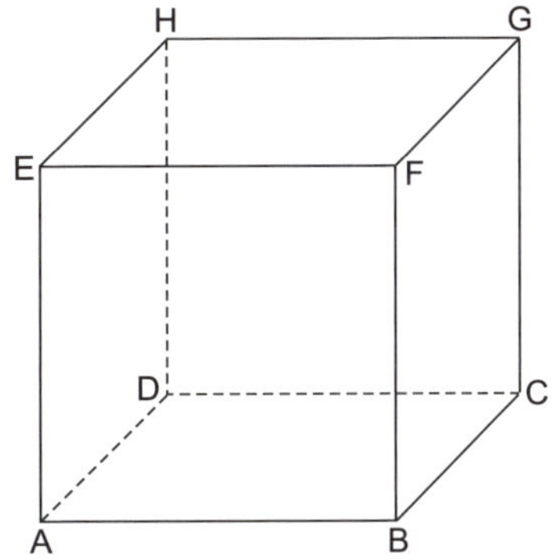

Die Kanten [AD], [DC] und [DH] sind in der Realität verdeckt und müssen daher gestrichelt gezeichnet werden.

b) Der gesuchte Neigungswinkel ist der Winkel HBD, da das Lot von H auf ABCD den Lotfußpunkt D liefert. Zur Bestimmung des Neigungswinkels bietet sich somit das Stützdreieck BHD an. Für die Diagonale [BD] eines Quadrates gilt:

$\overline{BD} = \sqrt{2} \cdot \overline{AB}$

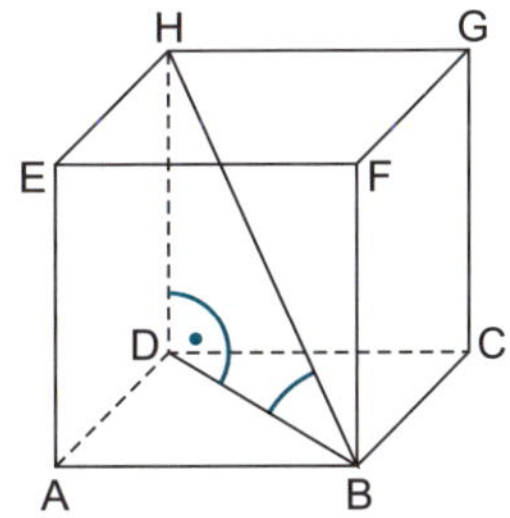

Damit ergibt sich für den Neigungswinkel:

$$\tan \sphericalangle HBD = \frac{\overline{HD}}{\overline{BD}} = \frac{3\text{ cm}}{\sqrt{2} \cdot 3\text{ cm}} = \frac{1}{\sqrt{2}} = \frac{\sqrt{2}}{2} \Rightarrow \sphericalangle HBD = \tan^{-1}\frac{\sqrt{2}}{2} \approx \mathbf{35{,}3°}$$

c) Der gesuchte Neigungswinkel ist z. B. der Winkel CBG, da G in der Ebene ABGH liegt und C der resultierende Lotfußpunkt in der Grundfläche ist. Das vom Lotfußpunkt C auf die Schnittgerade AB zu fällende Lot schneidet AB in B, womit B der Scheitel des Neigungswinkels ist. Die zugehörigen Schenkel sind [BC und [BG.

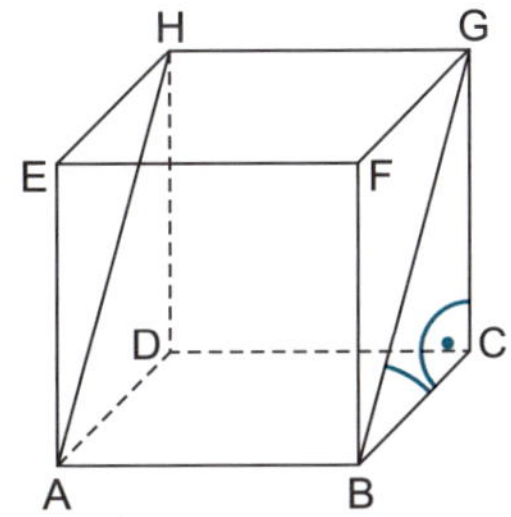

Da der Körper ein Würfel ist und somit das Dreieck BCG gleichschenklig ist, gilt:

$\sphericalangle CBG = \mathbf{45°}$

60. a) Die vordere untere Kante [AB] und die rechte untere Kante [BC] des Quaders können nach der bekannten Methode gezeichnet werden: dazu wird die Vorderseite des Quaders wieder parallel zur Zeichenebene ausgerichtet und als Stauchungsfaktor werden 50 % und als Neigungswinkel 45° verwendet. Wenn man A und C verbindet, erhält man die Unterseite ABC. Die Oberseite lässt sich im Schrägbild einzeichnen, indem das Dreieck ABC um 2 cm parallel nach oben verschoben wird. Die senkrechten Kanten können nun einfach ergänzt werden. In diesem Fall wird nur die Kante [AC] gestrichelt eingezeichnet.

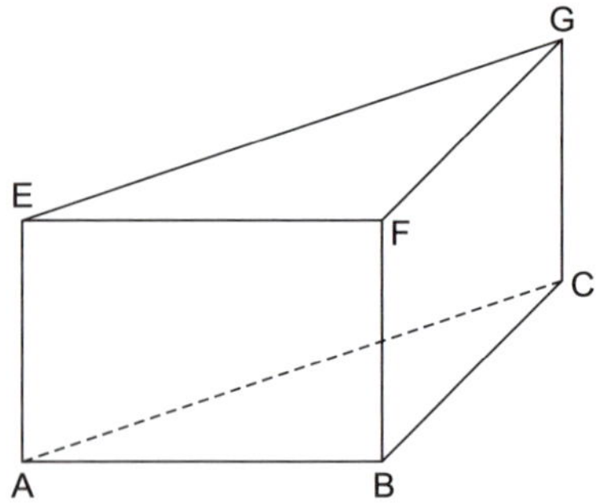

b) Für den Neigungswinkel muss ein Lot von einem beliebigen Punkt der Ebene ACF aus auf die Grundfläche gefällt werden. Hier bietet sich der Punkt F an. Das Lot ist die Gerade BF, womit sich der Lotfußpunkt B ergibt. Von B aus muss man ein Lot auf die Schnittgerade AC fällen. Den gesuchten Fußpunkt nennt man S. Der gesuchte Winkel ist somit ∢BSF und das rechtwinklige Dreieck BFS ist ein passendes Stützdreieck. Um den Neigungswinkel bestimmen zu können, benötigt man neben der Länge $\overline{BF} = 2$ cm noch die Länge von [BS] oder [SF].

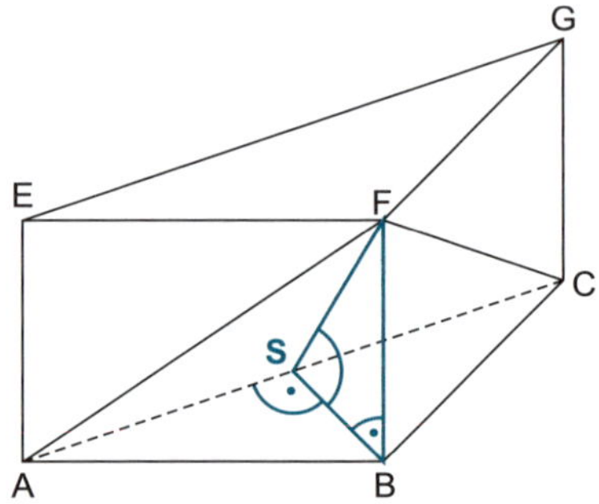

[BS] ist die Höhe des rechtwinkligen Dreiecks ABC, dessen Katheten bekannt sind. Mithilfe des Höhensatzes und der Kathetensätze kann die Höhe bestimmt werden. a und b seien die Längen der Katheten [AB] und [BC], c ist die Länge der Hypotenuse [AC]:

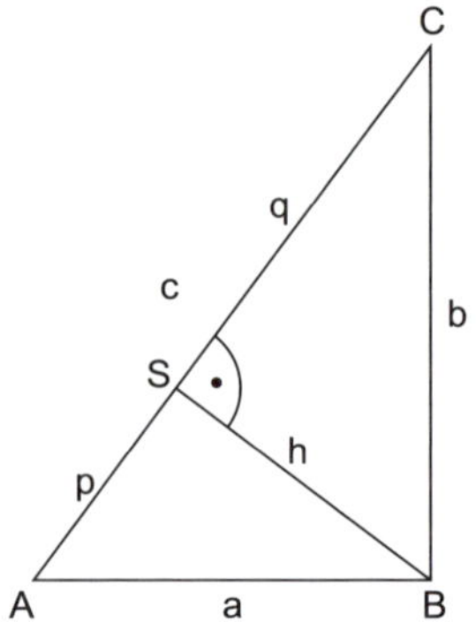

$$a^2 = c \cdot p \quad \Rightarrow \quad p = \frac{a^2}{c}$$

$$b^2 = c \cdot q \quad \Rightarrow \quad q = \frac{b^2}{c}$$

In den Höhensatz eingesetzt, ergibt sich für h:

$$h^2 = p \cdot q = \frac{a^2}{c} \cdot \frac{b^2}{c} = \frac{a^2 b^2}{c^2}$$

Die Längen a und b sind bekannt, die Länge c berechnet sich mithilfe des Satzes von Pythagoras:

$$c^2 = a^2 + b^2$$

$$\Rightarrow \quad \overline{BS} = h = \sqrt{\frac{a^2 \cdot b^2}{c^2}} = \sqrt{\frac{a^2 \cdot b^2}{a^2 + b^2}} = \frac{a \cdot b}{\sqrt{a^2 + b^2}}$$

$$= \frac{3\,\text{cm} \cdot 4{,}2\,\text{cm}}{\sqrt{(3\,\text{cm})^2 + (4{,}2\,\text{cm})^2}} \approx 2{,}44\,\text{cm}$$

Für den Neigungswinkel gilt somit:

$$\tan \sphericalangle BSF = \frac{\overline{BF}}{\overline{BS}} = \frac{2\,\text{cm}}{2{,}44\,\text{cm}} \quad \Rightarrow \quad \sphericalangle BSF = \tan^{-1} \frac{2\,\text{cm}}{2{,}44\,\text{cm}} \approx \mathbf{39{,}3°}$$

61. a) Hinweise und Tipps:
Beginne am besten mit den Seitenflächen. Dies sind Rechtecke, die an der Längsseite jeweils aneinanderhängen. Sie haben alle die gleiche Länge, die der Höhe des Prismas entspricht. Die Breiten der Rechtecke entsprechen den Kantenlängen der Grundfläche. Trage sie in der Reihenfolge an, in der du beim Umfahren der Grundseite auf sie triffst. Nun kannst du an einem der Rechtecke die Grundfläche und die Deckfläche antragen. Achte darauf, dass die Breiten der Rechtecke auch zu den entsprechenden Kanten der Deckfläche passen. Beachte außerdem die zwei rechten Winkel bei Grund- und Deckfläche, die im Schrägbild nur an der entsprechenden Markierung zu erkennen sind.

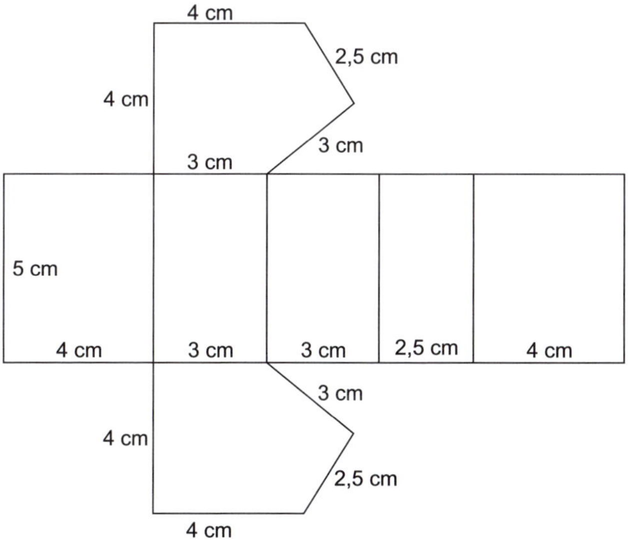

Maßstab 1 : 2

b) Da hier nicht alle Kantenlängen der Grundseite direkt gegeben sind, ist es nicht zweckmäßig, wie bei Teilaufgabe a zunächst die Seitenflächen des Prismas zu zeichnen. Man beginnt stattdessen mit der Grundseite, die sich dank der vorgegebenen drei Winkel und zwei Kantenlängen eindeutig konstruieren lässt.

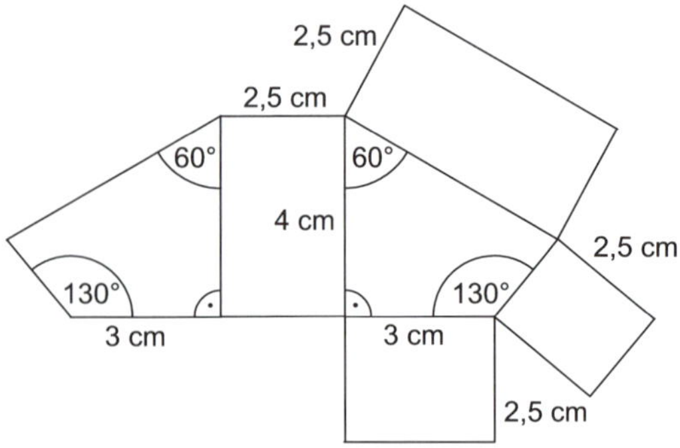

Maßstab 1 : 2

Anschließend wird an jeder Grundflächenkante das passende Seitenflächenrechteck angetragen und an einer beliebigen Seitenfläche die fehlende Deckfläche ergänzt.

62. a) Da die Seiten eines Prismas Rechtecke sind, muss das Sechseck die Grund- bzw. Deckfläche sein. Die Seiten der Grundfläche geben die Rechtecksbreiten vor. Das schon vorhandene Rechteck liefert die Höhe des Prismas und damit die Länge sämtlicher Rechtecke.

Vorsicht: Deckfläche nicht vergessen!

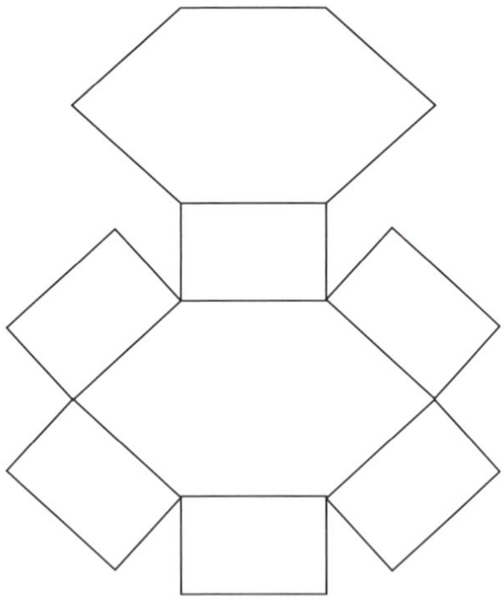

b) Das mittlere Rechteck kann nicht die Grundfläche des Prismas sein, da die anschließenden beiden Rechtecke in diesem Fall Seitenflächen wären und somit die gleiche Breite aufweisen müssten – nämlich die Höhe des Prismas. Auch das linke und rechte Rechteck kommen als Grundfläche nicht infrage, da die beiden Rechtecke in diesem Fall Grund- und Deckfläche darstellen würden – und hierfür kongruent sein müssten. Die vorgegebenen drei Rechtecke sind also alles Seitenflächen, zu denen eine passende Grundfläche gesucht werden muss.

Hier gibt es verschiedene Möglichkeiten:

Möglichkeit 1:
Das Teilnetz ist der gesamte Mantel des Prismas und es fehlen nur noch Grund- und Deckfläche. Die Länge aller Grundflächenkanten ist in diesem Fall durch die Breite der Rechtecke vorgegeben, wodurch sich Grund- und Deckfläche mithilfe des Zirkels eindeutig konstruieren lassen.

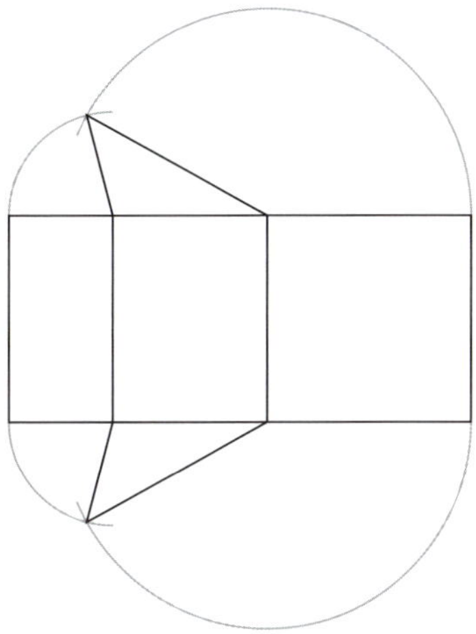

Möglichkeit 2:
Das Teilnetz ist nur ein Teil des Mantels. Dann können noch beliebig viele Seitenflächen angefügt werden. Dementsprechend muss dann die Grundfläche gezeichnet werden. Die folgende Abbildung zeigt als Beispiel ein 5-seitiges Prisma.

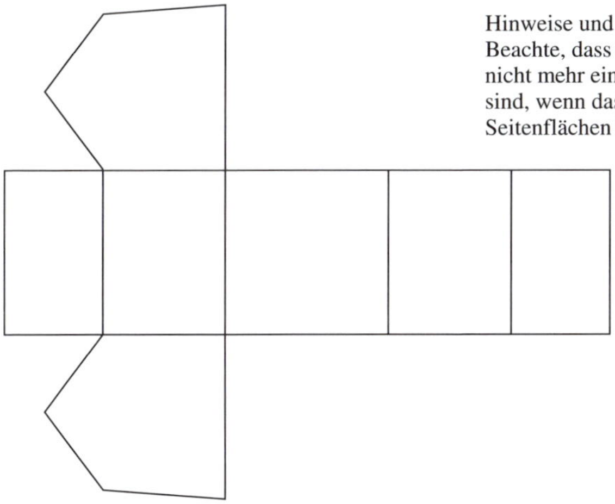

Hinweise und Tipps:
Beachte, dass Grund- und Deckfläche nicht mehr eindeutig zu konstruieren sind, wenn das Prisma mehr als drei Seitenflächen besitzt.

63. a) Ein 6-seitiges Prisma hat an Grund- und Deckfläche je sechs Ecken, insgesamt also $2 \cdot 6 =$ **12 Ecken**.
Ebenso viele Kanten haben Grund- und Deckfläche zusammen. Zusätzlich ist jede Ecke der Grundfläche mit der entsprechenden Ecke der Deckfläche verbunden, dies ergibt nochmals 6 Kanten. Insgesamt hat ein sechsseitiges Prisma somit $3 \cdot 6 =$ **18 Kanten**.
Ein sechsseitiges Prisma hat neben Grund- und Deckfläche noch sechs Seitenflächen. Also besitzt ein 6-seitiges Prisma $6 + 2 =$ **8 Flächen**.

b) Analog zu den Überlegungen bei Teilaufgabe a ergeben sich für ein n-seitiges Prisma **2n Ecken**, **3n Kanten** und **n + 2 Flächen**.

c) Ein Prisma besitzt zwei Flächen mehr als die Grundfläche Kanten hat. Wenn das Prisma 13 Flächen hat, so hat die Grundfläche elf Kanten und somit auch **elf Ecken**.

d) Da ein Prisma dreimal so viele Kanten hat wie die Grundfläche Ecken besitzt, hat die Grundfläche **9 Ecken**.

e) Da ein Prisma dreimal so viele Kanten wie die Grundfläche hat, muss die Anzahl der Kanten durch 3 teilbar sein. Da 17 nicht durch 3 teilbar ist, gibt es kein Prisma mit 17 Kanten.

64. a) Um das Volumen des Prismas zu bestimmen, benötigt man den Flächeninhalt der Grundfläche G.

Der Flächeninhalt eines Dreiecks berechnet sich mithilfe der Basis als Grundseite und der entsprechenden Höhe. Die Höhe unterteilt das gleichschenklige Dreieck in zwei kongruente rechtwinklige Teildreiecke, von denen neben dem rechten Winkel noch ein weiterer Winkel und eine Kathete bekannt sind. Anhand der trigonometrischen Funktionen kann die übrige zweite Kathete bestimmt werden, die der benötigten Höhe der Grundseite entspricht:

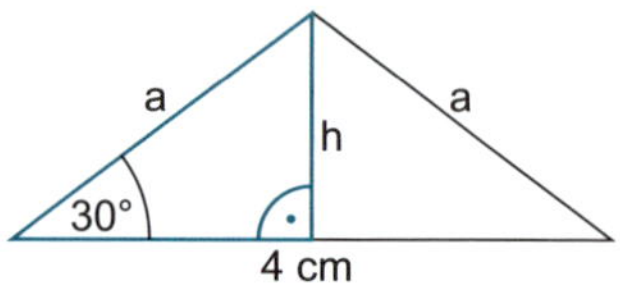

$$\tan 30° = \frac{h}{\frac{1}{2} \cdot 4\text{ cm}} \quad \Rightarrow \quad h = \frac{1}{2} \cdot 4\text{ cm} \cdot \tan 30° = 2 \cdot \frac{\sqrt{3}}{3}\text{ cm} = \frac{2\sqrt{3}}{3}\text{ cm}$$

$$G = \frac{1}{2} \cdot g \cdot h = \frac{1}{2} \cdot 4\text{ cm} \cdot \frac{2\sqrt{3}}{3}\text{ cm} = \frac{4\sqrt{3}}{3}\text{ cm}^2$$

Nun kann das Volumen berechnet werden:

$$V = G \cdot h = \frac{4\sqrt{3}}{3}\text{ cm}^2 \cdot 4\text{ cm} = \mathbf{\frac{16\sqrt{3}}{3}\text{ cm}^3}$$

Die Oberfläche wird gebildet von Grund- und Deckfläche sowie drei Rechtecken, von denen zwei kongruent sind.

Die Länge aller drei Rechtecke entspricht der Höhe des Prismas, die Breite entspricht der Länge der jeweiligen Grundflächenkante. Die Länge a der Schenkel lässt sich im bereits oben verwendeten Teildreieck mithilfe des Kosinus bestimmen:

$$\cos 30° = \frac{\frac{1}{2} \cdot 4\text{ cm}}{a} \quad \Rightarrow \quad a = \frac{\frac{1}{2} \cdot 4\text{ cm}}{\cos 30°} = \frac{2}{\frac{\sqrt{3}}{2}}\text{ cm} = \frac{4}{\sqrt{3}}\text{ cm} = \frac{4\sqrt{3}}{3}\text{ cm}$$

Nun kann die Oberfläche berechnet werden:

$$
\begin{aligned}
O &= 2 \cdot G + 2 \cdot A_{\text{Rechteck Schenkel}} + A_{\text{Rechteck Basis}} \\
&= 2 \cdot G + 2 \cdot \text{Schenkel} \cdot \text{Prismenhöhe} + \text{Basis} \cdot \text{Prismenhöhe} \\
&= 2 \cdot \frac{4\sqrt{3}}{3}\ \text{cm}^2 + 2 \cdot \frac{4\sqrt{3}}{3}\ \text{cm} \cdot 4\ \text{cm} + 4\ \text{cm} \cdot 4\ \text{cm} \\
&= \mathbf{\frac{40\sqrt{3}}{3}\ cm^2 + 16\ cm^2}
\end{aligned}
$$

b) Für den Flächeninhalt eines Parallelogramms gilt:
A = Grundseite · Höhe
Die Höhe h_a des Parallelogramms erhält man mithilfe der Seite d, die gleich der Seite b ist, und dem Winkel α in Kombination mit dem Sinus.

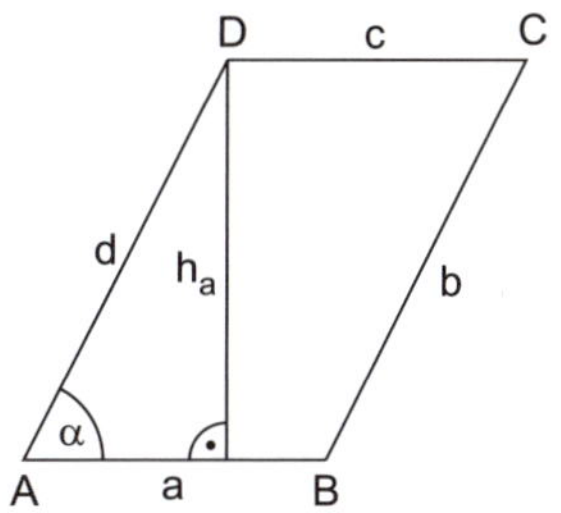

$$
\sin\alpha = \frac{h_a}{d} \quad \Rightarrow \quad h_a = d \cdot \sin\alpha = 3\ \text{cm} \cdot \sin 60° = 3\ \text{cm} \cdot \frac{\sqrt{3}}{2} = \frac{3\sqrt{3}}{2}\ \text{cm}
$$

Die Grundfläche berechnet sich also folgendermaßen:

$$
G = a \cdot h_a = 2\ \text{cm} \cdot \frac{3\sqrt{3}}{2}\ \text{cm} = 3\sqrt{3}\ \text{cm}^2
$$

Für das Volumen gilt:

$$
V = G \cdot h_{\text{Prisma}} = 3\sqrt{3}\ \text{cm}^2 \cdot 4{,}5\ \text{cm} = \mathbf{13{,}5\sqrt{3}\ cm^3}
$$

Für die Oberfläche gilt:

$$
O = 2 \cdot G + u \cdot h_{\text{Prisma}}
$$

Da die Grundfläche ein Parallelogramm ist (gegenüberliegende Seiten sind gleich lang), kann man den Umfang und somit die Oberfläche sofort berechnen:

$$
\begin{aligned}
O &= 2 \cdot G + (2 \cdot a + 2 \cdot b) \cdot h_{\text{Prisma}} \\
&= 2 \cdot 3\sqrt{3}\ \text{cm}^2 + (2 \cdot 2\ \text{cm} + 2 \cdot 3\ \text{cm}) \cdot 4{,}5\ \text{cm} \\
&= \mathbf{6\sqrt{3}\ cm^2 + 45\ cm^2}
\end{aligned}
$$

c) Für den Flächeninhalt eines Trapezes gilt:

$$A = \frac{1}{2} \cdot (a + c) \cdot h,$$

wobei a und c die parallelen Seiten eines Trapezes sind und h die Höhe des Trapezes. Die Seiten a und c sind gegeben, die Höhe h_{Trapez} erhält man mithilfe von α, d und des Sinus.

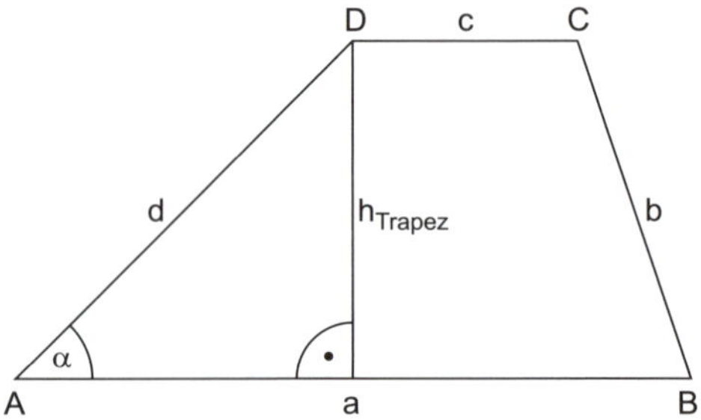

$$\sin \alpha = \frac{h_{Trapez}}{d} \quad \Rightarrow \quad h_{Trapez} = d \cdot \sin \alpha = 3\sqrt{2}\text{ cm} \cdot \sin 45°$$
$$= 3\sqrt{2}\text{ cm} \cdot \frac{\sqrt{2}}{2} = 3\text{ cm}$$

Für die Grundfläche gilt somit:

$$G = \frac{1}{2} \cdot (a + c) \cdot h_{Trapez} = \frac{1}{2} \cdot (6\text{ cm} + 2\text{ cm}) \cdot 3\text{ cm} = 12\text{ cm}^2$$

Das Volumen berechnet sich daher folgendermaßen:
$V = G \cdot h_{Prisma} = 12\text{ cm}^2 \cdot 6\text{ cm} = \mathbf{72\text{ cm}^3}$

Der Oberflächeninhalt setzt sich zusammen aus der doppelten Grundfläche sowie dem Trapezumfang multipliziert mit der Höhe des Prismas. Für den Umfang benötigt man die Längen der Trapezseiten. Die Seiten a, c und d sind bereits gegeben. Bestimmt werden muss lediglich noch die Länge der Seite b. Auch hier hilft ein rechtwinkliges Dreieck. Sind die Längen zweier Seiten bekannt, so kann mithilfe des Satzes von Pythagoras b bestimmt werden.

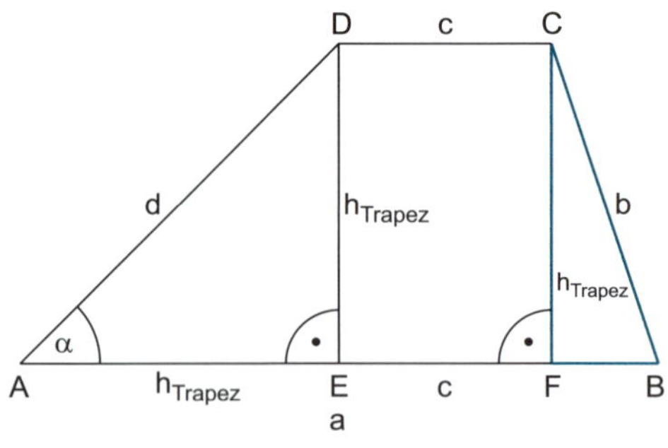

Es gilt: $\overline{FC} = h_{Trapez}$

$\overline{FB}$ erhält man, indem man $\overline{AE}$ und $\overline{EF}$ von a abzieht. Da das Dreieck AED rechtwinklig ist und $\alpha = 45°$ gilt, muss der Winkel bei D ebenfalls 45° groß sein (Winkelsumme im Dreieck), weshalb das Dreieck gleichschenklig ist. Die Strecke [AE] ist also so lang wie die Strecke [ED], die der Höhe des Trapezes entspricht.

$\overline{EF} = c$, da das Viereck EFCD ein Rechteck ist.

Daraus folgt:

$\overline{FB} = a - c - h_{Trapez} = 6\text{ cm} - 2\text{ cm} - 3\text{ cm} = 1\text{ cm}$

$b = \sqrt{\overline{FB}^2 + h^2} = \sqrt{(1\text{ cm})^2 + (3\text{ cm})^2} = \sqrt{10}\text{ cm}$

Nun lässt sich die Oberfläche des Prismas berechnen:

$O = 2 \cdot G + u \cdot h_{Prisma} = 2 \cdot G + (a + b + c + d) \cdot h_{Prisma}$

$= 2 \cdot 12\text{ cm}^2 + (6\text{ cm} + \sqrt{10}\text{ cm} + 2\text{ cm} + 3\sqrt{2}\text{ cm}) \cdot 6\text{ cm}$

$= 24\text{ cm}^2 + (8\text{ cm} + \sqrt{10}\text{ cm} + 3\sqrt{2}\text{ cm}) \cdot 6\text{ cm}$

$= 24\text{ cm}^2 + 48\text{ cm}^2 + 6\sqrt{10}\text{ cm}^2 + 18\sqrt{2}\text{ cm}^2$

$= \mathbf{72\text{ cm}^2 + 6\sqrt{10}\text{ cm}^2 + 18\sqrt{2}\text{ cm}^2}$

d) Den Flächeninhalt des gleichmäßigen/regulären Achtecks erhält man, indem man das Achteck in Figuren zerlegt, die man berechnen kann. Hier bieten sich Dreiecke, Rechtecke und Trapeze an, wobei bei der Wahl einer Zerlegung darauf geachtet werden sollte, möglichst wenige Längen neu berechnen zu müssen.

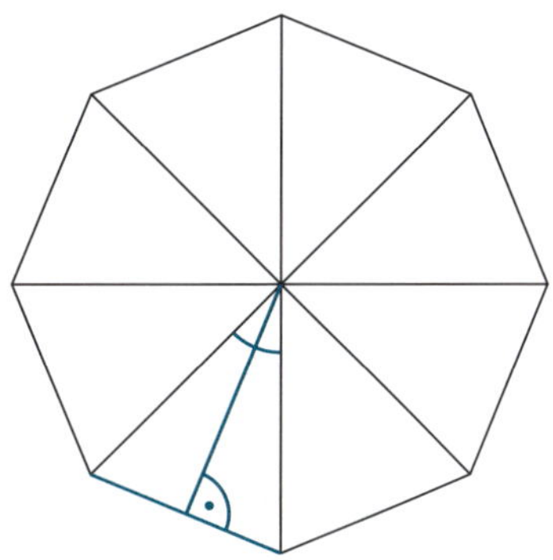

Eine sehr elegante Art ist es, das Achteck in acht kongruente Dreiecke zu zerlegen.
Für den Flächeninhalt eines Dreiecks benötigt man eine Grundseite, die hier der Seitenlänge des Achtecks entspricht, und die zugehörende Höhe. Diese erhält man mithilfe des Winkels an der Spitze des Dreiecks. Die 360° des Vollkreises teilen sich hier gleichmäßig auf die acht identischen Winkel auf: 360° : 8 = 45°

Um die gesuchte Höhe der Teildreiecke zu ermitteln, muss das Dreieck in zwei kongruente rechtwinklige Teildreiecke zerlegt werden. Der in nebenstehender Abbildung markierte Winkel an der Spitze des entstehenden Hilfsdreiecks ist somit die Hälfte von 45°, also 22,5°. In dem rechtwinkligen Dreieck kennt man außerdem eine Kathete, die der Hälfte einer Achtecksseite entspricht und somit 1,5 cm lang ist.
Für die Höhe gilt nun:

$$\tan 22{,}5° = \frac{1{,}5\text{ cm}}{h_{Dreieck}} \quad \Rightarrow \quad h_{Dreieck} = \frac{1{,}5\text{ cm}}{\tan 22{,}5°} \approx 3{,}62\text{ cm}$$

Für die Grundfläche gilt daher:

$G = 8 \cdot \frac{1}{2} \cdot g \cdot h_{Dreieck} = 8 \cdot \frac{1}{2} \cdot 3\ cm \cdot 3,62\ cm \approx 43,44\ cm^2$

Das Volumen erhält man nun durch Multiplikation der Grundfläche mit der Höhe des Prismas:

$V = G \cdot h = 43,44\ cm^2 \cdot 2\ cm = \mathbf{86,88\ cm^3}$

Für die Oberfläche gilt:

$O = 2 \cdot G + u \cdot h_{Prisma}$

Der Umfang des Achtecks beträgt $8 \cdot 3\ cm = 24\ cm$. Damit folgt:

$O = 2 \cdot 43,44\ cm^2 + 24\ cm \cdot 2\ cm = \mathbf{134,88\ cm^2}$

65. a) $V = \mathbf{a^3}$

Ein Würfel besitzt sechs gleich große, quadratische Seiten:

$O = \mathbf{6a^2}$

b) $V = \mathbf{a^2 \cdot b}$

Die Oberfläche ist die doppelte Grundfläche plus das Produkt aus Umfang der Grundfläche mal Höhe des Prismas. Die Höhe ist als b angegeben. Die Grundfläche ist ein Quadrat, somit beträgt der Umfang $4 \cdot a$.

$O = 2 \cdot a^2 + u \cdot h = \mathbf{2a^2 + 4ab}$

c) Das Volumen ist sehr einfach anzugeben, wenn man erkennt, dass der beschriebene Körper ein diagonal halbierter Würfel mit Kantenlänge a ist. Damit ergibt sich für das Volumen:

$V = \mathbf{\frac{1}{2}a^3}$

Der Oberflächeninhalt ist die doppelte Grundfläche plus das Produkt aus Grundflächenumfang und Prismenhöhe. Die Höhe ist als a angegeben. Die Grundfläche ist ein rechtwinkliges gleichschenkliges Dreieck mit Kathetenlänge a und hat daher die Fläche:

$G = \frac{1}{2} \cdot a \cdot a = \frac{1}{2} a^2$

Es fehlt nur noch die Hypotenuse c, die mithilfe des Satzes von Pythagoras berechnet werden kann (rechtwinkliges Dreieck!).

$c = \sqrt{a^2 + a^2} = a\sqrt{2}$

Für die Oberfläche gilt daher:

$$O = 2 \cdot \frac{1}{2} \cdot a \cdot a + u \cdot h = a^2 + (a + a + a\sqrt{2}) \cdot a = a^2 + (2a + a\sqrt{2}) \cdot a$$

$$= a^2 + 2a^2 + a^2\sqrt{2} = 3a^2 + a^2\sqrt{2} = \mathbf{(3 + \sqrt{2})a^2}$$

66. a) Da keine Aussage über die Höhe des Prismas gemacht wird, kann es sich auch um einen Quader handeln.

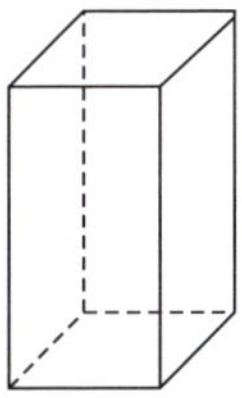

b) Hat ein Prisma vier Seitenflächen, so ist die Grundfläche ein Viereck. Das Prisma ist ein Quader, wenn die Grundfläche ein Rechteck ist. Da aber keine Aussage über die Form der Grundfläche getroffen wurde, gibt es auch Prismen mit vier Seitenflächen, die keine Quader sind.

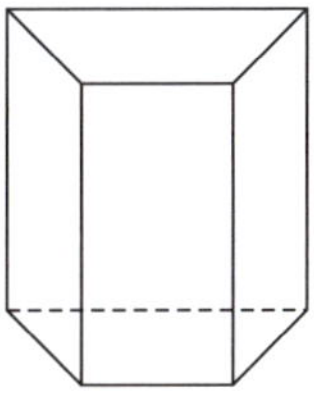

c) Quadratische Seitenflächen bedeuten, dass die Höhe des Prismas und die Seitenlängen der Grundfläche gleich groß sind. Über die Anzahl der Seiten der Grundfläche ist aber keine Aussage getroffen worden. So kann es sich auch um ein Prisma mit einem gleichseitigen Dreieck handeln.

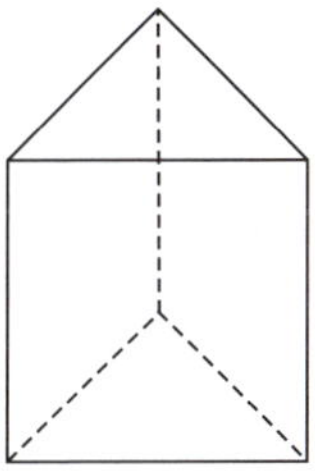

Selbst wenn das Prisma vier quadratische Seitenflächen hat, muss es kein Würfel sein, da die Grundfläche auch eine Raute sein kann.

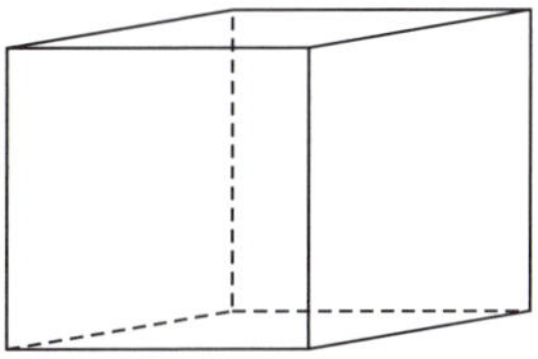

d) Die Seitenflächen eines Prismas haben alle die gleiche Länge, nämlich die Prismenhöhe. Da die Seitenflächen hier Quadrate sind, sind die Seitenflächen alle gleich groß, weshalb die Kanten der Grundfläche alle dieselbe Länge haben. Ein Viereck mit gleich langen Seiten ist eine Raute. Wird bei einer Raute zusätzlich ein rechter Winkel gefordert, so handelt es sich um ein Quadrat. Auch dieses Quadrat besitzt dieselben Kantenlängen wie die quadratischen Seitenflächen. Somit ist das Prisma ein Würfel.

e) Für das Volumen eines Prismas gilt: $V = G \cdot h$
Wird nun die Grundfläche verdoppelt, so verdoppelt sich auch das Volumen.

f) Die Aussage ist falsch. Man betrachtet z. B. einen Quader mit quadratischer Grundfläche. Verdoppelt man die Grundfläche, indem man z. B. den gleichen Quader noch einmal danebensetzt, so verdoppeln sich natürlich die Grund- und die Deckfläche, der Mantel wird jedoch nicht doppelt so groß, da zwei Seitenflächen aufeinanderliegen und im Inneren des Prismas verschwinden.

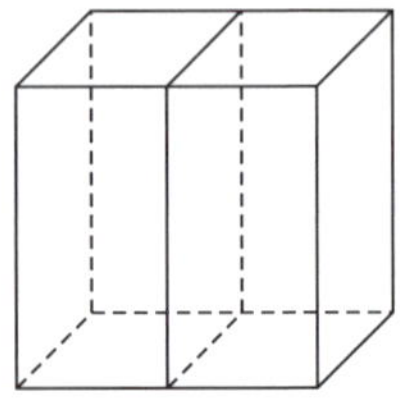

g) Für das Volumen eines Prismas gilt: $V = G \cdot h$
Wird die Höhe verdoppelt, so verdoppelt sich auch das Volumen.

h) Wird die Höhe verdoppelt, so verdoppelt sich der Flächeninhalt der Seitenwände. Die Grund- und Deckfläche vergrößern sich hierbei aber nicht, sodass sich die Oberfläche insgesamt nicht verdoppelt.

i) Für das Volumen gilt: $V = G \cdot h$
Für das Volumen des vergrößerten Prismas gilt:
$V' = 3 \cdot G \cdot 2 \cdot h = 6 \cdot G \cdot h = 6 \cdot V$
Das Volumen versechsfacht sich also.

67. a) Die Kanten des Bodens sind alle 3 cm lang. Die Kanten des Deckels sind 2 cm bzw. 3 cm lang. Die Kanten der Seitenflächen müssen berechnet werden. Da die Praline symmetrisch ist, sind die Kanten der Seitenflächen gleich lang.
Es wird die Vorderseite der Praline betrachtet, die der Grundfläche des Prismas entspricht. Sie ist ein symmetrisches Trapez. Die parallelen Seiten sind 2 cm und 3 cm lang, die Höhe beträgt 2 cm. Die zwei anderen Seiten sind gesucht.

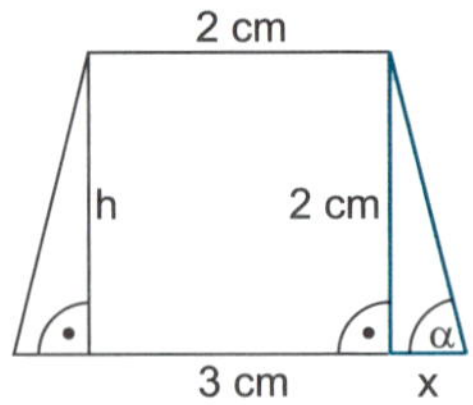

Da das Trapez symmetrisch ist, sind die gesuchten Schenkel gleich lang. Mithilfe eines rechtwinkligen Dreiecks und dem Satz des Pythagoras lassen sie sich bestimmen.
Die Hypotenuse ist die gesuchte Seite, eine Kathete entspricht der Höhe. Die zweite Kathete ergibt sich wegen der Symmetrie des Trapezes als Hälfte der Differenz von unterer und oberer paralleler Seite:
$x = (3\text{ cm} - 2\text{ cm}) : 2 = 0{,}5\text{ cm}$

Es gilt für den Trapezschenkel b daher:
$b = \sqrt{(2\text{ cm})^2 + (0{,}5\text{ cm})^2} = \sqrt{4{,}25}\text{ cm} \approx \mathbf{2{,}06\text{ cm}}$

b) Der Neigungswinkel α wird mithilfe des rechtwinkligen Dreiecks aus Teilaufgabe a und dem Tangens berechnet:

$$\tan\alpha = \frac{h}{x} = \frac{2\text{ cm}}{0{,}5\text{ cm}} = 4 \quad\Rightarrow\quad \alpha = \tan^{-1} 4 \approx \mathbf{75{,}96°}$$

c) Das Prisma liegt auf einer Seitenfläche. Die Grundfläche ist das Trapez, die Höhe entspricht der Kantenlänge des quadratischen Bodens.

$$G = \frac{1}{2}\cdot(a+c)\cdot h_{\text{Trapez}} = \frac{1}{2}\cdot(3\text{ cm}+2\text{ cm})\cdot 2\text{ cm} = 5\text{ cm}^2$$

$$V = G\cdot h = G\cdot h_{\text{Prisma}} = 5\text{ cm}^2\cdot 3\text{ cm} = \mathbf{15\text{ cm}^3}$$

d) Für die Oberfläche gilt:

$$O = 2\cdot G + u_{\text{Trapez}}\cdot h_{\text{Prisma}}$$

Die Grundfläche sowie die für den Trapezumfang notwendigen Schenkellängen wurden bereits in Teilaufgabe b berechnet:

$$\begin{aligned} O &= 2\cdot 5\text{ cm}^2 + (2\sqrt{4{,}25}\text{ cm} + 2\text{ cm} + 3\text{ cm})\cdot 3\text{ cm} \\ &= 10\text{ cm}^2 + 6\sqrt{4{,}25}\text{ cm}^2 + 15\text{ cm}^2 \\ &= 25\text{ cm}^2 + 6\sqrt{4{,}25}\text{ cm}^2 \\ &\approx \mathbf{37{,}37\text{ cm}^2} \end{aligned}$$

e) Die Abbildung zeigt eine der verschiedenen Möglichkeiten.

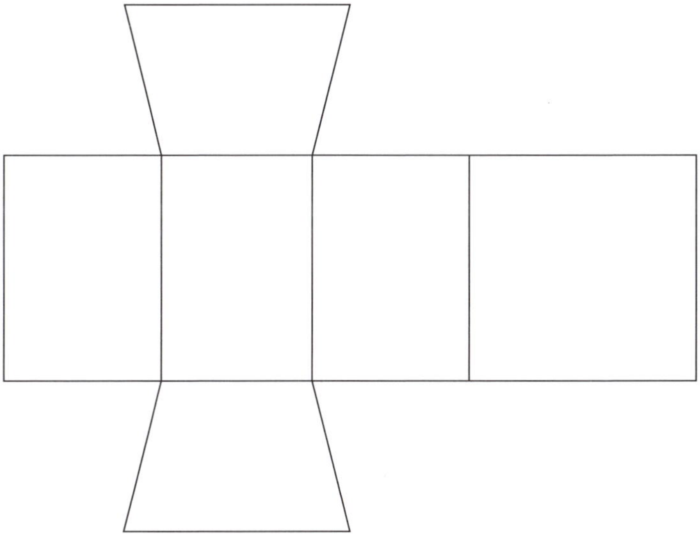

Das Netz setzt sich auf jeden Fall aus zwei kongruenten symmetrischen Trapezen mit 2 cm Höhe und 2 cm bzw. 3 cm langen parallelen Seiten, zwei kongruenten Rechtecken mit Seitenlängen 3 cm und 2,1 cm sowie einem Rechteck mit Seitenlängen 2 cm und 3 cm und einem Quadrat mit Seitenlänge 3 cm zusammen.

Hinweise und Tipps:
Wenn du nicht sicher bist, ob du die Flächen richtig aneinandergehängt hast, schneide das Netz aus und versuche, das Prisma zu falten.

f) Für die folgende Anordnung benötigt man das wenigste Verpackungsmaterial:

Hinweise und Tipps:
Schneide die einzelnen Flächen aus und füge sie auf unterschiedliche Arten zu einem Netz des Prismas zusammen. Lege jeweils ein Rechteck um das Netz und vergleiche, bei welcher Anordnung dieses Rechteck den kleinsten Flächeninhalt hat.

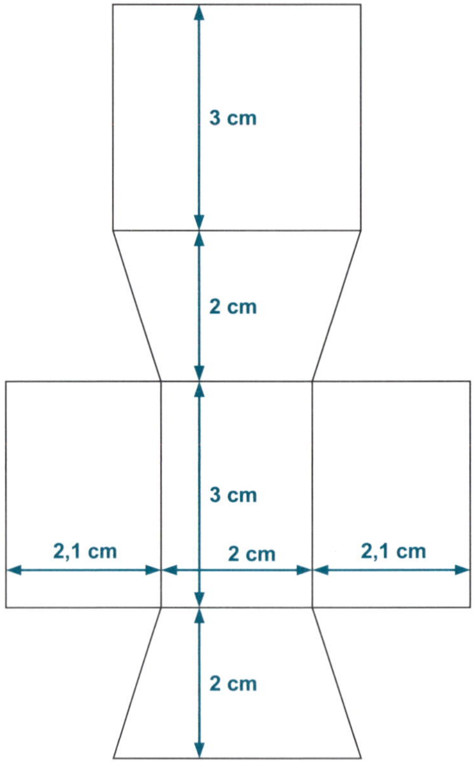

Für den Platzbedarf gilt:
Länge des Rechtecks: 3 cm + 2 cm + 3 cm + 2 cm = 10 cm
Breite des Rechtecks: 2,1 cm + 2 cm + 2,1 cm = 6,2 cm
Flächeninhalt des Rechtecks: $A_{Rechteck} = 10\text{ cm} \cdot 6{,}2\text{ cm} = 62\text{ cm}^2$
Den eigentlich überflüssigen Teil der Folie erhält man aus der Differenz von Rechtecksfläche und Oberfläche des Prismas.

$$A_{Rest} = A_{Rechteck} - O = 62\text{ cm}^2 - (25\text{ cm}^2 + 6\sqrt{4,25}\text{ cm}^2) \approx 24{,}63\text{ cm}^2$$

Den prozentualen Anteil erhält man als Quotient des Restes zur Rechtecksfläche:

$$\frac{A_{Rest}}{A_{Rechteck}} = \frac{24,63\ cm^2}{62\ cm^2} \approx \mathbf{39,7\ \%}$$

g) Für die Volumenberechnung des Nugatprismas benötigt man neben der einfach zu bestimmenden neuen Höhe h'_{Prisma} vor allem die Größe der neuen Grundfläche. Diese ist wieder ein Trapez mit Höhe h'_{Trapez}.

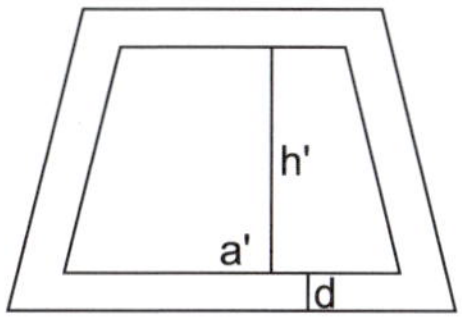

$$h'_{Trapez} = h_{Trapez} - 2 \cdot d = 2\ cm - 2 \cdot 2\ mm$$
$$= 2\ cm - 0,4\ cm = 1,6\ cm$$

Die parallelen Seiten a' und c' sind nicht ganz so einfach zu berechnen. Folgende Abbildung zeigt die starke Vergrößerung einer Ecke.

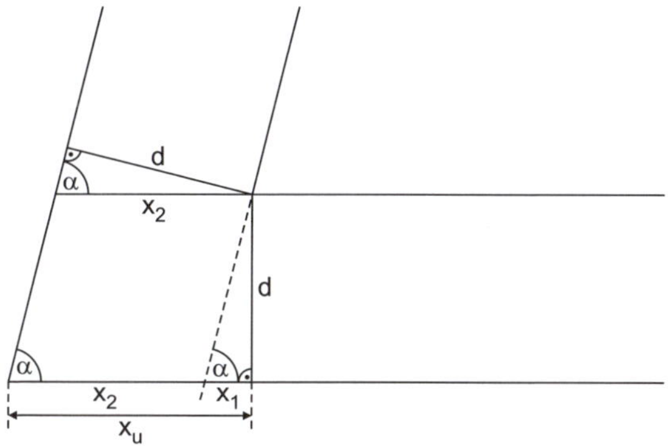

Für die Grundseite a' des neuen Trapezes gilt:

$a' = a - 2 \cdot x_u$

x_u lässt sich in die zwei Teile x_1 und x_2 zerlegen.

Für x_1 gilt:

$$\tan\alpha = \frac{d}{x_1} \quad \Rightarrow \quad x_1 = \frac{d}{\tan\alpha} = \frac{2\ mm}{\tan 75,96°} \approx 0,5\ mm,$$

wobei α der in Teilaufgabe b berechnete Neigungswinkel ist.

Für x_2 gilt:

$$\sin\alpha = \frac{d}{x_2} \quad \Rightarrow \quad x_2 = \frac{d}{\sin\alpha} = \frac{2\ mm}{\sin 75,96°} \approx 2,06\ mm$$

Somit ergibt sich:

$a' = a - 2 \cdot (x_1 + x_2) = 3\ cm - 2 \cdot (0,05\ cm + 0,206\ cm) = 2,488\ cm$

Folgende Abbildung zeigt die starke Vergrößerung einer oberen Ecke.

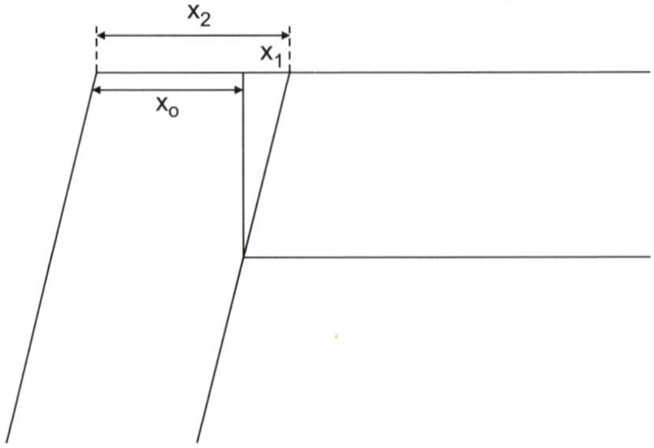

Für c' gilt: $c' = c - 2 \cdot x_o$
Für x_o gilt: $x_o = x_2 - x_1$
$c' = c - 2 \cdot (x_2 - x_1) = 2\text{ cm} - 2 \cdot (0{,}206\text{ cm} - 0{,}05\text{ cm}) = 1{,}688\text{ cm}$

Für die Grundfläche gilt nun:

$$G' = \frac{1}{2} \cdot (a' + c') \cdot h'_{Trapez}$$
$$= \frac{1}{2} \cdot (2{,}488\text{ cm} + 1{,}688\text{ cm}) \cdot 1{,}6\text{ cm} = 3{,}3408\text{ cm}^2$$

Für das Volumen der Nugatfüllung benötigt man noch die neue Höhe des Prismas:

$$h'_{Prisma} = h_{Prisma} - 2 \cdot d = 3\text{ cm} - 2 \cdot 2\text{ mm} = 3\text{ cm} - 0{,}4\text{ cm} = 2{,}6\text{ cm}$$

Für das Volumen der Nugatfüllung gilt nun:

$$V = G' \cdot h'_{Prisma} = 3{,}3408\text{ cm}^2 \cdot 2{,}6\text{ cm} \approx \mathbf{8{,}69\text{ cm}^3}$$

Der Überzug ist das Volumen der gesamten Praline abzüglich der Nugatfüllung. Für ihren prozentualen Anteil gilt:

$$\frac{V_{Überzug}}{V_{Praline}} = \frac{V_{Praline} - V_{Nugat}}{V_{Praline}} = \frac{15\text{ cm}^3 - 8{,}69\text{ cm}^3}{15\text{ cm}^3} \approx \mathbf{42\ \%}$$

68. Hinweise und Tipps:
Zwei Größen sind jeweils gegeben. Im Idealfall findet man immer eine Formel, die neben den bekannten Größen nur eine unbekannte Größe enthält. Diese Formel muss dann nach der unbekannten Größe aufgelöst und die gegebenen Werte eingesetzt werden. So kann man Schritt für Schritt alle Größen bestimmen. Oft gibt es mehrere Möglichkeiten, die aber alle zum selben Ergebnis führen.
Die Teilaufgaben e und f sind nicht so einfach zu lösen: Zu den beiden gegebenen Größen existiert jeweils eine Formel, die zusätzlich die beiden unbekannten Größen r und h enthalten. Jede einzelne dieser Formeln allein hilft somit nicht weiter. Vielmehr müssen gleichzeitig beide Formeln verwendet werden. Man hat es hier mit einem Gleichungssystem bestehend aus zwei Gleichungen für die beiden Unbekannten r und h zu tun.

	r	h	V	M	O
a)	2 cm	4 cm	**50,27 cm³**	**50,27 cm²**	**75,40 cm²**
b)	5 cm	**3,00 cm**	235,62 cm³	**94,25 cm²**	**251,33 cm²**
c)	**2,50 cm**	8 cm	157,08 cm³	**125,66 cm²**	**164,93 cm²**
d)	2,3 m	**4,50 m**	**74,79 m³**	**65,03 m²**	98,27 m²
e)	**14,00 cm**	**20,00 cm**	**12 315,04 cm³**	1 759,29 cm²	2 990,8 cm²
f)	**3,00 cm**	**2,00 cm**	56,55 cm³	37,7 cm²	**94,25 cm²**

Rechenwege:

a) $V = \pi \cdot r^2 \cdot h = \pi \cdot (2\text{ cm})^2 \cdot 4\text{ cm} \approx \mathbf{50{,}27\ cm^3}$
$M = 2 \cdot \pi \cdot r \cdot h = 2 \cdot \pi \cdot 2\text{ cm} \cdot 4\text{ cm} \approx \mathbf{50{,}27\ cm^2}$
$O = 2 \cdot \pi \cdot r^2 + 2 \cdot \pi \cdot r \cdot h = 2 \cdot \pi \cdot (2\text{ cm})^2 + 2 \cdot \pi \cdot 2\text{ cm} \cdot 4\text{ cm} \approx \mathbf{75{,}40\ cm^2}$

b) Mit Radius und Volumen lässt sich die Höhe bestimmen:

$$V = \pi \cdot r^2 \cdot h \quad \Rightarrow \quad h = \frac{V}{\pi \cdot r^2} = \frac{235{,}62\text{ cm}^3}{\pi \cdot (5\text{ cm})^2} \approx \mathbf{3{,}00\ cm}$$

Nun können der Mantel und die Oberfläche bestimmt werden:
$M = 2 \cdot \pi \cdot r \cdot h = 2 \cdot \pi \cdot 5\text{ cm} \cdot 3\text{ cm} \approx \mathbf{94{,}25\ cm^2}$
$O = 2 \cdot \pi \cdot r^2 + 2 \cdot \pi \cdot r \cdot h = 2 \cdot \pi \cdot (5\text{ cm})^2 + 2 \cdot \pi \cdot 5\text{ cm} \cdot 3\text{ cm} \approx \mathbf{251{,}33\ cm^2}$

c) Mit Höhe und Volumen lässt sich der Radius bestimmen:

$$V = \pi \cdot r^2 \cdot h \quad \Rightarrow \quad r = \sqrt{\frac{V}{\pi \cdot h}} = \sqrt{\frac{157{,}08\text{ cm}^3}{\pi \cdot 8\text{ cm}}} \approx \mathbf{2{,}50\ cm}$$

Nun können der Mantel und die Oberfläche bestimmt werden:
$M = 2 \cdot \pi \cdot r \cdot h = 2 \cdot \pi \cdot 2{,}5\text{ cm} \cdot 8\text{ cm} \approx \mathbf{125{,}66\ cm^2}$
$O = 2 \cdot \pi \cdot r^2 + 2 \cdot \pi \cdot r \cdot h = 2 \cdot \pi \cdot (2{,}5\text{ cm})^2 + 2 \cdot \pi \cdot 2{,}5\text{ cm} \cdot 8\text{ cm} \approx \mathbf{164{,}93\ cm^2}$

d) Mit Radius und Oberfläche lässt sich die Höhe bestimmen:
$O = 2 \cdot \pi \cdot r^2 + 2 \cdot \pi \cdot r \cdot h \qquad | -2 \cdot \pi \cdot r$
$O - 2 \cdot \pi \cdot r^2 = 2 \cdot \pi \cdot r \cdot h \qquad | :(2\pi r)$

$$h = \frac{O - 2 \cdot \pi \cdot r^2}{2 \cdot \pi \cdot r} = \frac{98{,}27\text{ m}^2 - 2 \cdot \pi \cdot (2{,}3\text{ m})^2}{2 \cdot \pi \cdot 2{,}3\text{ m}} \approx \mathbf{4{,}50\ m}$$

Nun können das Volumen und der Mantel bestimmt werden:
$V = \pi \cdot r^2 \cdot h = \pi \cdot (2{,}3\text{ m})^2 \cdot 4{,}5\text{ m} \approx \mathbf{74{,}79\ m^3}$
$M = 2 \cdot \pi \cdot r \cdot h = 2 \cdot \pi \cdot 2{,}3\text{ m} \cdot 4{,}5\text{ m} \approx \mathbf{65{,}03\ m^2}$

e) Die Oberfläche ist der Mantel und zusätzlich zweimal der Boden, der ein Kreis mit Radius r ist.
$O = M + 2 \cdot \pi \cdot r^2 \qquad | -M$

Diese Formel wird nach r aufgelöst:

$O - M = 2 \cdot \pi \cdot r^2 \qquad |:(2\pi) \quad |\sqrt{\ }$

$$r = \sqrt{\frac{O-M}{2 \cdot \pi}} = \sqrt{\frac{2\,990{,}8\ \text{cm}^2 - 1\,759{,}29\ \text{cm}^2}{2 \cdot \pi}} \approx \mathbf{14{,}00\ cm}$$

Mit Radius und Mantel lässt sich nun die Höhe bestimmen:

$$M = 2 \cdot \pi \cdot r \cdot h \quad \Rightarrow \quad h = \frac{M}{2 \cdot \pi \cdot r} = \frac{1\,759{,}29\ \text{cm}^2}{2 \cdot \pi \cdot 14\ \text{cm}} \approx \mathbf{20{,}00\ cm}$$

Nun kann das Volumen bestimmt werden:

$V = \pi \cdot r^2 \cdot h = \pi \cdot (14\ \text{cm})^2 \cdot 20\ \text{cm} \approx \mathbf{12\,315{,}04\ cm^3}$

f) Die Formel für den Mantel wird z. B. nach der Höhe aufgelöst und der entstehende Term in die Formel für das Volumen anstelle der Höhe eingesetzt:

$$M = 2 \cdot \pi \cdot r \cdot h \quad \Rightarrow \quad h = \frac{M}{2 \cdot \pi \cdot r}$$

$$V = \pi \cdot r^2 \cdot \frac{M}{2 \cdot \pi \cdot r}$$

$$V = \frac{r \cdot M}{2}$$

Die entstehende Gleichung enthält nur noch die bekannten Größen V und M sowie den unbekannten Radius. Nach diesem wird nun aufgelöst:

$$r = \frac{2 \cdot V}{M} = \frac{2 \cdot 56{,}55\ \text{cm}^3}{37{,}7\ \text{cm}^2} = \mathbf{3{,}00\ cm}$$

Nun können noch die Höhe h und die Oberfläche bestimmt werden:

$$h = \frac{M}{2 \cdot \pi \cdot r} = \frac{37{,}7\ \text{cm}^2}{2 \cdot \pi \cdot 3\ \text{cm}} \approx \mathbf{2{,}00\ cm}$$

$O = M + 2 \cdot \pi \cdot r^2 = 37{,}7\ \text{cm}^2 + 2 \cdot \pi \cdot (3\ \text{cm})^2 \approx \mathbf{94{,}25\ cm^2}$

69. a) Durch die Verdopplung der Höhe hat der Zylinder auch doppeltes Volumen:

$V_{neu} = \pi \cdot r^2 \cdot h_{neu} = \pi \cdot r^2 \cdot 2 \cdot h_{alt} = \mathbf{2 \cdot V_{alt}}$

Die Oberfläche verdoppelt sich jedoch nicht. In der nebenstehenden Abbildung sieht man zwei verschiedene Möglichkeiten, wie die Veränderung der Oberfläche bei Verdopplung der Höhe des Zylinders veranschaulicht werden kann.

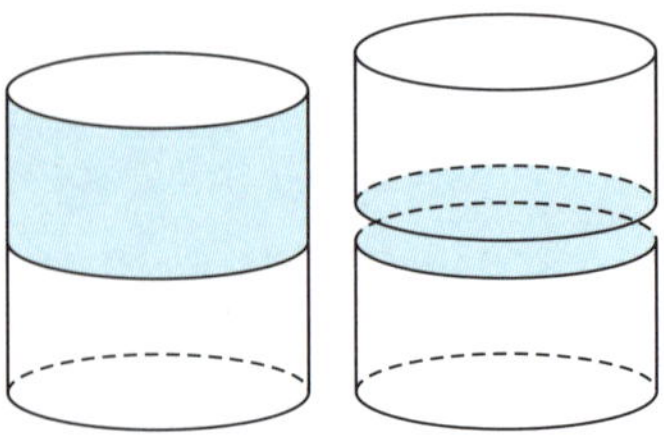

Möglichkeit 1:
Die Deckfläche vom Zylinder wird angehoben und der bisherige Mantel wird nach oben hin verdoppelt, woraufhin die Deckfläche wieder aufgesetzt wird. Die Oberfläche vergrößert sich also um die ursprüngliche Mantelfläche.

Dies lässt sich auch rechnerisch begründen. Es gilt:

$$O_{neu} = 2 \cdot \pi \cdot r^2 + 2 \cdot \pi \cdot r \cdot h_{neu} = 2 \cdot \pi \cdot r^2 + 2 \cdot \pi \cdot r \cdot 2 \cdot h_{alt}$$
$$= 2 \cdot \pi \cdot r^2 + 4 \cdot \pi \cdot r \cdot h_{alt} = 2 \cdot \pi \cdot r^2 + 2 \cdot \pi \cdot r \cdot h_{alt} + 2 \cdot \pi \cdot r \cdot h_{alt}$$
$$= \mathbf{O_{alt} + M_{alt}}$$

Möglichkeit 2:
Es wird einfach ein zweiter Zylinder gleicher Größe noch einmal auf den schon vorhandenen Zylinder gestellt. Hierbei kommt es nicht zu einer Verdopplung der Oberfläche, da die Deckfläche des unteren und die Grundfläche des oberen Zylinders nicht Teil der Oberfläche des entstehenden Gesamtzylinders sind. Diese Flächen muss man von der verdoppelten Oberfläche somit abziehen.

Rechnerisch erhält man diese Möglichkeit auch, da gilt:

$$O_{neu} = 2 \cdot \pi \cdot r^2 + 2 \cdot \pi \cdot r \cdot h_{neu}$$
$$= 2 \cdot \pi \cdot r^2 + 2 \cdot \pi \cdot r \cdot 2 \cdot h_{alt}$$
$$= 2 \cdot \pi \cdot r^2 + 2 \cdot 2 \cdot \pi \cdot r \cdot h_{alt} + \underbrace{2 \cdot \pi \cdot r^2 - 2 \cdot \pi \cdot r^2}_{=0}$$
$$= 2 \cdot 2 \cdot \pi \cdot r^2 + 2 \cdot 2 \cdot \pi \cdot r \cdot h_{alt} - 2 \cdot \pi \cdot r^2$$
$$= 2 \cdot (2 \cdot \pi \cdot r^2 + 2 \cdot \pi \cdot r \cdot h_{alt}) - 2 \cdot \pi \cdot r^2$$
$$= \mathbf{2 \cdot O_{alt} - 2 \cdot A_{Grundfläche\ alt}}$$

b) Da der zusätzlich um den Zylinder gelegte Ring nicht das gleiche Volumen wie der ursprüngliche Zylinder hat, kommt es nicht zu einer Volumenverdopplung.

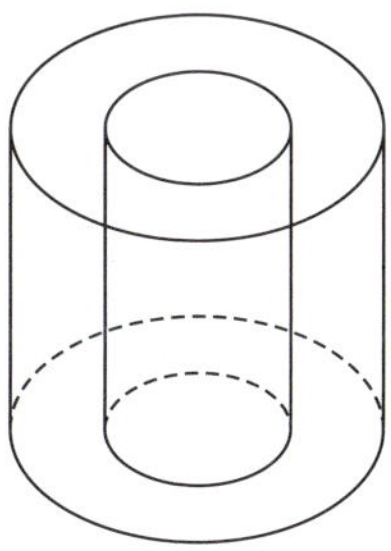

Es gilt:

$$V_{neu} = \pi \cdot r_{neu}^2 \cdot h = \pi \cdot (2 \cdot r_{alt})^2 \cdot h$$
$$= \pi \cdot 4 \cdot r_{alt}^2 \cdot h = \mathbf{4 \cdot V_{alt}}$$

Das Volumen vervierfacht sich also.

Für die Oberfläche gelten folgende Überlegungen:
Der Mantel hängt von der Höhe des Zylinders und dem Umfang ab. Die Höhe verändert sich nicht, der Umfang wird bei doppeltem Radius auch verdoppelt. Der Mantel wird also insgesamt verdoppelt.

Grund- und Deckfläche hängen quadratisch vom Radius ab. Verdoppelt man den Radius, so vervierfacht sich jeweils die Fläche. Man hat also viermal so viel Grund- und Deckfläche.
Insgesamt hat man einen doppelt so großen Mantel und viermal so große Grund- und Deckflächen. Der doppelte Mantel und jeweils die Hälfte der neuen Grund- und Deckfläche ergeben bereits eine Fläche, die doppelt so groß ist wie die Oberfläche des ursprünglichen Zylinders. Jeweils die Hälfte der neuen Grund- und Deckfläche bleibt sozusagen übrig – das ist insgesamt der vierfache Inhalt der ursprünglichen Grundfläche.

Rechnerisch ergibt sich für die Oberfläche:

$$\begin{aligned} O_{neu} &= 2\cdot\pi\cdot r_{neu}^2 + 2\cdot\pi\cdot r_{neu}\cdot h \\ &= 2\cdot\pi\cdot(2\cdot r_{alt})^2 + 2\cdot\pi\cdot 2\cdot r_{alt}\cdot h \\ &= 2\cdot\pi\cdot 4\cdot r_{alt}^2 + 4\cdot\pi\cdot r_{alt}\cdot h \\ &= 8\cdot\pi\cdot r_{alt}^2 + 4\cdot\pi\cdot r_{alt}\cdot h \\ &= 4\cdot\pi\cdot r_{alt}^2 + 4\cdot\pi\cdot r_{alt}\cdot h + 4\cdot\pi\cdot r_{alt}^2 \\ &= 2\cdot(2\cdot\pi\cdot r_{alt}^2 + 2\cdot\pi\cdot r_{alt}\cdot h) + 4\cdot\pi\cdot r_{alt}^2 \\ &= \mathbf{2\cdot O_{alt} + 4\cdot A_{Grundfläche\ alt}} \end{aligned}$$

c) Eine rein anschauliche Überlegung ist hier schwierig. Viel leichter liefert ein rechnerischer Vergleich die Lösung:

$$V_{neu} = 2\cdot V_{alt}$$
$$\pi\cdot r_{neu}^2\cdot h = 2\cdot\pi\cdot r_{alt}^2\cdot h \quad |:(\pi\cdot h)$$
$$r_{neu}^2 = 2\cdot r_{alt}^2 \quad |\sqrt{\ }$$
$$r_{neu} = \sqrt{2}\cdot r_{alt}$$

Der neue Radius ist um den Faktor $\mathbf{\sqrt{2}}$ größer als der alte Radius.

d) Halbe Höhe bei gleichem Radius heißt halbes Volumen. Um wieder auf das ursprüngliche Volumen zu gelangen, muss der Radius so verändert werden, dass das Volumen mit halber Höhe verdoppelt wird. Dies geschieht durch die Vergrößerung des Radius um den Faktor $\mathbf{\sqrt{2}}$ (siehe Teilaufgabe c). Es gilt somit: $r_{neu} = \sqrt{2}\cdot r_{alt}$

e) Es gilt:

$$O_{neu} = 2\cdot O_{alt}$$
$$2\cdot\pi\cdot r_{neu}^2 + 2\cdot\pi\cdot r_{neu}\cdot h = 2\cdot(2\cdot\pi\cdot r_{alt}^2 + 2\cdot\pi\cdot r_{alt}\cdot h)$$
$$2\cdot\pi\cdot(r_{neu}^2 + r_{neu}\cdot h) = 2\cdot\pi\cdot(2\cdot r_{alt}^2 + 2\cdot r_{alt}\cdot h) \quad |:(2\cdot\pi)$$
$$r_{neu}^2 + r_{neu}\cdot h = 2r_{alt}^2 + 2r_{alt}\cdot h \quad |-(2r_{alt}^2 + 2r_{alt}\cdot h)$$
$$r_{neu}^2 + r_{neu}\cdot h - (2r_{alt}^2 + 2r_{alt}\cdot h) = 0$$

Dies ist eine quadratische Gleichung mit der unbekannten r_{neu}, die mithilfe der Lösungsformel für quadratische Gleichungen gelöst werden kann:

$a = 1,\ b = h,\ c = -(2r_{alt}^2 + 2r_{alt} \cdot h)$

$$r_{neu_{1/2}} = \frac{-h \pm \sqrt{h^2 - 4 \cdot [-(2r_{alt}^2 + 2r_{alt}^2 h)]}}{2} = \frac{-h \pm \sqrt{h^2 + 8r_{alt}^2 + 8r_{alt}^2 h}}{2}$$

Da der Radius größer als null ist, ist nur die Lösung mit „+“ sinnvoll:

$$r_{neu} = \mathbf{\frac{-h + \sqrt{h^2 + 8r_{alt}^2 + 8r_{alt}^2 h}}{2}}$$

70. a) Ein Liter entspricht einem Kubikdezimeter. Wenn man die Längenangaben in dm umrechnet, erhält man das Volumen in Litern:

$$V_1 = \pi \cdot r_1^2 \cdot h_1 = \pi \cdot \left(\frac{1}{2} \cdot 790\text{ mm}\right)^2 \cdot 2\,010\text{ mm}$$

$$= \pi \cdot \left(\frac{1}{2} \cdot 7{,}9\text{ dm}\right)^2 \cdot 20{,}1\text{ dm} \approx \mathbf{985\ \ell}$$

$$V_2 = \pi \cdot r_2^2 \cdot h_2 = \pi \cdot \left(\frac{1}{2} \cdot 1100\text{ mm}\right)^2 \cdot 2\,260\text{ mm}$$

$$= \pi \cdot \left(\frac{1}{2} \cdot 11\text{ dm}\right)^2 \cdot 22{,}6\text{ dm} \approx \mathbf{2\,148\ \ell}$$

Der Hersteller gibt bei Speicher 1 zu viel, bei Speicher 2 zu wenig Inhalt an.

b) $O_2 = 2 \cdot \pi \cdot r_2^2 + 2 \cdot \pi \cdot r_2 \cdot h_2$

$$= 2 \cdot \pi \cdot \left(\frac{1}{2} \cdot 11\text{ dm}\right)^2 + 2 \cdot \pi \cdot \left(\frac{1}{2} \cdot 11\text{ dm}\right) \cdot 22{,}6\text{ dm} \approx \mathbf{971\text{ dm}^2}$$

$2 \cdot O_1 = 2 \cdot (2 \cdot \pi \cdot r_1^2 + 2 \cdot \pi \cdot r_1 \cdot h_1)$

$$= 2 \cdot \left(2 \cdot \pi \cdot \left(\frac{1}{2} \cdot 7{,}9\text{ dm}\right)^2 + 2 \cdot \pi \cdot \frac{1}{2} \cdot 7{,}9\text{ dm} \cdot 20{,}1\text{ dm}\right) \approx \mathbf{1\,194\text{ dm}^2}$$

Die Gesamtoberfläche der beiden kleinen Tanks ist deutlich größer als die Oberfläche des großen Tanks. Der große Tank ist daher zu bevorzugen. Allerdings könnten Durchmesser und Höhe den Einsatz unmöglich machen, weil der Tank evtl. nicht durch die Türen passt oder in einem niedrigen Keller nicht aufgestellt werden kann. (Mit dem Satz des Pythagoras lässt sich berechnen, dass der Tank nur aufgestellt werden kann, wenn der Keller mindestens 2,52 m hoch ist.)

c) Doppeltes Volumen bei gleichem Radius bedeutet, dass die Höhe verdoppelt wird (siehe auch Aufgabe 69 a).
Für die Oberfläche des doppelt so hohen Speichers gilt dann:

$$O = 2 \cdot \pi \cdot r_1^2 + 2 \cdot \pi \cdot r_1 \cdot 2 \cdot h_1$$
$$= 2 \cdot \pi \cdot \left(\frac{1}{2} \cdot 7{,}9\ \text{dm}\right)^2 + 2 \cdot \pi \cdot \frac{1}{2} \cdot 7{,}9\ \text{dm} \cdot 2 \cdot 20{,}1\ \text{dm} \approx \mathbf{1\,096\ dm^2}$$

Um die Oberfläche der zweiten Variante zu berechnen, benötigt man zunächst den veränderten Radius.

$$V_{\text{doppelt}} = \pi \cdot r_{\text{neu}}^2 \cdot h_1$$
$$r_{\text{neu}}^2 = \frac{V_{\text{doppelt}}}{\pi \cdot h_1}$$
$$r_{\text{neu}} = \sqrt{\frac{2 \cdot \pi \cdot r_1^2 \cdot h_1}{\pi \cdot h_1}} = \sqrt{2 \cdot r_1^2} = \sqrt{2} \cdot r_1 \quad \text{(siehe auch Aufgabe 69 c)}$$
$$O = 2 \cdot \pi \cdot r_{\text{neu}}^2 + 2 \cdot \pi \cdot r_{\text{neu}} \cdot h_1$$
$$= 2 \cdot \pi \cdot (\sqrt{2} \cdot r_1)^2 + 2 \cdot \pi \cdot \sqrt{2} \cdot r_1 \cdot h_1$$
$$= 2 \cdot \pi \cdot 2 \cdot r_1^2 + 2 \cdot \pi \cdot \sqrt{2} \cdot r_1 \cdot h_1$$
$$= 4 \cdot \pi \cdot \left(\frac{1}{2} \cdot 7{,}9\ \text{dm}\right)^2 + 2 \cdot \pi \cdot \sqrt{2} \cdot \frac{1}{2} \cdot 7{,}9\ \text{dm} \cdot 20{,}1\ \text{dm} \approx \mathbf{902\ dm^2}$$

Eine Vergrößerung des Radius ist also energetisch günstiger.

71. a) Johannes beklebt die gesamte Oberfläche:

$$O = 2 \cdot \pi \cdot r \cdot h + 2 \cdot \pi \cdot r^2$$
$$= 2 \cdot \pi \cdot 30\ \text{cm} \cdot 80\ \text{cm} + 2 \cdot \pi \cdot (30\ \text{cm})^2$$
$$\approx 20\,734{,}5\ \text{cm}^2 \approx \mathbf{2{,}07\ m^2}$$

b) Johannes beklebt zweimal den Mantel und zweimal die Grundfläche (einmal innen und einmal außen).

$$A = 2 \cdot M + 2 \cdot G$$
$$= 2 \cdot (M + G)$$
$$= 2 \cdot (2 \cdot \pi \cdot r \cdot h + \pi \cdot r^2)$$
$$= 2 \cdot (2 \cdot \pi \cdot 30\ \text{cm} \cdot 80\ \text{cm} + \pi \cdot (30\ \text{cm})^2)$$
$$\approx 35\,814{,}2\ \text{cm}^2 \approx \mathbf{3{,}58\ m^2}$$

c) Da der Boden einen Durchmesser von 60 cm hat, kann er ihn mit einem passend zugeschnittenen quadratischen Stück Folie der Kantenlänge 60 cm bekleben. Die geforderte Überlappung muss er dann allerdings bei der Beklebung der Seitenfläche berücksichtigen.
Den Mantel kann er nicht am Stück bekleben, da die 60 cm breite Folie für die Höhe nicht reicht. Er hat zwei Möglichkeiten:

Möglichkeit 1:

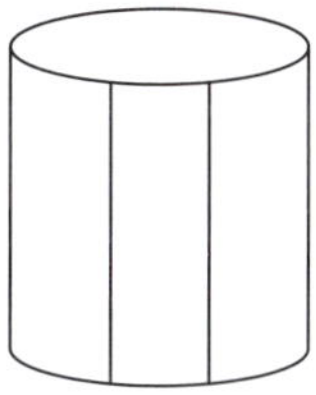

Er schneidet 60 cm breite Bahnen von $80\ \text{cm} + 2 \cdot 4\ \text{cm}$ Länge und klebt sie der Länge nach an die Trommel. Da er Überlappungen von 2 cm benötigt, deckt eine Bahn nicht 60 cm, sondern nur 58 cm. Die Anzahl der benötigten Bahnen erhält man somit als Quotient aus Tonnenumfang und 58 cm:

$2 \cdot \pi \cdot 30\ \text{cm} : 58\ \text{cm} \approx 3{,}25$

Johannes benötigt also $3\frac{1}{4}$ Bahnen. Da die vierte Bahn aber trotzdem 88 cm lang sein muss, muss er vier volle 88 cm Stücke von der Folie abschneiden.

Insgesamt benötigt er von der 60 cm breiten Folie somit $60\ \text{cm} + 4 \cdot 88\ \text{cm} = 412\ \text{cm}$.
Für diese Möglichkeit reicht eine Rolle also nicht aus.

Möglichkeit 2:

Er schneidet zwei Bahnen, die so lang sind wie der Umfang der Tonne zuzüglich der geforderten 2 cm Überlappung, und klebt sie übereinander quer um die Tonne herum.
Da er neben den 80 cm Tonnenhöhe noch $2 \cdot 4$ cm Überlappung nach oben und unten und noch zusätzlich 2 cm Überlappung zwischen den Folien benötigt (insgesamt 90 cm), reichen die 60 cm Folienbreite für zwei Bahnen übereinander aus.

Für die obere schmälere Bahn kann er die Bahn der Länge nach halbieren und benötigt so nur den halben Umfang, muss sie allerdings zweimal überlappen lassen.

Insgesamt ist sein Folienbedarf:

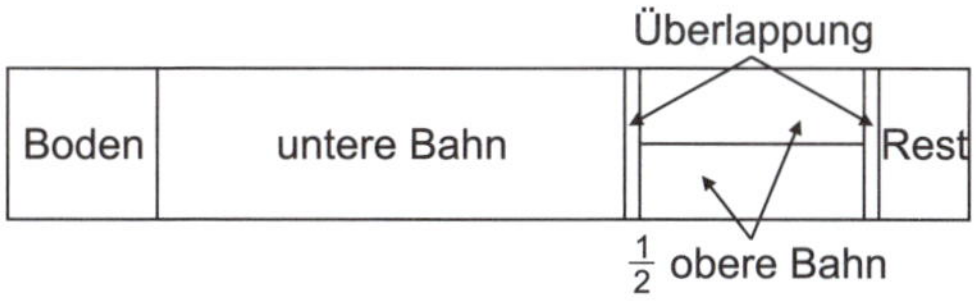

$$60\ \text{cm} + (2 \cdot \pi \cdot 30\ \text{cm} + 2\ \text{cm}) + \frac{1}{2} \cdot 2 \cdot \pi \cdot 30\ \text{cm} + 2\ \text{cm} \approx \mathbf{346{,}7\ cm}$$

Mit der zweiten Methode reicht eine Rolle.

72. a) Die Abbildung zeigt die Anordnung der Batterien von oben. Der 4,5-V-Block ist **51 mm** hoch, **14,3 mm** breit und $3 \cdot 14{,}3\ \text{mm} =$ **42,9 mm** lang.

b) Das Pappestück ist ein Rechteck, dessen eine Seitenlänge der Höhe des Blocks entspricht. Die andere Seitenlänge ist der Umfang der Figur.

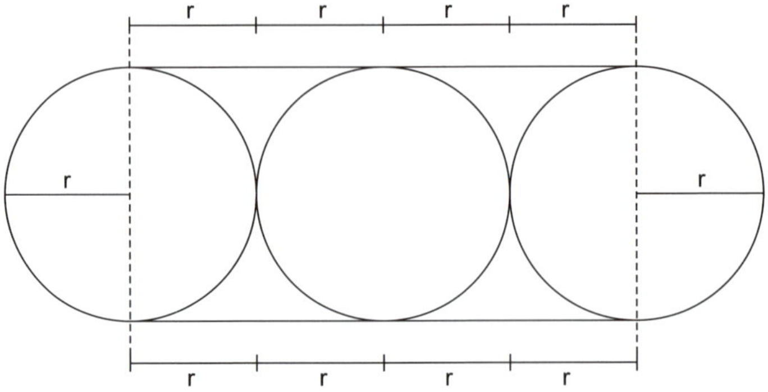

$$u = 8 \cdot r + 2 \cdot \frac{1}{2} \cdot 2 \cdot r \cdot \pi = 4 \cdot d + \pi \cdot d = 4 \cdot 14{,}3\text{ mm} + \pi \cdot 14{,}3\text{ mm} \approx \mathbf{102{,}1\text{ mm}}$$

c) Der 4,5-V-Block lässt sich in einen Quader und zwei Zylinderhälften zerlegen. Die Zylinderhälften ergeben zusammen einen Zylinder mit der Form einer Mignon-Batterie.

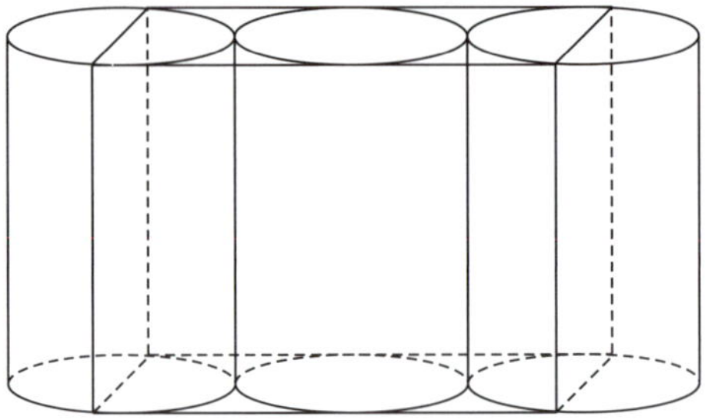

$$V_{Block} = V_{Quader} + V_{Mignon} = \ell \cdot b \cdot h + \pi \cdot r^2 \cdot h$$

$$= (2 \cdot d) \cdot d \cdot h + \pi \cdot \left(\frac{1}{2} \cdot d\right)^2 \cdot h$$

$$= 2 \cdot d^2 \cdot h + \frac{1}{4} \cdot \pi \cdot d^2 \cdot h$$

$$= \left(2 + \frac{1}{4} \cdot \pi\right) \cdot d^2 \cdot h$$

$$= \left(2 + \frac{1}{4} \cdot \pi\right) \cdot (14{,}3\text{ mm})^2 \cdot 51\text{ mm}$$

$$\approx 29\,048{,}9\text{ mm}^3$$

$$\approx \mathbf{29{,}0\text{ cm}^3}$$

d) Das verschenkte Volumen entspricht der Differenz des Volumens des 4,5-V-Blocks und des Volumens der drei einzelnen Mignon-Batterien.

$$V = V_{Block} - 3 \cdot V_{Mignon} = V_{Block} - 3 \cdot \pi \cdot \left(\frac{1}{2} \cdot d\right)^2 \cdot h$$

$$= V_{Block} - \frac{3}{4} \cdot \pi \cdot d^2 \cdot h = 29\,048{,}9\ mm^3 - \frac{3}{4} \cdot \pi \cdot (14{,}3\ mm)^2 \cdot 51\ mm$$

$$\approx 4\,476{,}2\ mm^3 \approx \mathbf{4{,}5\ cm^3}$$

e) Die Grundfläche der sogenannten dichten Packung ist ein gleichseitiges Dreieck mit abgerundeten Kanten. Die Breite dieses „Dreiecks" beträgt: $4 \cdot r = 2 \cdot d = 2 \cdot 14{,}3\ mm = \mathbf{28{,}6\ mm}$

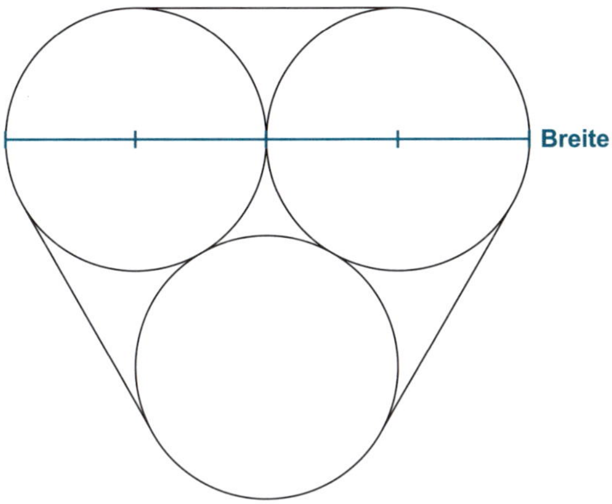

Seine Höhe kann am einfachsten mithilfe eines Hilfsdreiecks bestimmt werden, dessen Ecken durch die Mittelpunkte der einzelnen Mignon-Batterien gebildet werden.

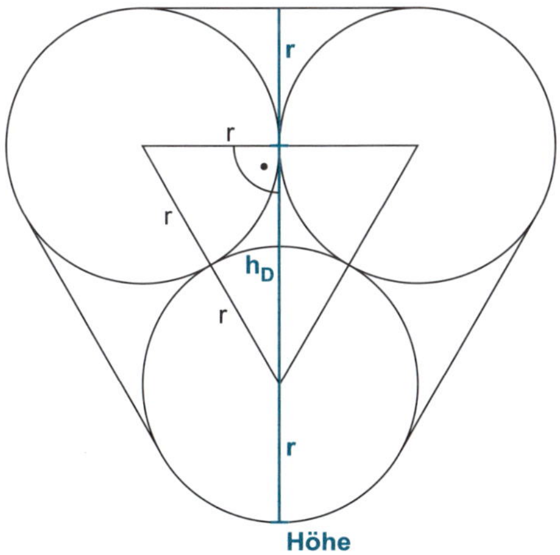

Es gilt:

$h_{„Dreieck"} = 2 \cdot r + h_{Hilfsdreieck} = d + h_{Hilfsdreieck}$

Die Höhe des Hilfsdreiecks wird mithilfe des Satzes von Pythagoras bestimmt:

$$h_{Hilfsdreieck} = \sqrt{(2 \cdot r)^2 - r^2} = \sqrt{4 \cdot r^2 - r^2} = \sqrt{3} \cdot r = \sqrt{3} \cdot \frac{1}{2} \cdot d = \frac{\sqrt{3}}{2} \cdot d$$

Nun kann die Höhe der Grundseite berechnet werden:

$$h_{„Dreieck"} = d + h_{Hilfsdreieck} = d + \frac{\sqrt{3}}{2} \cdot d$$
$$= 14{,}3\text{ mm} + \frac{\sqrt{3}}{2} \cdot 14{,}3\text{ mm} \approx \mathbf{26{,}7\text{ mm}}$$

Die Höhe der Packung entspricht natürlich der Länge einer Mignon-Batterie und beträgt somit **51 mm**.

f) Das Pappestück ist wieder ein Rechteck, dessen Länge durch die Höhe einer Mignon-Batterie festgelegt ist. Seine Breite entspricht dem Umfang der Packungsgrundfläche. Dieser Umfang ist dreimal die in folgender Abbildung farbig markierte Länge. Das gerade Stück entspricht zweimal dem Radius und somit dem Durchmesser einer Mignon-Batterie. Das gekrümmte Stück ist ein Teil vom Kreis mit dem Radius $r = \frac{1}{2} \cdot d$. Für den Mittelpunktswinkel gilt: $\alpha = 360° - 2 \cdot 90° - 60° = 120°$
Die 60° ergeben sich hierbei als Innenwinkel des gleichseitigen Dreiecks, das in Teilaufgabe e bereits als Hilfsdreieck verwendet wurde.

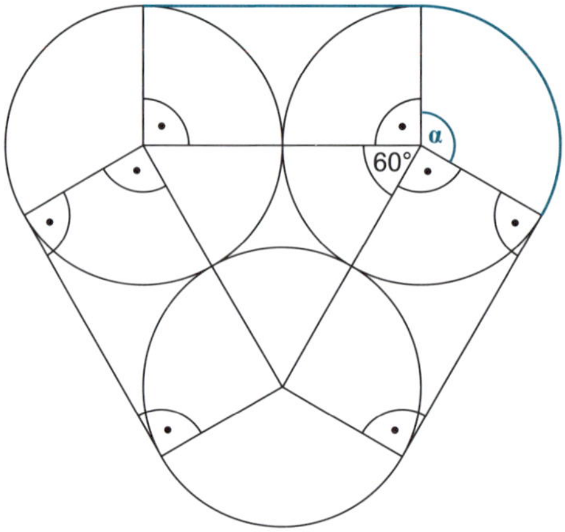

Für den Umfang gilt damit:

$$u = 3 \cdot \left(d + \frac{120°}{360°} \cdot 2 \cdot \pi \cdot \frac{1}{2} \cdot d \right)$$
$$= 3 \cdot \left(14{,}3\text{ mm} + \frac{1}{3} \cdot \pi \cdot 14{,}3\text{ mm} \right) \approx \mathbf{87{,}8\text{ mm}}$$

g) Das Volumen der Packung berechnet man z. B. mithilfe der in Teilaufgabe f gezeigten Zerlegung in drei Quader, ein Prisma und drei Zylinderteile. Da der Mittelpunktswinkel α der Zylinderteile wie in Teilaufgabe f bereits gezeigt 120° beträgt, lassen sich die drei Zylinderteile zu einem Zylinder mit den Abmessungen einer Mignon-Batterie zusammensetzen.
$V = 3 \cdot V_{Quader} + V_{Prisma} + V_{Mignon}$

Das Volumen der Quader ergibt sich als Produkt aus Länge, Breite und Höhe. Die Länge entspricht $2 \cdot r = d$, die Breite $r = \frac{1}{2} \cdot d$ und die Höhe h.

Die Grundfläche des Prismas ist das bereits in Teilaufgabe e und f verwendete gleichseitige Hilfsdreieck, dessen Flächeninhalt sich wie folgt berechnet:

$$G_{Prisma} = \frac{1}{2} \cdot 2 \cdot r \cdot h_{Hilfsdreieck} = \frac{1}{2} \cdot d \cdot \frac{\sqrt{3}}{2} \cdot d = \frac{\sqrt{3}}{4} \cdot d^2$$

Für das gesuchte Volumen der Packung folgt somit:

$$\begin{aligned} V &= 3 \cdot d \cdot \frac{1}{2} \cdot d \cdot h + \frac{\sqrt{3}}{4} \cdot d^2 \cdot h + \pi \cdot \left(\frac{1}{2} \cdot d\right)^2 \cdot h \\ &= \frac{3}{2} \cdot d^2 \cdot h + \frac{\sqrt{3}}{4} \cdot d^2 \cdot h + \frac{1}{4} \cdot \pi \cdot d^2 \cdot h \\ &= \left(\frac{3}{2} + \frac{\sqrt{3}}{4} + \frac{1}{4} \cdot \pi\right) \cdot d^2 \cdot h \\ &= \left(\frac{3}{2} + \frac{\sqrt{3}}{4} + \frac{1}{4} \cdot \pi\right) \cdot (14{,}3\ \text{mm})^2 \cdot 51\ \text{mm} \\ &\approx 28\,350{,}3\ \text{mm}^3 \\ &\approx \mathbf{28{,}4\ cm^3} \end{aligned}$$

h) Das verschenkte Volumen ist wieder die Differenz aus dem Volumen der gesamten Packung und dem Volumen der drei Mignon-Batterien:
$V = V_{Packung} - 3 \cdot V_{Mignon}$

$$\begin{aligned} &= V_{Packung} - 3 \cdot \pi \cdot \left(\frac{1}{2} \cdot d\right)^2 \cdot h \\ &= V_{Packung} - \frac{3}{4} \cdot \pi \cdot d^2 \cdot h \\ &= 28\,350{,}3\ \text{mm}^3 - \frac{3}{4} \cdot \pi \cdot (14{,}3\ \text{mm})^2 \cdot 51\ \text{mm} \\ &\approx 3\,777{,}6\ \text{mm}^3 \\ &= \mathbf{3{,}7776\ cm^3} \end{aligned}$$

73. a) Pro Drehung bewegt sich die Mutter 2,5 mm entlang der Schraube weiter.
$5\text{ cm} : 2{,}5\text{ mm} = 50\text{ mm} : 2{,}5\text{ mm} = 20$
Die Mutter macht somit **20** Umdrehungen.

b) Wenn man von der Schraube ein Stück abschneidet, das genau die Höhe für eine Umdrehung der Schraube besitzt, so erhält man einen Zylinder mit 2,5 mm Höhe. Der Mantel dieses Zylinders ist ein Rechteck mit 2,5 mm Breite und einer Länge, die dem Umfang der Schraube entspricht. Der Weg, den der Floh entlang der Schraubenlinie zurücklegt, ist die Diagonale dieses Rechtecks.

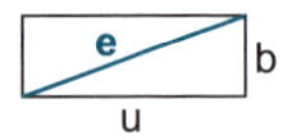

Die Diagonale e lässt sich mithilfe des Satzes von Pythagoras berechnen.
$e = \sqrt{u^2 + b^2} = \sqrt{(\pi \cdot d)^2 + b^2} = \sqrt{(\pi \cdot 4\text{ mm})^2 + (2{,}5\text{ mm})^2} \approx \mathbf{12{,}8\text{ mm}}$

c) Die Steigung ist der Quotient aus überwundenem Höhenunterschied und dabei horizontal zurückgelegter Strecke. Pro Umrundung des Zylinders werden 2,5 mm an Höhe gewonnen.
$$\frac{b}{u} = \frac{b}{\pi \cdot d} = \frac{2{,}5\text{ mm}}{\pi \cdot 4\text{ mm}} \approx 0{,}199 = 19{,}9\ \%$$
Die Steigung beträgt **19,9 %**.

d) Die Strecke ist direkt proportional zur Höhe, d. h., ihr Quotient ist immer konstant:
$$\frac{e}{h} = \frac{12{,}8\text{ mm}}{2{,}5\text{ mm}} = 5{,}12$$
Für die zurückgelegte Strecke in Abhängigkeit von der aktuellen Höhe gilt dann:
$\mathbf{e(h) = 5{,}12 \cdot h}$

74. a) Zusätzlich zu den 5 Ecken der Grundfläche hat die Pyramide noch eine Ecke an der Spitze, insgesamt also $1 + 5 =$ **6 Ecken**.
Neben den 5 Kanten der Grundfläche verläuft von jeder der 5 Ecken aus noch eine Kante zur Spitze. Die Pyramide besitzt also insgesamt $5 + 5 =$ **10 Kanten**.
Wie der Name schon sagt, besitzt die 5-seitige Pyramide 5 Seitenflächen. Hinzu kommt noch die Grundfläche, sodass die Pyramide $1 + 5 =$ **6 Flächen** besitzt.

b) Analog zu den Überlegungen bei Teilaufgabe a ergibt sich für die Anzahl der Ecken **n + 1**, die Anzahl der Kanten $n + n =$ **2n** und für die Anzahl der Flächen **n + 1**.

c) Eine der 18 Flächen ist die Grundfläche, die restlichen 17 Flächen bilden den Mantel, der an die Grundseite anschließt. Die Grundseite hat demnach 17 Seiten und somit auch **17 Ecken**.

d) Da eine n-seitige Pyramide 2n Kanten hat, muss die Kantenanzahl immer gerade sein. Kevin kann also keine Pyramide mit 17 Kanten gezeichnet haben.

75. a) Die Spitze liegt 2 cm über dem Diagonalenschnittpunkt der Grundfläche.

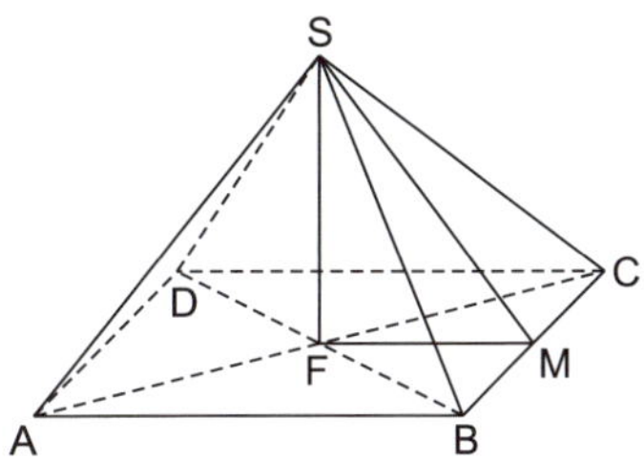

b) $V = \frac{1}{3} \cdot G \cdot h = \frac{1}{3} \cdot a^2 \cdot h$

$= \frac{1}{3} \cdot (3\text{ cm})^2 \cdot 2\text{ cm}$

$= \mathbf{6\text{ cm}^3}$

c) Die Oberfläche setzt sich zusammen aus einem Quadrat mit Kantenlänge 3 cm und vier kongruenten Dreiecken. Für die Berechnung des Flächeninhalts der Dreiecke benötigt man deren Höhe. Diese lässt sich mithilfe des rechtwinkligen Stützdreiecks FMS bestimmen, wobei [FM] halb so lang wie die Quadratseite [AB] ist.

Es gilt nach dem Satz des Pythagoras:

$\overline{MS} = \sqrt{\overline{FM}^2 + \overline{FS}^2} = \sqrt{(1{,}5\text{ cm})^2 + (2\text{ cm})^2} = 2{,}5\text{ cm}$

Für die Oberfläche gilt somit:

$O = A_Q + 4 \cdot A_D = \overline{AB}^2 + 4 \cdot \frac{1}{2} \cdot \overline{AB} \cdot \overline{MS}$

$= (3\text{ cm})^2 + 4 \cdot \frac{1}{2} \cdot 3\text{ cm} \cdot 2{,}5\text{ cm} = \mathbf{24\text{ cm}^2}$

76. a) Durch die Verdopplung der Höhe hat die Pyramide auch doppeltes Volumen:

$V_{neu} = \frac{1}{3} \cdot G \cdot h_{neu} = \frac{1}{3} \cdot G \cdot 2 \cdot h_{alt} = 2 \cdot \frac{1}{3} \cdot G \cdot h_{alt} = \mathbf{2 \cdot V_{alt}}$

b) Durch die Verdopplung der Grundflächenkantenlänge vervierfacht sich die Grundfläche, wodurch die Pyramide viermal so viel Volumen hat:

$V_{neu} = \frac{1}{3} \cdot G_{neu} \cdot h = \frac{1}{3} \cdot a_{neu} \cdot a_{neu} \cdot h = \frac{1}{3} \cdot 2 \cdot a_{alt} \cdot 2 \cdot a_{alt} \cdot h$

$= 4 \cdot \frac{1}{3} \cdot G \cdot h = \mathbf{4 \cdot V_{alt}}$

77. Das Prinzip des Beweises kann man sich anhand einer dreiseitigen Pyramide wie in nebenstehender Abbildung dargestellt überlegen.
Ist der Höhenfußpunkt gleich dem Umkreismittelpunkt, so ist der Abstand vom Fußpunkt zu den Ecken der Grundfläche gleich groß, da alle Punkte eines Kreises den gleichen Abstand zum Mittelpunkt haben.

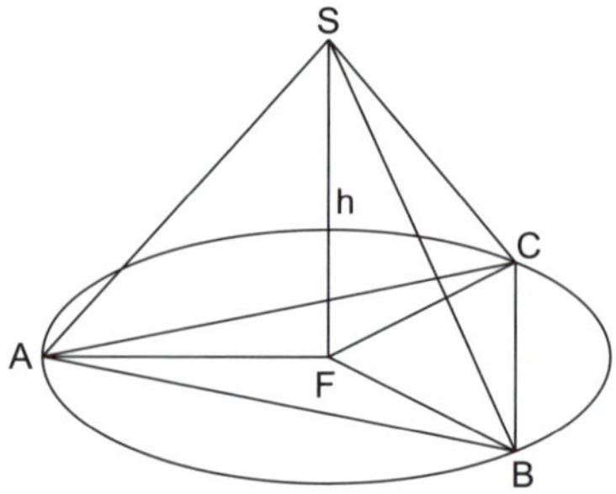

Die Strecke von einer Ecke der Grundfläche zum Höhenfußpunkt, die Höhe der Pyramide und die entsprechende Kante der Seitenfläche bilden ein rechtwinkliges Dreieck. Alle diese Dreiecke sind kongruent zueinander, da sie in zwei Seiten und dem dazwischenliegenden Winkel übereinstimmen (Kongruenzsatz SWS).
Somit sind auch die Kanten alle gleich lang und die Pyramide ist gerade.

Ebenso kann mithilfe des Satzes von Pythagoras argumentiert werden:
Die Seitenkanten lassen sich als Hypotenuse im rechtwinkligen Stützdreieck, das von der Seitenkante, der Höhe und der Verbindung von Fußpunkt zu Eckpunkt gebildet wird, berechnen:

$\overline{AS} = \sqrt{\overline{AF}^2 + h^2}$

Da F zugleich der Umkreismittelpunkt ist, ist diese Kathete in allen Stützdreiecken gleich lang und somit ist auch die Hypotenuse aller Stützdreiecke gleich lang.

78. a) Die Grundfläche der Pyramide ist 2 cm lang und 1,5 cm breit. Die Lage des Höhenfußpunktes erhält man aus dem Netz, indem man den Schnittpunkt der Höhen der Seitendreiecke einzeichnet.

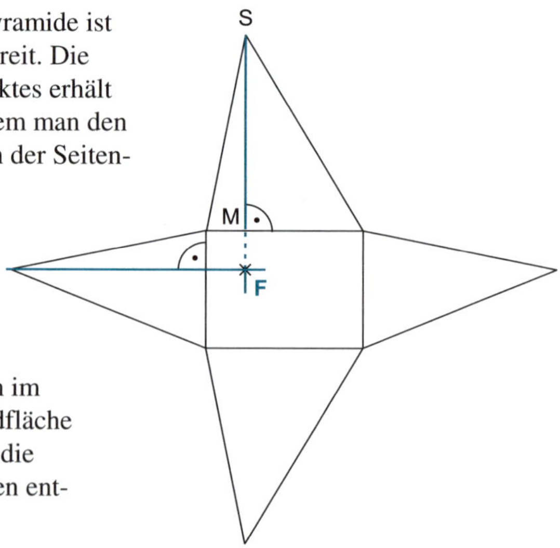

Die Lage kann man nun im Schrägbild in die Grundfläche übertragen, indem man die Entfernung zu den Seiten entsprechend überträgt.

Die Höhe der Pyramide ermittelt man mithilfe einer eigenen Zeichnung, für die man die in der Abbildung ermittelte Lage von F und M verwendet. Die Höhe bildet zusammen mit [FM] und [SM] das rechtwinklige Stützdreieck MFS.

Die entsprechende Länge kann man aus der Abbildung übernehmen und im Schrägbild vom Höhenfußpunkt F aus senkrecht nach oben abtragen, wodurch man die Spitze S erhält.

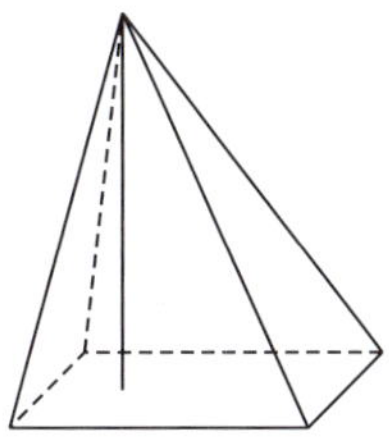

b) Die Überlegungen laufen analog zu Teilaufgabe a.
Die Grundfläche ist ein rechtwinkliges Dreieck. Das Schrägbild wird so orientiert, dass die Kante [AB] parallel zur Zeichenebene verläuft und somit in Originallänge abgebildet wird. Die Seite [BC] wird bei dieser Orientierung auf die bekannte Weise verzerrt abgetragen. Die Lage des Höhenfußpunktes erhält man wieder durch das Einzeichnen der Lote von mindestens zwei Seitenflächen. Der Lotfußpunkt liegt in diesem Fall außerhalb der Pyramide, aber auf der Halbgeraden [AB, weshalb er einfach in das Schrägbild zu übertragen ist.

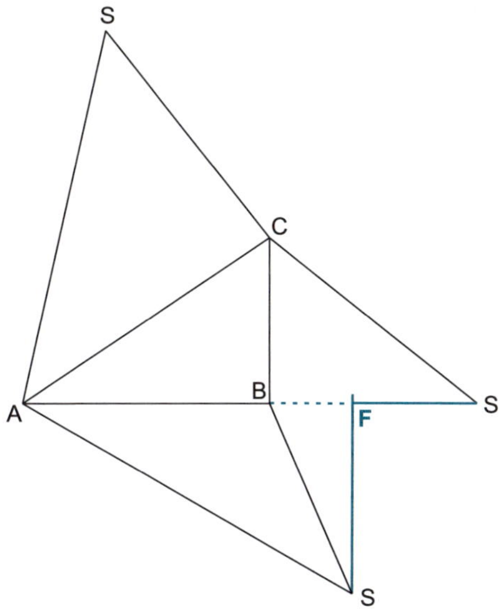

Die Pyramidenhöhe erhält man mithilfe des Dreiecks BFS, dessen Kantenlängen $\overline{BF}$ und $\overline{BS}$ man dem Netz entnimmt.

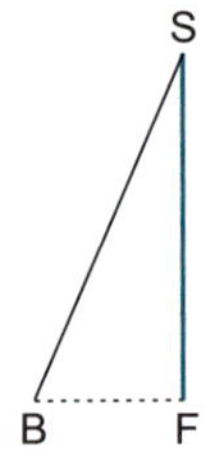

Die Höhe [FS] kann nun ins Schrägbild von F aus senkrecht nach oben übertragen werden.

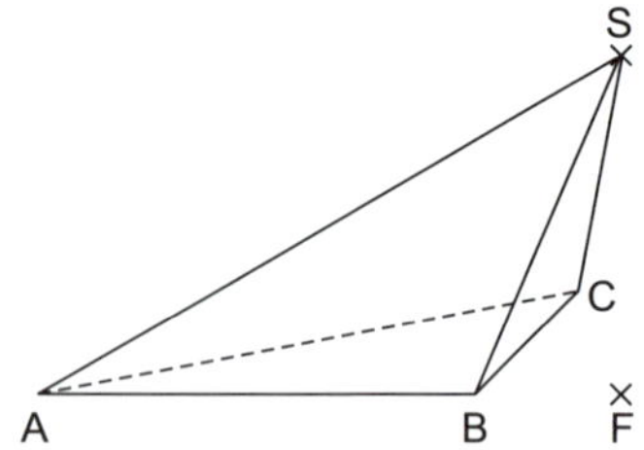

79. a) Man beginnt mit der quadratischen Grundfläche ABCD mit $\overline{AB} = 3$ cm. Das an [AB] angrenzende Seitendreieck ASB lässt sich mithilfe von $\sphericalangle BAS = 75°$ und $\overline{AS} = 4$ cm zeichnen.

Für das an [AD] angrenzende Seitendreieck ADS nutzt man aus, dass sich in einem Pyramidennetz die Höhen der Seitendreiecke im Höhenfußpunkt F schneiden.

Man zeichnet also die Mittelsenkrechte von [AD] und trägt $\overline{AS}$ von A aus an ihr ab, um S und damit auch die Seitenfläche ADS zu erhalten.

Da die Grundfläche ein Quadrat ist, entspricht die Mittelsenkrechte von [AD] der Mittelsenkrechten von [BC], weshalb sich die an [BC] anschließende dreieckige Seitenfläche ganz analog konstruieren lässt: $\overline{BS}$ wird von B aus an die Mittelsenkrechte angetragen.

Das an [CD] angrenzende Dreieck erhält man nun mithilfe der schon gezeichneten Seiten [CS] und [DS].

Alternativ kann man auch die Höhe des Dreiecks ASB zu Hilfe nehmen, auf deren weiterem Verlauf auch die Spitze des Dreiecks CSD liegt.

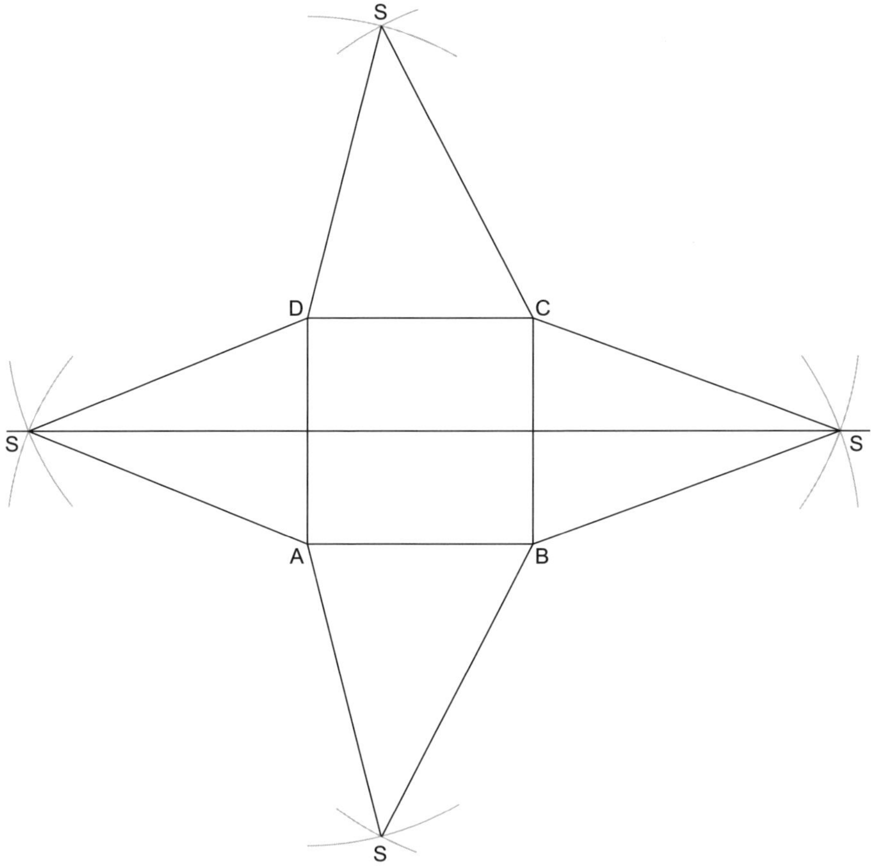

b) Die Oberfläche der Pyramide setzt sich zusammen aus dem Flächeninhalt der quadratischen Grundfläche und den vier dreieckigen Pyramidenseiten.

Um den Flächeninhalt der Seitendreiecke bestimmen zu können, werden die Höhen der einzelnen Dreiecke benötigt.

Die Pyramide besitzt eine quadratische Grundfläche und der Höhenfußpunkt der Pyramide liegt auf der Symmetrieachse der Seiten [AD] und [BC]. Außerdem ist das Dreieck ADS achsensymmetrisch, sodass die Seiten gleich lang sind und $\overline{DS} = \overline{AS}$ gilt. Daraus folgt, dass die Dreiecke ASB und DCS symmetrisch und somit gleich groß sind.

Die Dreiecke ADS und BSC sind jeweils achsensymmetrisch, aber nicht zueinander symmetrisch.

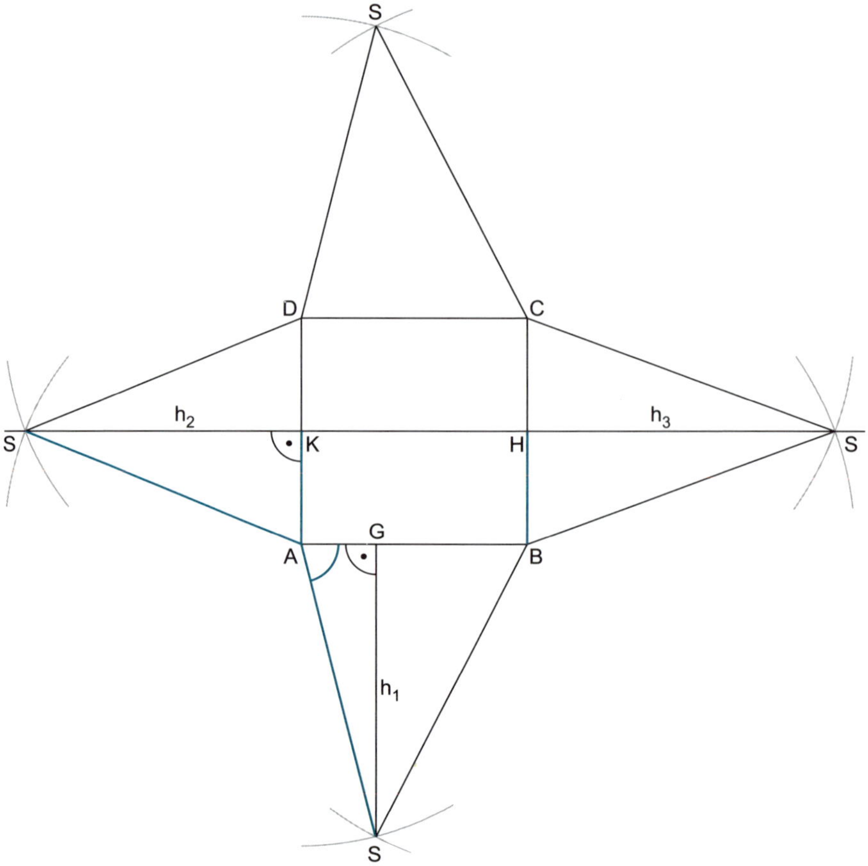

Dreieck **ASB/DCS**:

Im rechtwinkligen Dreieck ASG sind eine Seite und ein Winkel gegeben.
Es gilt:

$$\sin \sphericalangle \text{BAS} = \frac{h_1}{\overline{\text{AS}}} \quad \Rightarrow \quad h_1 = \overline{\text{AS}} \cdot \sin \sphericalangle \text{BAS} = 4 \text{ cm} \cdot \sin 75° \approx 3,86 \text{ cm}$$

Dreieck **ADS**:

Im rechtwinkligen Dreieck AKS sind die Hypotenuse [AS] und eine Kathete gegeben, da [AD] von SK halbiert wird.
Es gilt:

$$h_2 = \sqrt{\overline{\text{AS}}^2 - \overline{\text{AK}}^2} = \sqrt{(4 \text{ cm})^2 - (1,5 \text{ cm})^2} \approx 3,71 \text{ cm} \qquad \text{(Satz des Pythagoras)}$$

Dreieck **BSC**:
Im rechtwinkligen Dreieck BSH ist nur $\overline{BH} = 1{,}5$ cm gegeben. Um die Höhe berechnen zu können, muss zunächst $\overline{BS}$ bestimmt werden. $\overline{BS}$ liegt auch im Dreieck SBG, von dem h_1 bereits bekannt ist. $\overline{BG}$ kann wiederum mithilfe von Dreieck ASG bestimmt werden.
Es gilt:

$$\overline{AG} = \sqrt{\overline{AS}^2 - h_1^2} = \sqrt{(4\text{ cm})^2 - (3{,}86\text{ cm})^2} \approx 1{,}05\text{ cm} \quad \text{(Satz des Pythagoras)}$$

$$\overline{BG} = \overline{AB} - \overline{AG} = 3\text{ cm} - 1{,}05\text{ cm} = 1{,}95\text{ cm}$$

$$\overline{BS} = \sqrt{\overline{BG}^2 + h_1^2} = \sqrt{(1{,}95\text{ cm})^2 + (3{,}86\text{ cm})^2} \approx 4{,}32\text{ cm} \quad \text{(Satz des Pythagoras)}$$

$$h_3 = \sqrt{\overline{BS}^2 - \overline{BH}^2} = \sqrt{(4{,}32\text{ cm})^2 - (1{,}5\text{ cm})^2} \approx 4{,}05\text{ cm} \quad \text{(Satz des Pythagoras)}$$

Für die Oberfläche gilt somit:

$$O = \overline{AB}^2 + 2 \cdot \frac{1}{2} \cdot \overline{AB} \cdot h_1 + \frac{1}{2} \cdot \overline{AB} \cdot h_2 + \frac{1}{2} \cdot \overline{AB} \cdot h_3$$

$$= \overline{AB}^2 + \frac{1}{2} \cdot \overline{AB} \cdot (2 \cdot h_1 + h_2 + h_3)$$

$$= (3\text{ cm})^2 + \frac{1}{2} \cdot 3\text{ cm} \cdot (2 \cdot 3{,}86\text{ cm} + 3{,}71\text{ cm} + 4{,}05\text{ cm})$$

$$= \mathbf{32{,}22\text{ cm}^2}$$

c) Für das Volumen gilt:

$$V = \frac{1}{3} \cdot G \cdot h$$

Die Höhe der Pyramide lässt sich mithilfe des rechtwinkligen Stützdreiecks GFS berechnen. [GS] ist die in Teilaufgabe b bereits ermittelte Höhe h_1 des Dreiecks ABS und somit 3,86 cm lang und $\overline{GF} = 1{,}5$ cm.

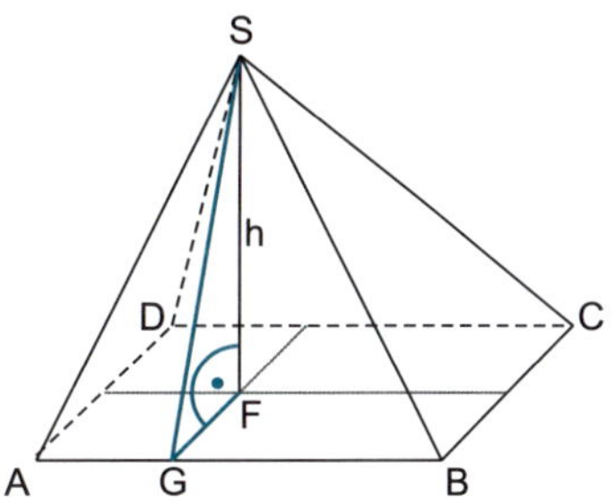

Es gilt nach dem Satz des Pythagoras:

$$h = \sqrt{h_1^2 - \overline{GF}^2} = \sqrt{(3{,}86\text{ cm})^2 - (1{,}5\text{ cm})^2} \approx 3{,}56\text{ cm}$$

Für das Volumen gilt daher:

$$V = \frac{1}{3} \cdot \overline{AB}^2 \cdot h = \frac{1}{3} \cdot (3\text{ cm})^2 \cdot 3{,}56\text{ cm} = \mathbf{10{,}68\text{ cm}^3}$$

80. a) Für die Erstellung des Schrägbildes wird die Pyramide so ausgerichtet, dass die Basis der Grundfläche parallel zur Zeichenebene verläuft. Auf diese Weise werden die Basis c sowie die Pyramidenhöhe in Originalgröße dargestellt. Lediglich die Höhe der Grundfläche muss von der Mitte der Basis c aus verzerrt angetragen werden. Die Spitze liegt 2,5 cm über der Mitte der Basis.

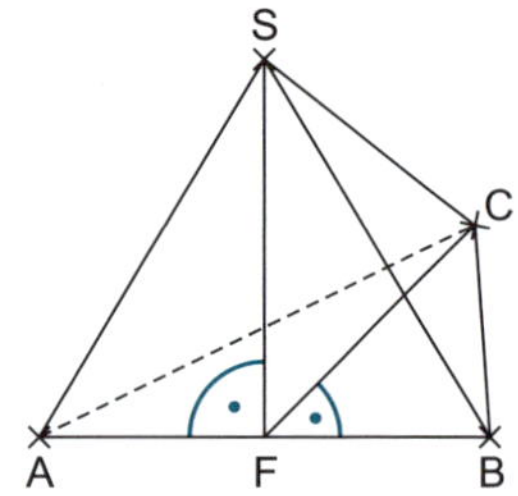

b) Die Kante [AB] ist 3 cm lang. Die übrigen Kantenlängen können mithilfe von rechtwinkligen Dreiecken bestimmt werden.

[BC] liegt im Dreieck FBC. Es gilt:

$$\overline{BC} = \sqrt{\overline{FB}^2 + \overline{FC}^2} = \sqrt{(1{,}5\text{ cm})^2 + (4\text{ cm})^2}$$

$$= \sqrt{18{,}25}\text{ cm} \approx \mathbf{4{,}3\text{ cm}} \qquad \text{(Satz des Pythagoras)}$$

Da das Dreieck ABC gleichschenklig ist, ist [AC] genauso lang wie [BC].

[AS] liegt im Dreieck AFS. Es gilt:

$$\overline{AS} = \sqrt{\overline{AF}^2 + \overline{FS}^2} = \sqrt{(1{,}5\text{ cm})^2 + (2{,}5\text{ cm})^2}$$

$$= \sqrt{8{,}5}\text{ cm} \approx \mathbf{2{,}9\text{ cm}} \qquad \text{(Satz des Pythagoras)}$$

Aus Symmetriegründen ist [BS] ebenso lang wie [AS].

[CS] liegt im Dreieck FCS. Es gilt:

$$\overline{CS} = \sqrt{\overline{SF}^2 + \overline{CF}^2} = \sqrt{(2{,}5\text{ cm})^2 + (4\text{ cm})^2}$$

$$= \sqrt{22{,}25}\text{ cm} \approx \mathbf{4{,}7\text{ cm}} \qquad \text{(Satz des Pythagoras)}$$

c) Da die Spitze senkrecht über der Grundkante [AB] liegt, steht die Seite ABS senkrecht auf der Grundseite und ihr Neigungswinkel beträgt somit **90°**.

Aus Symmetriegründen ist der Neigungswinkel der beiden verbleibenden Seitenflächen gleich groß.

Um den Neigungswinkel der Seitenflächen ACS zu bestimmen, muss von F aus ein Lot auf AC gefällt werden. Der in nebenstehender Abbildung mit α bezeichnete Winkel beim Lotfußpunkt K ist der gesuchte Neigungswinkel.

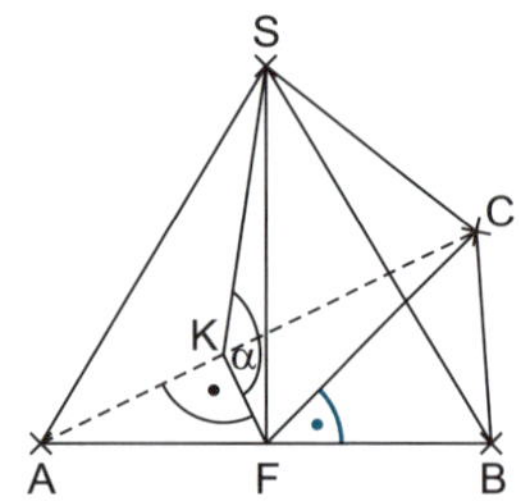

α kann im Stützdreieck FKS mithilfe des Tangens bestimmt werden. Hierfür benötigt man noch die Länge der Seite [FK].

[FK] ist auch die Höhe im rechtwinkligen Dreieck AFC. Für die Höhe in einem rechtwinkligen Dreieck gilt nach dem Höhensatz:

$h^2 = p \cdot q$ mit p und q als Hypotenusenabschnitte

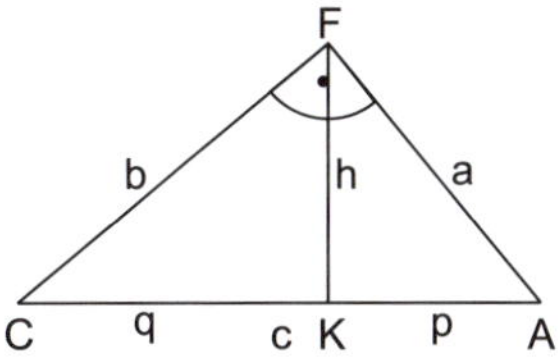

p und q können über die Kathetensätze $a^2 = p \cdot c$ und $b^2 = q \cdot c$ berechnet werden. Es gilt:

$$a^2 = p \cdot c \quad \Rightarrow \quad p = \frac{a^2}{c}$$

$$b^2 = q \cdot c \quad \Rightarrow \quad q = \frac{b^2}{c}$$

Eingesetzt in den Höhensatz ergibt:

$$h^2 = p \cdot q = \frac{a^2}{c} \cdot \frac{b^2}{c} = \frac{a^2 \cdot b^2}{c^2}$$

$$h = \frac{a \cdot b}{c} = \frac{\overline{AF} \cdot \overline{CF}}{\overline{AC}} = \frac{2\text{ cm} \cdot 4\text{ cm}}{\sqrt{18{,}25}\text{ cm}} \approx 1{,}9\text{ cm}$$

Für den Winkel α gilt:

$$\tan\alpha = \frac{\overline{SF}}{\overline{FK}} = \frac{4\text{ cm}}{1{,}9\text{ cm}}$$

$$\alpha = \tan^{-1}\frac{4\text{ cm}}{1{,}9\text{ cm}} \approx \mathbf{65°}$$

81. a) Der Trichter ist ein Pyramidenstumpf. Die Höhe des Pyramidenstumpfes kann aus dem Neigungswinkel bestimmt werden. Schneidet man den Pyramidenstumpf senkrecht zur Grundfläche entlang der Höhe auf, erhält man die in der nebenstehenden Abbildung dargestellte Figur. Die obere Kante kann in drei Stücke zerlegt werden, sodass die Länge x bestimmt werden kann:

$x = (40\text{ cm} - 20\text{ cm}) : 2 = 10\text{ cm}$

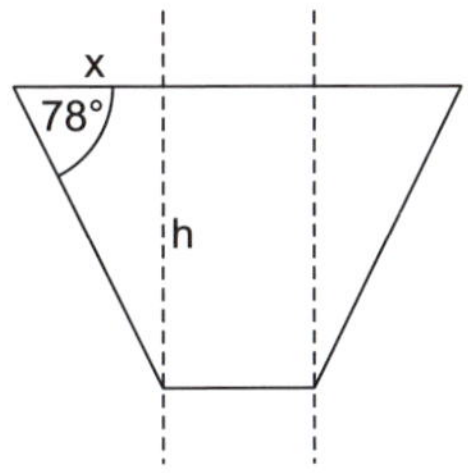

Anhand des Tangens erhält man nun die Höhe h. Es gilt:

$$\tan 78° = \frac{h}{x}$$

$h = x \cdot \tan 78° = 10\text{ cm} \cdot \tan 78° \approx 47{,}0\text{ cm}$

Der Trichter ist also **47 cm** hoch.

b) Um das Gewicht des Holzes berechnen zu können, benötigt man das Volumen des Trichters. Der Trichter ist ein Pyramidenstumpf, aus dem ein gleich hoher Pyramidenstumpf ausgeschnitten wurde, der links und rechts je 3 cm schmäler ist als der äußere Stumpf.

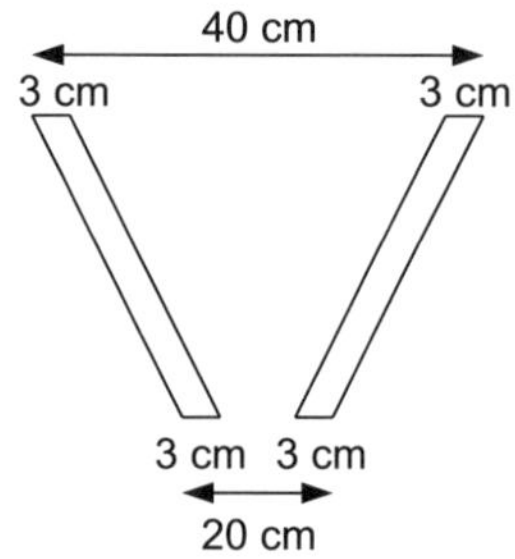

Um das Volumen des äußeren Pyramidenstumpfes zu berechnen, benötigt man die Höhe der gesamten äußeren Pyramide. Diese kann mithilfe des in Teilaufgabe a berechneten Winkels berechnet werden.
Es gilt:

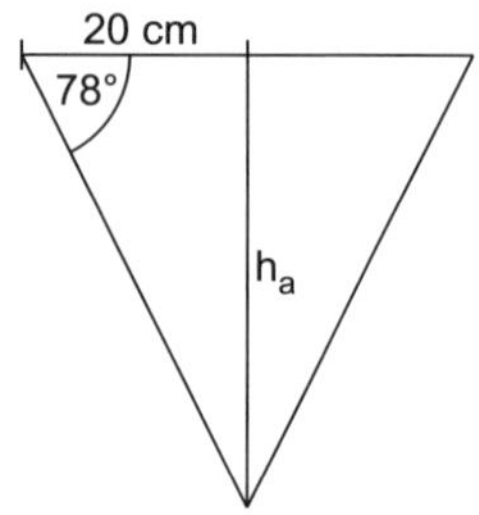

$$\tan 78° = \frac{h_a}{20\text{ cm}}$$

$$h_a = 20\text{ cm} \cdot \tan 78° \approx 94{,}1\text{ cm}$$

Alternativ kann auch der Strahlensatz verwendet werden. Es gilt:

$$\frac{h_a}{h'} = \frac{4\text{ cm}}{2\text{ cm}} = 2$$

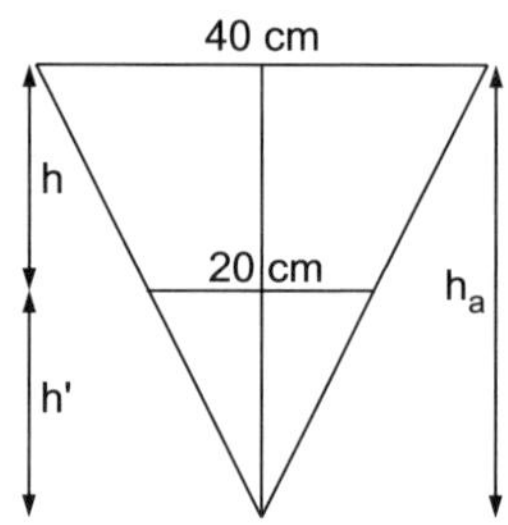

Da die gesamte Pyramide doppelt so groß wie der unten abgeschnittene Teil ist, ist der Pyramidenstumpf so hoch wie der abgeschnittene Teil.
Die gesamte Pyramide ist also doppelt so hoch wie der Pyramidenstumpf.
Verwendet man hier den in Teilaufgabe a berechneten Wert für h, so erhält man für h_a:

$$h_a = 2 \cdot 10\text{ cm} \cdot \tan 78° \approx 94{,}1\text{ cm}$$

Für das Volumen des äußeren Pyramidenstumpfes gilt somit:

$$V_a = V_{a,\text{ gesamt}} - V_{a,\text{ Spitze}}$$

$$= \frac{1}{3} \cdot G_{\text{oben}} \cdot h_a - \frac{1}{3} \cdot G_{\text{unten}} \cdot (h_a - h)$$

$$= \frac{1}{3} \cdot (40\text{ cm})^2 \cdot 94{,}1\text{ cm} - \frac{1}{3} \cdot (20\text{ cm})^2 \cdot (94{,}1\text{ cm} - 47\text{ cm})$$

$$\approx 43\,906{,}7\text{ cm}^3$$

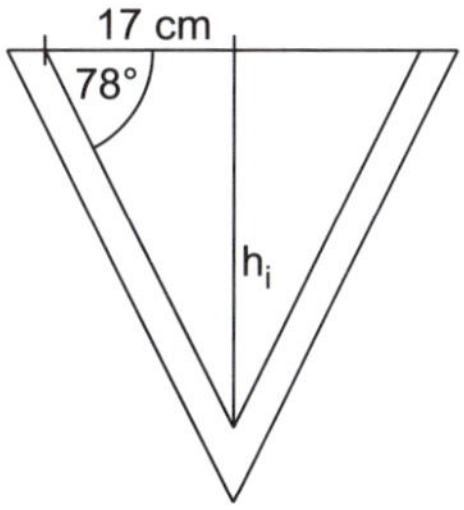

Für die Höhe der inneren Pyramide gilt:

$$\tan 78° = \frac{h_i}{17\text{ cm}}$$

$$h_i = 17\text{ cm} \cdot \tan 78° \approx 78{,}0\text{ cm}$$

Für das Volumen des inneren Pyramidenstumpfes gilt entsprechend:

$$V_i = V_{i,\,\text{gesamt}} - V_{i,\,\text{Spitze}}$$

$$= \frac{1}{3} \cdot G_{\text{oben}} \cdot h_i - \frac{1}{3} \cdot G_{\text{unten}} \cdot (h_i - h)$$

$$= \frac{1}{3} \cdot (34\text{ cm})^2 \cdot 78\text{ cm} - \frac{1}{3} \cdot (14\text{ cm})^2 \cdot (78\text{ cm} - 47\text{ cm})$$

$$\approx 28\,030{,}7\text{ cm}^3$$

Für das Gesamtvolumen ergibt sich somit:

$$V = V_a - V_i = 43\,906{,}7\text{ cm}^3 - 28\,030{,}7\text{ cm}^3 = 15\,876\text{ cm}^3 = 15{,}876\text{ dm}^3 \approx 0{,}016\text{ m}^3$$

Bei der angegebenen Dichte von 600 kg je Kubikmeter wiegt der Einflugtrichter somit $0{,}016 \cdot 600\text{ kg} =$ **9,6 kg**.

82. Hinweise und Tipps:
Zwei Größen sind jeweils gegeben. Im Idealfall findet man immer eine Formel, die neben den bekannten Größen lediglich eine unbekannte Größe enthält. Diese Formel muss dann nur nach der unbekannten Größe aufgelöst und die gegebenen Werte eingesetzt werden. So kann man Schritt für Schritt alle Größen bestimmen. Oft gibt es mehrere Möglichkeiten, die aber alle zum selben Ergebnis führen.

	r	h	s	V	O
a)	8 cm	6 cm	**10 cm**	**402,12 cm³**	**452,39 cm²**
b)	12 m	**16 m**	20 m	**2 412,74 m³**	**1 206,37 m²**
c)	2,4 cm	**0,7 cm**	**2,5 cm**	$1{,}344 \cdot \pi\text{ cm}^3$	**36,95 cm²**
d)	3 dm	**4 dm**	**5 dm**	**37,7 dm³**	$24 \cdot \pi\text{ dm}^2$
e)	**5 m**	**12 m**	13 m	**314,16 m³**	$90 \cdot \pi\text{ m}^2$

Rechenwege:

a) Es gilt:

$$s = \sqrt{r^2 + h^2} = \sqrt{(8\text{ cm})^2 + (6\text{ cm})^2} = \mathbf{10\text{ cm}}$$

$$V = \frac{1}{3} \cdot \pi \cdot r^2 \cdot h = \frac{1}{3} \cdot \pi \cdot (8\text{ cm})^2 \cdot 6\text{ cm} = \frac{384}{3} \cdot \pi\text{ cm}^3 \approx \mathbf{402{,}12\text{ cm}^3}$$

$$O = \pi \cdot r^2 + \pi \cdot r \cdot s = \pi \cdot (8\text{ cm})^2 + \pi \cdot 8\text{ cm} \cdot 10\text{ cm} = 144 \cdot \pi\text{ cm}^2 \approx \mathbf{452{,}39\text{ cm}^2}$$

b) Mithilfe von Radius und Mantellinie kann die Höhe berechnet werden.

$h = \sqrt{s^2 - r^2} = \sqrt{(20\text{ m})^2 - (12\text{ m})^2} = \mathbf{16\text{ m}}$

Daraus ergeben sich das Volumen und die Oberfläche:

$V = \frac{1}{3} \cdot \pi \cdot r^2 \cdot h = \frac{1}{3} \cdot \pi \cdot (12\text{ m})^2 \cdot 16\text{ m}$

$= 768 \cdot \pi\text{ m}^3 \approx \mathbf{2\,412{,}74\text{ m}^3}$

$O = \pi \cdot r^2 + \pi \cdot r \cdot s = \pi \cdot (12\text{ m})^2 + \pi \cdot 12\text{ m} \cdot 20\text{ m} = 384 \cdot \pi\text{ m}^2 \approx \mathbf{1\,206{,}37\text{ m}^2}$

c) Aus Volumen und Radius kann die Höhe des Kegels bestimmt werden:

$V = \frac{1}{3} \cdot \pi \cdot r^2 \cdot h \quad \Rightarrow \quad h = \frac{3 \cdot V}{\pi \cdot r^2} = \frac{3 \cdot 1{,}344 \cdot \pi\text{ cm}^3}{\pi \cdot (2{,}4\text{ cm})^2} = \mathbf{0{,}7\text{ cm}}$

Aus der Höhe und dem Radius kann man die Mantellinie bestimmen:

$s = \sqrt{r^2 + h^2} = \sqrt{(2{,}4\text{ cm})^2 + (0{,}7\text{ cm})^2} = \mathbf{2{,}5\text{ cm}}$

Die Oberfläche berechnet sich dann zu:

$O = \pi \cdot r^2 + \pi \cdot r \cdot s = \pi \cdot (2{,}4\text{ cm})^2 + \pi \cdot 2{,}4\text{ cm} \cdot 2{,}5\text{ cm} = 11{,}76 \cdot \pi\text{ cm}^2$

$\approx \mathbf{36{,}95\text{ cm}^2}$

d) Die Oberfläche hängt vom Radius und der Mantellinie ab, sodass mit gegebenem Radius die Mantellinie bestimmt werden kann:

$O = \pi \cdot r^2 + \pi \cdot r \cdot s \qquad | - \pi \cdot r^2$

$O - \pi \cdot r^2 = \pi \cdot r \cdot s \qquad | : (\pi \cdot r)$

$s = \frac{O - \pi \cdot r^2}{\pi \cdot r} = \frac{24 \cdot \pi\text{ dm}^2 - \pi \cdot (3\text{ dm})^2}{\pi \cdot 3\text{ dm}} = \mathbf{5\text{ dm}}$

Aus der Mantellinie und dem Radius lässt sich die Höhe bestimmen:

$h = \sqrt{s^2 - r^2} = \sqrt{(5\text{ dm})^2 - (3\text{ dm})^2} = \mathbf{4\text{ dm}}$

Anschließend kann das Volumen bestimmt werden:

$V = \frac{1}{3} \cdot \pi \cdot r^2 \cdot h = \frac{1}{3} \cdot \pi \cdot (3\text{ dm})^2 \cdot 4\text{ dm} = 12 \cdot \pi\text{ dm}^3 \approx \mathbf{37{,}7\text{ dm}^3}$

e) Aus der Mantellinie und der Oberfläche kann der Radius bestimmt werden. Dabei ergibt sich eine quadratische Gleichung der Form $ax^2 + bx + c = 0$:

$O = \pi \cdot r^2 + \pi \cdot r \cdot s \quad \Rightarrow \quad \pi \cdot r^2 + \pi \cdot s \cdot r - O = 0$

Hier spielt der Radius r die Rolle von x, für die Konstanten ergibt sich:

$a = \pi$, $b = \pi \cdot s$ und $c = -O$

Für die Lösungen $x_{1/2} = \frac{-b \pm \sqrt{b^2 - 4 \cdot a \cdot c}}{2a}$ gilt daher:

$$r_{1/2} = \frac{-\pi \cdot s \pm \sqrt{(\pi \cdot s)^2 - 4 \cdot \pi \cdot (-O)}}{2 \cdot \pi} = \frac{-\pi \cdot s \pm \sqrt{(\pi \cdot s)^2 + 4 \cdot \pi \cdot O}}{2 \cdot \pi}$$

Als erste Lösung ergibt sich ein negativer Wert für den Radius.

$$r_1 = \frac{-\pi \cdot s - \sqrt{(\pi \cdot s)^2 + 4 \cdot \pi \cdot O}}{2 \cdot \pi}$$

$$= \frac{-\pi \cdot 13\text{ m} - \sqrt{(\pi \cdot 13\text{ m})^2 + 4 \cdot \pi \cdot 90 \cdot \pi\text{ m}^2}}{2 \cdot \pi} = -18\text{ m}$$

Dies macht keinen Sinn.

Die zweite Lösung liefert:

$$r_2 = \frac{-\pi \cdot s + \sqrt{(\pi \cdot s)^2 + 4 \cdot \pi \cdot O}}{2 \cdot \pi}$$

$$= \frac{-\pi \cdot 13\text{ m} + \sqrt{(\pi \cdot 13\text{ m})^2 + 4 \cdot \pi \cdot 90 \cdot \pi\text{ m}^2}}{2 \cdot \pi} = \mathbf{5\text{ m}}$$

Die Höhe lässt sich nun anhand der Mantellinie und dem Radius bestimmen:

$$h = \sqrt{s^2 - r^2} = \sqrt{(13\text{ m})^2 - (5\text{ m})^2} = \mathbf{12\text{ m}}$$

Für das Volumen gilt dann:

$$V = \frac{1}{3} \cdot \pi \cdot r^2 \cdot h = \frac{1}{3} \cdot \pi \cdot (5\text{ m})^2 \cdot 12\text{ m} = 100\pi\text{ m}^3 \approx \mathbf{314{,}16\text{ m}^3}$$

83. a) Bei Verdopplung der Höhe verdoppelt sich auch das Volumen:

$$V_{neu} = \frac{1}{3} \cdot \pi \cdot r^2 \cdot h_{neu} = \frac{1}{3} \cdot \pi \cdot r^2 \cdot 2 \cdot h_{alt}$$

$$= 2 \cdot \frac{1}{3} \cdot \pi \cdot r^2 \cdot h_{alt} = \mathbf{2 \cdot V_{alt}}$$

b) Bei Verdopplung des Radius vervierfacht sich das Volumen:

$$V_{neu} = \frac{1}{3} \cdot \pi \cdot r_{neu}^2 \cdot h = \frac{1}{3} \cdot \pi \cdot (2 \cdot r_{alt})^2 \cdot h$$

$$= \frac{1}{3} \cdot \pi \cdot 4 \cdot r_{alt}^2 \cdot h = 4 \cdot \frac{1}{3} \cdot \pi \cdot r_{alt}^2 \cdot h$$

$$= \mathbf{4 \cdot V_{alt}}$$

c) $V_{neu} = 2 \cdot V_{alt}$

$$\frac{1}{3} \cdot \pi \cdot r_{neu}^2 \cdot h = 2 \cdot \frac{1}{3} \cdot \pi \cdot r_{alt}^2 \cdot h \qquad \left| :\left(\frac{1}{3} \cdot \pi \cdot h\right)\right.$$

$$r_{neu}^2 = 2 \cdot r_{alt}^2 \qquad |\sqrt{}$$

$$r_{neu} = \sqrt{2} \cdot r_{alt}$$

Der neue Radius ist um den Faktor $\mathbf{\sqrt{2}}$ größer als der alte Radius.

d) Halbe Höhe bei gleichem Radius heißt halbes Volumen. Um wieder das ursprüngliche Volumen zu erhalten, muss der Radius so verändert werden, dass sich das Volumen wieder verdoppelt. Dies geschieht durch die Vergrößerung des Radius um den Faktor $\mathbf{\sqrt{2}}$ (siehe Teilaufgabe c).

e) Bleibt der Öffnungswinkel gleich, so verändert sich mit der Höhe auch der Radius. Mithilfe des Strahlensatzes kann man ermitteln, um welchen Faktor sich der Radius vergrößert:

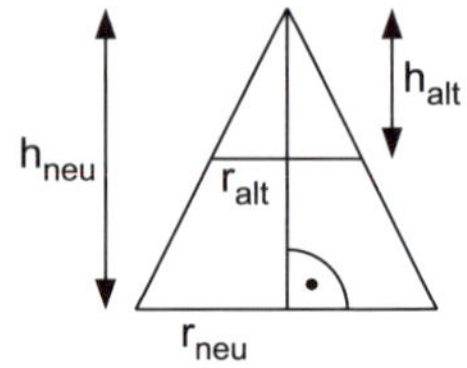

$$\frac{h_{neu}}{h_{alt}} = \frac{r_{neu}}{r_{alt}} \quad \Rightarrow$$

$$r_{neu} = \frac{h_{neu}}{h_{alt}} \cdot r_{alt} = \frac{2 \cdot h_{alt}}{h_{alt}} \cdot r_{alt} = 2 \cdot r_{alt}$$

Für das Volumen gilt:

$$V_{neu} = \frac{1}{3} \cdot \pi \cdot r_{neu}^2 \cdot h_{neu} = \frac{1}{3} \cdot \pi \cdot (2 \cdot r_{alt})^2 \cdot 2 \cdot h_{alt} = \frac{1}{3} \cdot \pi \cdot 4 \cdot r_{alt}^2 \cdot 2 \cdot h_{alt}$$

$$= 4 \cdot 2 \cdot \frac{1}{3} \cdot \pi \cdot r_{alt}^2 \cdot h_{alt} = \mathbf{8 \cdot V_{alt}}$$

84. Hinweise und Tipps:
Die Zusammenhänge zwischen dem Neigungswinkel α und den anderen Größen des Kegels kann man mithilfe der nebenstehenden Abbildung ermitteln. Beachte dabei die Beziehungen in einem rechtwinkligen Dreieck (Winkelsumme, Sinus, Kosinus, Tangens, Satz des Pythagoras etc.).

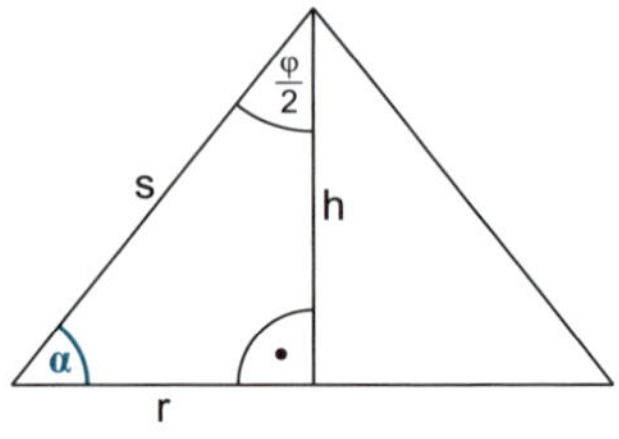

a) $\tan\alpha = \mathbf{\frac{h}{r}}$

b) $\sin\alpha = \mathbf{\frac{h}{s}}$

c) $\cos\alpha = \mathbf{\frac{r}{s}}$

d) Wegen der Winkelsumme im Dreieck gilt:

$\alpha = 180° - 90° - \frac{\varphi}{2} = \mathbf{90° - \frac{\varphi}{2}}$

Ist φ gegeben, so ist α unabhängig vom Radius.

85. a) Um den Radius des Kegels zu berechnen, wird die Länge des Mantelkreisbogens benötigt. Diese kann mithilfe des Winkels bestimmt werden. Der Anteil des Winkels an einer ganzen Drehung entspricht dem Anteil des Kreisbogens am Umfang des gesamten Kreises mit der Mantellinie s (hier 12 cm) als Radius:

$$\frac{150°}{360°} = \frac{b}{2 \cdot \pi \cdot s}$$

Diese Gleichung kann nach b aufgelöst werden:

$$b = \frac{150°}{360°} \cdot 2 \cdot \pi \cdot s$$

Der Kreisbogen des Sektors entspricht dem Umfang der Grundfläche.

$b = 2 \cdot \pi \cdot r$

$$\frac{150°}{360°} \cdot 2 \cdot \pi \cdot s = 2 \cdot \pi \cdot r \quad |:(2 \cdot \pi)$$

$$r = \frac{150°}{360°} \cdot s = \frac{150°}{360°} \cdot 12\text{ cm} = \mathbf{5\text{ cm}}$$

Aus Radius und Mantellinie kann die Höhe berechnet werden:

$$h = \sqrt{s^2 - r^2} = \sqrt{(12\text{ cm})^2 - (5\text{ cm})^2} \approx \mathbf{10{,}9\text{ cm}}$$

b) Aus der Höhe des Kegels und dem Radius seiner Grundfläche kann die Mantellinie bestimmt werden, die dem Radius des Mantelkreissektors entspricht:

$$s = \sqrt{h^2 + r^2} = \sqrt{(15\text{ cm})^2 + (8\text{ cm})^2} = \mathbf{17\text{ cm}}$$

Der Bogen des Kreissektors mit Radius $s = 17$ cm muss so lang sein wie der Umfang der Grundfläche mit Radius $r = 8$ cm:

$b = 2 \cdot \pi \cdot r$

Welcher Teil des Kreises hierfür benötigt wird, kann mithilfe des Anteils des Kreisbogens an dem Gesamtumfang bestimmt werden:

$$\frac{\varphi}{360°} \cdot 2 \cdot \pi \cdot s = 2 \cdot \pi \cdot r \quad |:(2 \cdot \pi \cdot s) \cdot 360°$$

Nun kann nach φ aufgelöst werden:

$$\varphi = \frac{r}{s} \cdot 360° = \frac{8\text{ cm}}{17\text{ cm}} \cdot 360° \approx \mathbf{169°}$$

c) Mithilfe des Winkels erhält man wie bei Teilaufgabe a einen Zusammenhang zwischen dem Radius und der Mantellinie:

$$r = \frac{150°}{360°} \cdot s = \frac{5}{12} \cdot s$$

Statt der Mantellinie ist diesmal aber die Höhe vorgegeben. Zwischen Mantellinie, Höhe und Radius besteht folgender Zusammenhang:

$s^2 = h^2 + r^2$

Wenn man die erste Gleichung in die zweite einsetzt, kann s bestimmt werden.

$$s^2 = h^2 + \left(\frac{5}{12} \cdot s\right)^2$$

$$s^2 - \frac{25}{144} \cdot s^2 = h^2$$

$$\frac{119}{144} \cdot s^2 = h^2 \qquad \Big| \cdot \frac{114}{119}$$

$$s^2 = \frac{144}{119} \cdot h^2 \qquad |\sqrt{}$$

$$s = \sqrt{\frac{144}{119}} \cdot h = \sqrt{\frac{144}{119}} \cdot 15 \text{ cm} \approx 16{,}5 \text{ cm}$$

Der Radius der Mantelfläche beträgt **16,5 cm**.

Der Radius der Grundfläche kann nun anhand der ersten Gleichung bestimmt werden:

$$r = \frac{5}{12} \cdot s = \frac{5}{12} \cdot 16{,}5 \text{ cm} = 6{,}875 \text{ cm} \approx \mathbf{6{,}88\ cm}$$

86. a) Es gibt sehr viele verschiedene Möglichkeiten. Wenn man das Blatt quer vor sich liegen hat, kann man die linke untere Ecke so nach oben klappen, dass die kurze linke Kante auf der oberen Kante zu liegen kommt. Auf diese Weise wird die linke obere Ecke zur Kegelspitze und die kürzere Seite zur Mantellinie.

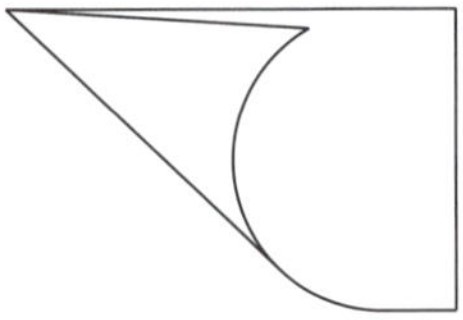

Oder man klappt die rechte untere Ecke etwa um 45° nach oben, sodass sie auf der Oberkante zu liegen kommt und die linke untere Ecke zur Kegelspitze wird. Hierdurch wird die längere Seite zur Mantellinie.

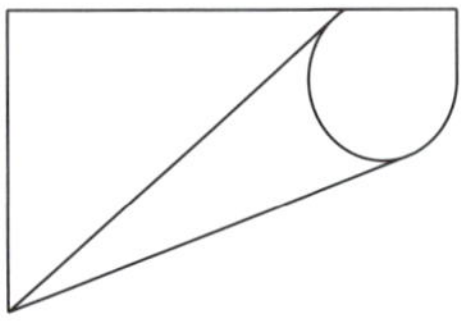

Bei der dritten Möglichkeit kann man die längere Seite halbieren und die beiden oberen Ecken jeweils zur Mitte hin falten. Hierbei wird die Hälfte der längeren Seite zur Mantellinie.

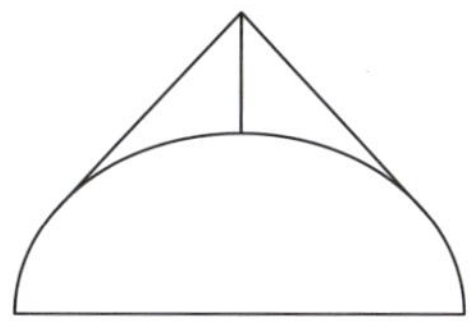

Bei allen Varianten muss natürlich noch ein Teil des Blattes abgeschnitten werden.

b) i) Wird die kleinere Seite a zur Mantellinie s, so ist der Mantel ein Viertelkreis mit Radius 21,0 cm.

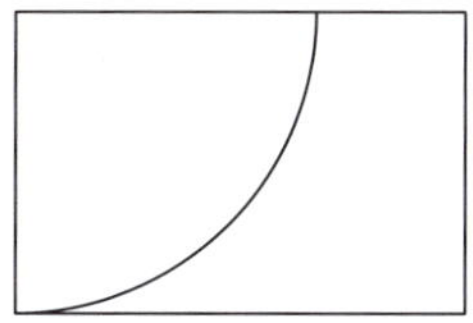

Den Radius des Kegels berechnet man aus der Bogenlänge des Viertelkreises. Der Umfang der Grundfläche des Kegels $(2 \cdot \pi \cdot r)$ entspricht der Bogenlänge eines Viertelkreises mit Radius a $\left(\frac{1}{4} \cdot 2 \cdot \pi \cdot a\right)$.

$$2 \cdot \pi \cdot r = \frac{1}{4} \cdot 2 \cdot \pi \cdot a \qquad |:(2 \cdot \pi)$$

$$r = \frac{1}{4} \cdot a = \frac{1}{4} \cdot 21\text{ cm} = \mathbf{5{,}25\ cm}$$

Die Höhe wird nun mithilfe von Mantellinie und Radius berechnet:

$$h = \sqrt{s^2 - r^2} = \sqrt{(21{,}0\text{ cm})^2 - (5{,}25\text{ cm})^2} \approx \mathbf{20{,}3\ cm}$$

Das Volumen des Kegels beträgt:

$$V = \frac{1}{3} \cdot \pi \cdot r^2 \cdot h = \frac{1}{3} \cdot \pi \cdot (5{,}25\text{ cm})^2 \cdot 20{,}3\text{ cm} \approx \mathbf{585{,}9\ cm^3}$$

Der Papierabfall A errechnet sich aus der Differenz der Fläche des ganzen Papiers und der Fläche des Viertelkreises mit Radius a.

$$A = a \cdot b - \frac{1}{4} \cdot \pi \cdot a^2$$

$$= 21{,}0\text{ cm} \cdot 29{,}7\text{ cm} - \frac{1}{4} \cdot \pi \cdot (21{,}0\text{ cm})^2 \approx \mathbf{277{,}3\ cm^2}$$

ii) Wird die längere Seite zur Mantellinie, so kann mithilfe des Sinus der Winkel des Kreissektors bestimmt werden.
Es gilt:

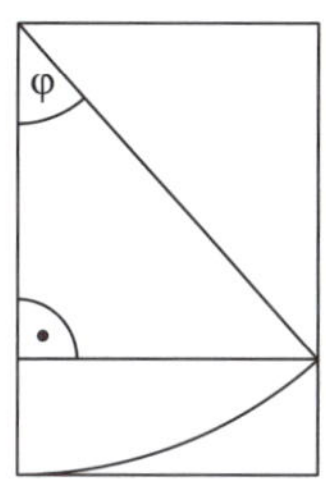

$$\sin \varphi = \frac{a}{b} = \frac{21{,}0\text{ cm}}{29{,}7\text{ cm}}$$

$$\Rightarrow \quad \varphi = \sin^{-1} \frac{21{,}0\text{ cm}}{29{,}7\text{ cm}} \approx 45°$$

Der Mantel ist also ein Achtelkreis mit Radius 29,7 cm.

Den Radius des Kegels erhält man wie zuvor:

$$2\cdot\pi\cdot r=\frac{1}{8}\cdot 2\cdot\pi\cdot b \qquad |:(2\cdot\pi)$$

$$r=\frac{1}{8}\cdot b=\frac{1}{8}\cdot 29{,}7\text{ cm}=3{,}7125\text{ cm}\approx \mathbf{3{,}71\text{ cm}}$$

Die Höhe kann wieder mithilfe von Mantellinie und Radius berechnet werden:

$$h=\sqrt{s^2-r^2}=\sqrt{(29{,}7\text{ cm})^2-(3{,}71\text{ cm})^2}\approx \mathbf{29{,}5\text{ cm}}$$

Das Volumen des Kegels beträgt:

$$V=\frac{1}{3}\cdot\pi\cdot r^2\cdot h=\frac{1}{3}\cdot\pi\cdot(3{,}7125\text{ cm})^2\cdot 29{,}5\text{ cm}\approx \mathbf{425{,}8\text{ cm}^3}$$

Der Papierabfall errechnet sich aus der Differenz der Fläche des ganzen Papiers und der Fläche des Achtelkreises mit Radius b.

$$A=a\cdot b-\frac{1}{8}\cdot\pi\cdot b^2$$

$$=21{,}0\text{ cm}\cdot 29{,}7\text{ cm}-\frac{1}{8}\cdot\pi\cdot(29{,}7\text{ cm})^2\approx \mathbf{277{,}3\text{ cm}^2}$$

iii) Wird die längere Seite halbiert und entsprechend gefaltet, so ist der Mantel ein Halbkreis. Sein Radius entspricht wieder der Mantellinie und es gilt:
$s=29{,}7\text{ cm}:2=14{,}85\text{ cm}$

Den Radius des Kegels berechnet man wieder aus der Bogenlänge des Halbkreises. Der Umfang der Grundfläche des Kegels $(2\cdot\pi\cdot r)$ entspricht der Bogenlänge eines Halbkreises mit Radius s:

$$2\cdot\pi\cdot r=\frac{1}{2}\cdot 2\cdot\pi\cdot s \qquad |:(2\cdot\pi)$$

$$r=\frac{1}{2}\cdot s=14{,}85\text{ cm}:2=\mathbf{7{,}425\text{ cm}}$$

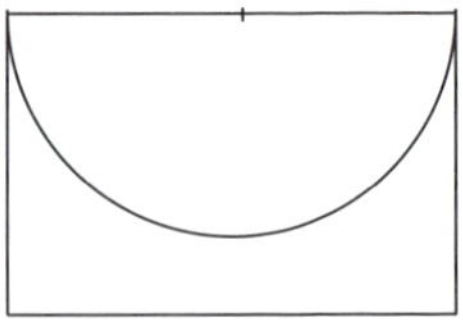

Die Höhe kann nun wieder mithilfe der Mantellinie und dem Radius berechnet werden:

$$h=\sqrt{s^2-r^2}=\sqrt{(14{,}85\text{ cm})^2-(7{,}425\text{ cm})^2}\approx \mathbf{12{,}9\text{ cm}}$$

Das Volumen des Kegels beträgt:

$$V=\frac{1}{3}\cdot\pi\cdot r^2\cdot h=\frac{1}{3}\cdot\pi\cdot(7{,}425\text{ cm})^2\cdot 12{,}9\text{ cm}\approx \mathbf{744{,}8\text{ cm}^3}$$

Der Papierabfall ergibt sich wieder als Differenz der Fläche des ganzen Papiers und der Fläche des Halbkreises mit Radius s.

$$A = a \cdot b - \frac{1}{2} \cdot \pi \cdot s^2$$

$$= 21{,}0\ \text{cm} \cdot 29{,}7\ \text{cm} - \frac{1}{2} \cdot \pi \cdot (14{,}85\ \text{cm})^2 \approx \mathbf{277{,}3\ cm^2}$$

Das Volumen unterscheidet sich beträchtlich. Beim dritten Kegel erhält man fast doppelt so viel Volumen wie beim zweiten Kegel. Der erste Kegel liegt dazwischen.
Als Papierabfall erhält man immer den gleichen Wert. Es sind immer ungefähr 44,5 %. (Dies liegt an der Festlegung von DIN-A4: Die längere Seite ist $\sqrt{2}$-mal so lang wie die kürzere.)
Beim zweiten Kegel zieht man von der Fläche des gesamten Papiers einen Achtelkreis mit Radius b ab:

$$\frac{1}{8} \cdot \pi \cdot b^2 = \frac{1}{8} \cdot \pi \cdot (\sqrt{2} \cdot a)^2 = \frac{1}{8} \cdot \pi \cdot 2 \cdot a^2 = \frac{1}{4} \cdot \pi \cdot a^2$$

Dies entspricht dem Flächeninhalt von einem Viertelkreis mit Radius a. Genau diesen Inhalt zieht man beim ersten Kegel ab. Beim dritten Kegel kann man das Papier in zwei Hälften teilen und hat damit wieder den gleichen Ausgangspunkt wie beim ersten Kegel.

87. a) Für den Öffnungswinkel gilt:

$$\tan\frac{\varphi}{2} = \frac{r}{h} \quad \Rightarrow \quad r = \mathbf{h \cdot \tan\frac{\varphi}{2}}$$

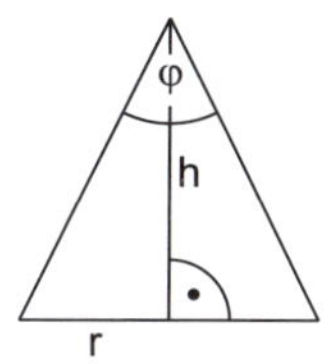

b) Für das Volumen eines Kegels gilt:

$$V = \frac{1}{3} \cdot \pi \cdot r^2 \cdot h$$

Zwischen r und h gilt der in Teilaufgabe a gezeigte Zusammenhang:

$$r = h \cdot \tan\frac{\varphi}{2}$$

Wird dies für r in die obige Gleichung eingesetzt, erhält man das Volumen nur in Abhängigkeit von Höhe und Öffnungswinkel des Kegels:

$$V = \frac{1}{3} \cdot \pi \cdot \left(h \cdot \tan\frac{\varphi}{2}\right)^2 \cdot h = \mathbf{\frac{1}{3} \cdot \pi \cdot h^3 \cdot \left(\tan\frac{\varphi}{2}\right)^2}$$

c) Nach den Überlegungen von Teilaufgabe b gilt:

$$V = \frac{1}{3} \cdot \pi \cdot h^3 \cdot \left(\tan \frac{\varphi}{2} \right)^2$$

$$= \frac{1}{3} \cdot \pi \cdot (9 \text{ cm})^3 \cdot \left(\tan \frac{60°}{2} \right)^2 = 81 \cdot \pi \text{ cm}^3 \approx \mathbf{254{,}5 \text{ cm}^3}$$

d) Das Volumen der Kegelspitze mit 5 cm Höhe soll gleich dem Volumen eines Kegelstumpfes der Höhe h' sein.
Das Volumen des Kegelstumpfes mit Höhe h' ist die Differenz des Volumens des gesamten Kegels der Höhe 9 cm + h' und dem Volumen des Kegels mit Höhe 9 cm.

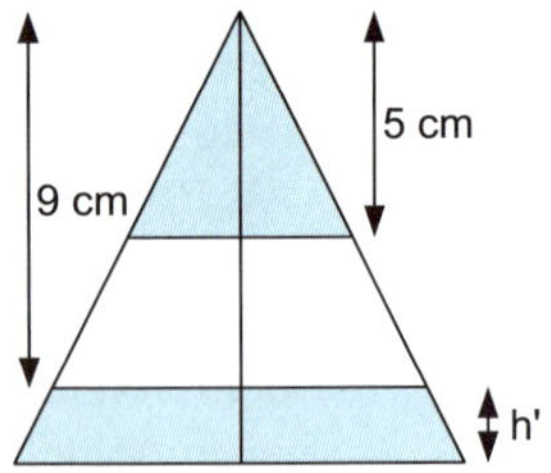

$V_{\text{Kegelstumpf, h'}} = V_{\text{Kegel, 9 + h'}} - V_{\text{Kegel, 9}}$

Da dieses Volumen dem Volumen der zuvor abgetrennten Spitze entspricht, gilt:

$V_{\text{Kegelstumpf, h'}} = V_{\text{Kegel, 5}}$

Unter Verwendung der in Teilaufgabe b hergeleiteten Formel ergibt sich folgende Gleichung:

$V_{\text{Kegel, 9 + h'}} - V_{\text{Kegel, 9}} = V_{\text{Kegel, 5}}$

$$\frac{1}{3} \cdot \pi \cdot (9 \text{ cm} + h')^3 \cdot \left(\tan \frac{\varphi}{2} \right)^2 - \frac{1}{3} \cdot \pi \cdot (9 \text{ cm})^3 \cdot \left(\tan \frac{\varphi}{2} \right)^2$$

$$= \frac{1}{3} \cdot \pi \cdot (5 \text{ cm})^3 \cdot \left(\tan \frac{\varphi}{2} \right)^2 \qquad (*)$$

Die Gleichung kann vereinfacht und nach h' aufgelöst werden, indem beide Seiten durch $\frac{1}{3} \cdot \pi \cdot \left(\tan \frac{\varphi}{2} \right)^2$ geteilt werden:

$$(9 \text{ cm} + h')^3 - (9 \text{ cm})^3 = (5 \text{ cm})^3$$

$$(9 \text{ cm} + h')^3 = (5 \text{ cm})^3 + (9 \text{ cm})^3$$

$$9 \text{ cm} + h' = \sqrt[3]{(5 \text{ cm})^3 + (9 \text{ cm})^3}$$

$$h' = \sqrt[3]{(5 \text{ cm})^3 + (9 \text{ cm})^3} - 9 \text{ cm} \approx 0{,}49 \text{ cm}$$

Der entstehende Kegelstumpf ist 9 cm − 5 cm + 0,49 cm = **4,49 cm** hoch.

e) In Teilaufgabe d konnte man den Term mit dem Öffnungswinkel aus der entstandenen Gleichung (*) eliminieren, da er auf beiden Seiten auftauchte. Der Öffnungswinkel spielt somit für den Anstieg h' keine Rolle. Einzig die Höhe der Spitze und die Höhe des ursprünglichen Kegels sind relevant. Für den Höhenzuwachs ergibt sich also wie vorher **h' = 0,49 cm**.

88. a) Das Volumen eines Kegelstumpfes berechnet sich als Differenz des Volumens des gesamten Kegels mit Spitze und des Volumens der Spitze. Um dieses Volumen bestimmen zu können, wird die Gesamthöhe des ursprünglichen Kegels benötigt, die mithilfe des Strahlensatzes bestimmt werden kann.

Es gilt:

$h_2 = h_1 + h \quad (1)$

$\frac{h_1}{h_2} = \frac{r_1}{r_2} \quad (2)$

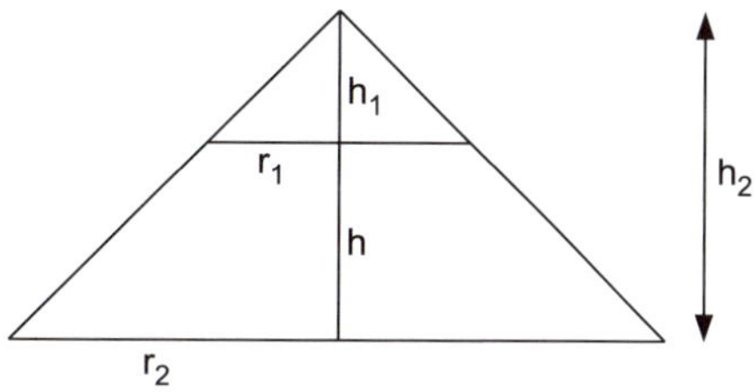

Gesucht ist h_2. Die weitere Unbekannte h_1 kann man eliminieren, indem man die erste Gleichung nach h_1 auflöst und in die zweite einsetzt:

$h_1 = h_2 - h \quad (1')$

In die zweite Gleichung eingesetzt, ergibt sich:

$\frac{h_2 - h}{h_2} = \frac{r_1}{r_2} \quad (2') \qquad |\cdot h_2 \cdot r_2$

Diese Beziehung lässt sich nach der gesuchten Größe h_2 auflösen:

$(h_2 - h) \cdot r_2 = r_1 \cdot h_2$ ausmulitplizieren

$h_2 \cdot r_2 - h \cdot r_2 = r_1 \cdot h_2$ $\quad | -r_1 \cdot h_1 + h \cdot r_2$

$h_2 \cdot r_2 - r_1 \cdot h_2 = h \cdot r_2$ ausklammern

$h_2 \cdot (r_2 - r_1) = h \cdot r_2$ $\quad | :(r_2 - r_1)$

$$h_2 = \frac{h \cdot r_2}{r_2 - r_1} = \frac{40\text{ cm} \cdot 60\text{ cm}}{60\text{ cm} - 20\text{ cm}} = 60\text{ cm}$$

$h_1 = h_2 - h = 60\text{ cm} - 40\text{ cm} = 20\text{ cm}$

Für das Volumen des Kegelstumpfes ergibt sich somit:

$$V = V_{h_2} - V_{h_1}$$

$$= \frac{1}{3} \cdot \pi \cdot r_2^2 \cdot h_2 - \frac{1}{3} \cdot \pi \cdot r_1^2 \cdot h_1$$

$$= \frac{1}{3} \cdot \pi \cdot (0{,}60\text{ m})^2 \cdot 0{,}60\text{ m} - \frac{1}{3} \cdot \pi \cdot (0{,}20\text{ m})^2 \cdot 0{,}20\text{ m}$$

$$\approx \mathbf{0{,}218\ m^3}$$

b) Die Oberfläche des Stumpfes setzt sich zusammen aus dem Mantel des Stumpfes sowie der Deck- und Grundfläche – also zwei Kreisen mit den Radien r_1 bzw. r_2.
Der Mantel ist die Differenz des Mantels des gesamten Kegels und des Mantels der Kegelspitze. Für die Bestimmung der Mantelflächen werden die beiden Mantellinien benötigt.
Für sie gilt:

$$s = \sqrt{r^2 + h^2}$$

$$\begin{aligned} O &= A_{K_1} + A_{K_2} + M_2 - M_1 = \pi \cdot r_2^2 + \pi \cdot r_1^2 + \pi \cdot r_2 \cdot s_2 - \pi \cdot r_1 \cdot s_1 \\ &= \pi \cdot (0{,}60\ \text{m})^2 + \pi \cdot (0{,}20\ \text{m})^2 + \pi \cdot 0{,}60\ \text{m} \cdot \sqrt{(0{,}60\ \text{m})^2 + (0{,}60\ \text{m})^2} \\ &\quad - \pi \cdot 0{,}20\ \text{m} \cdot \sqrt{(0{,}20\ \text{m})^2 + (0{,}20\ \text{m})^2} \\ &\approx \mathbf{2{,}678\ m^2} \end{aligned}$$

c) Das Volumen des gesamten Sandberges kann mithilfe der in Teilaufgabe a bestimmten Gesamthöhe sehr einfach berechnet werden.
Es gilt:

$$V = \frac{1}{3} \cdot \pi \cdot r_2^2 \cdot h_2 = \frac{1}{3} \cdot \pi \cdot (0{,}60\ \text{m})^2 \cdot 0{,}60\ \text{m} \approx \mathbf{0{,}226\ m^3}$$

89. Stifte: Zylinder und Kegel
Tetrapak: Prisma
Holzauto: Quader, vier Würfel, vier Zylinder
Taschenlampe: Zylinder, Kegelstumpf, Zylinder

90. Die Figuren 1, 3 und 5 sind keine Netze:
Bei Figur 1 käme nur eine dreiseitige Pyramide infrage. Beim Falten würden allerdings zwei Seiten übereinander liegen, während der Boden fehlt.
Figur 3 hat zwar die nötigen Flächen für eine vierseitige Pyramide, da die vier dreieckigen Seiten allerdings kongruente Dreiecke sind, müsste die Grundfläche ein Quadrat sein.
Bei Figur 5 ist die Deckfläche des Prismas (das linke Dreieck) falsch angeordnet.

Die Figuren 2, 4 und 6 sind Netze:
Figur 2 ergibt eine dreiseitige Pyramide.
Figur 4 ist das Netz einer Pyramide, deren Grundfläche ein Rechteck ist.
Figur 6 ergibt ein dreiseitiges Prisma.

91. a) Der Radius des inneren Kegels beträgt **5 cm**. Die Höhe des inneren Kegels kann mithilfe des Strahlensatzes bestimmt werden. Wenn man die Kegel von der Spitze aus entlang der Höhe aufschneidet, so erhält man die rechts dargestellte Skizze. Die Geraden AC und BD verlaufen parallel zueinander.

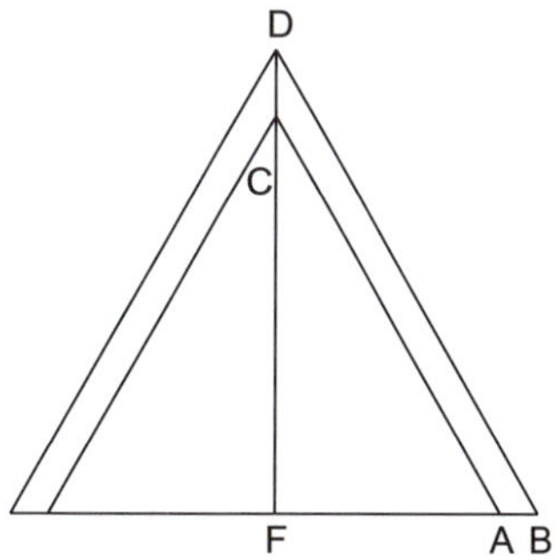

Es gilt:

$$\frac{\overline{FA}}{\overline{FB}} = \frac{\overline{FC}}{\overline{FD}}$$

$$\overline{FC} = \frac{\overline{FA}}{\overline{FB}} \cdot \overline{FD}$$

$$= \frac{5\text{ cm}}{6\text{ cm}} \cdot 9\text{ cm}$$

$$= 7{,}5\text{ cm}$$

Die Höhe des inneren Kegels beträgt somit **7,5 cm**.

b) Das Diabolo lässt sich in zwei gleich große Hälften teilen. Eine Hälfte besteht jeweils aus einem Kegel mit Radius 6 cm und Höhe 9 cm, aus dem ein zweiter Kegel mit Radius 5 cm und Höhe 7,5 cm ausgeschnitten wurde.

Für das Volumen gilt:

$$V = 2 \cdot (V_{\text{außen}} - V_{\text{innen}})$$

$$= 2 \cdot \left(\frac{1}{3} \cdot \pi \cdot r_{\text{außen}}^2 \cdot h_{\text{außen}} - \frac{1}{3} \cdot \pi \cdot r_{\text{innen}}^2 \cdot h_{\text{innen}} \right)$$

$$= 2 \cdot \frac{1}{3} \cdot \pi \cdot (r_{\text{außen}}^2 \cdot h_{\text{außen}} - r_{\text{innen}}^2 \cdot h_{\text{innen}})$$

$$= 2 \cdot \frac{1}{3} \cdot \pi \cdot ((6\text{ cm})^2 \cdot 9\text{ cm} - (5\text{ cm})^2 \cdot 7{,}5\text{ cm})$$

$$\approx \mathbf{285{,}9\ cm^3}$$

c) Der Durchmesser und die Höhe des Diabolos entsprechen jeweils dem Durchmesser und der Höhe des Zylinders.
Für das Volumen gilt:
$V_Z = \pi \cdot r^2 \cdot h$
$= \pi \cdot (6\text{ cm})^2 \cdot 18\text{ cm}$
$\approx$ **$2\,035{,}8\text{ cm}^3$**

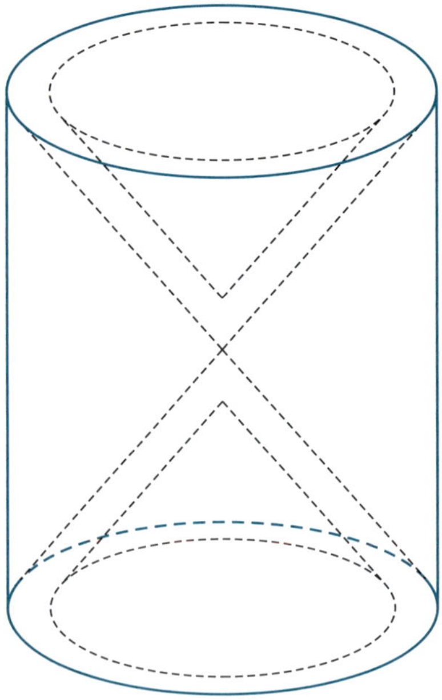

d) Die Höhe des Quaders entspricht der Höhe des Diabolos. Die Grundfläche des Quaders muss ein Quadrat sein, dessen Seitenlänge gleich dem Durchmesser des Diabolos entspricht.
$V_Q = a \cdot b \cdot c$
$= d^2 \cdot h$
$= (12\text{ cm})^2 \cdot 18\text{ cm}$
$=$ **$2\,592\text{ cm}^3$**

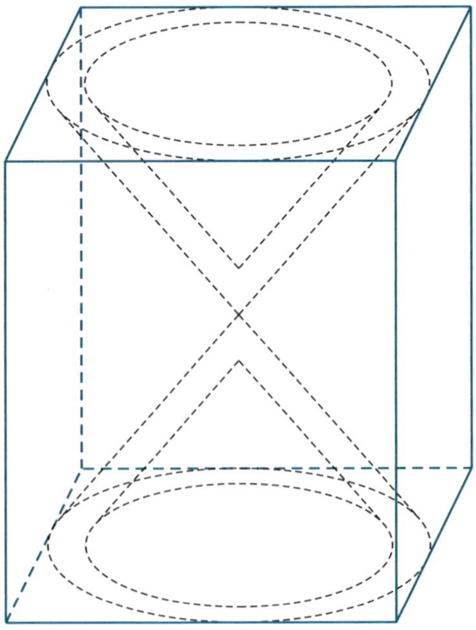

e)

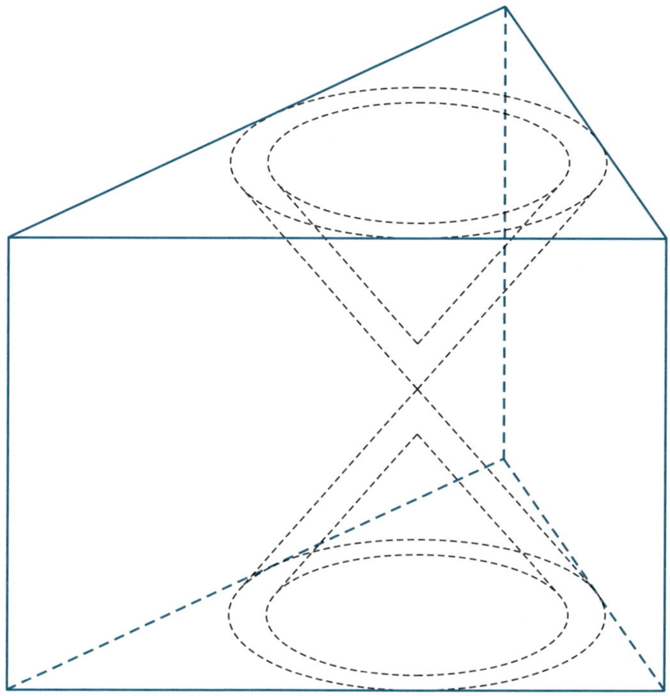

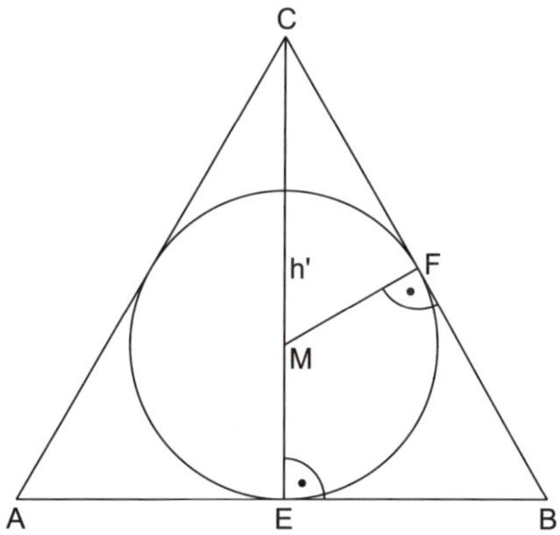

Die Höhe des Prismas entspricht der Höhe des Diabolos. Für die Seitenlänge der Grundfläche muss man die besondere Beziehung zwischen dem Diabolo und dem gleichseitigen Dreieck betrachten: Die Diabologrundfläche ist der Inkreis des Dreiecks. Mithilfe von rechtwinkligen Dreiecken, dem Inkreisradius und der Winkel im Dreieck kann man Höhe und Seitenlänge des gleichseitigen Dreiecks bestimmen. Hierbei gibt es mehrere Möglichkeiten, von denen hier nur zwei betrachtet werden sollen:

Möglichkeit 1:
Die Höhe des Dreiecks lässt sich in zwei Teile zerlegen:
$\overline{EM} = r$ und $\overline{MC}$

$\overline{MC}$ kann mithilfe des Dreiecks MFC bestimmt werden. Dieses Dreieck ist rechtwinklig, da BC eine Tangente darstellt und daher senkrecht auf der Verbindung von Inkreismittelpunkt M zum Berührpunkt F der Tangente steht. Da das Dreieck ABC gleichseitig ist, sind alle drei Innenwinkel 60° groß. Der Winkel $\sphericalangle$ MCF beträgt somit 30°, da die Höhe [EC] gleichzeitig Winkelhalbierende des Dreiecks ist. Weiterhin ist $\overline{MF} = r = 6$ cm bekannt.
Für $\overline{MC}$ gilt nun:

$$\sin \sphericalangle MCF = \frac{\overline{MF}}{\overline{MC}}$$

$$\overline{MC} = \frac{\overline{MF}}{\sin \sphericalangle MCF} = \frac{6\text{ cm}}{\sin 30°} = 12\text{ cm}$$

Für die Höhe h des gleichseitigen Dreiecks gilt daher:
$h = \overline{EM} + \overline{MC} = 6\text{ cm} + 12\text{ cm} = 18\text{ cm}$

Möglichkeit 2:
Für eine weitere sehr elegante Methode muss man wissen, dass sich in jedem Dreieck die Seitenhalbierenden im Verhältnis 1 : 2 teilen. Da das Dreieck ABC gleichseitig ist, fallen Höhe und Seitenhalbierende zusammen, die Höhe wird also im Verhältnis 1 : 2 geteilt, wobei ein Teil dem Radius des Diabolos entspricht.
Die Höhe des Dreiecks ABC ist also dreimal so lang wie der Radius:
$h = 3 \cdot 6\text{ cm} = 18\text{ cm}$

Die Seitenlänge a erhält man mithilfe des Satzes von Pythagoras:

$$a^2 = \left(\frac{1}{2} \cdot a\right)^2 + h^2 \qquad \text{ausmultiplizieren}$$

$$a^2 = \frac{1}{4} \cdot a^2 + h^2 \qquad \left| -\frac{1}{4} \cdot a^2 \right.$$

$$\frac{3}{4} \cdot a^2 = h^2 \qquad \left| \cdot \frac{4}{3} \right.$$

$$a^2 = \frac{4}{3} \cdot h^2 \qquad \left| \sqrt{} \right.$$

$$a = \sqrt{\frac{4}{3}} \cdot h = \frac{2}{\sqrt{3}} \cdot h = \frac{2\sqrt{3}}{3} \cdot h = \frac{2\sqrt{3}}{3} \cdot 18\text{ cm} \approx 20{,}8\text{ cm}$$

Die Grundseite ist somit etwa 20,8 cm lang.

Für das Volumen der Verpackung gilt:

$$V = G \cdot h_{\text{Diabolo}} = \frac{1}{2} \cdot a \cdot h \cdot h_{\text{Diabolo}}$$

$$= \frac{1}{2} \cdot \frac{2\sqrt{3}}{3} \cdot 18\text{ cm} \cdot 18\text{ cm} \cdot 18\text{ cm} = \mathbf{3\,367{,}1\text{ cm}^3}$$

f) Zuerst muss die Oberfläche des Diabolos berechnet werden. Sie lässt sich in folgende Teile zerlegen:
2 · Mantel des großen Kegels + 2 · Mantel des kleinen Kegels + 2 · Kreisring

Es gilt also:

$$\begin{aligned}
O_{Diabolo} &= 2 \cdot (M_{klein} + M_{groß} + A_{Kreisring}) \\
&= 2 \cdot [\pi \cdot r_{groß} \cdot \sqrt{h_{groß}^2 + r_{groß}^2} + \pi \cdot r_{klein} \cdot \sqrt{h_{klein}^2 + r_{klein}^2} \\
&\quad + (\pi \cdot r_{groß}^2 - \pi \cdot r_{klein}^2)] \\
&= 2 \cdot \pi \cdot [6\text{ cm} \cdot \sqrt{(18\text{ cm})^2 + (6\text{ cm})^2} \\
&\quad + 5\text{ cm} \cdot \sqrt{(2 \cdot 7{,}5\text{ cm})^2 + (5\text{ cm})^2} + (6\text{ cm})^2 - (5\text{ cm})^2] \\
&\approx 1\,281{,}1\text{ cm}^2 \approx \mathbf{0{,}128\text{ m}^2}
\end{aligned}$$

Pro Diabolo werden also $0{,}128 \cdot 0{,}2\ \ell = 0{,}0256\ \ell$ Farbe benötigt.
Wegen $1{,}0\ \ell : 0{,}0256\ \ell \approx 39{,}1$ können mit einem Liter Farbe somit **39** Diabolos angemalt werden.

92. a) Das Volumen der Schokolade berechnet sich aus dem Volumen des Quaders und sechsmal dem Volumen einer Pyramide.
Der Quader ist a = 2 cm breit, b = 1 cm hoch und c = 6 · 2 cm = 12 cm lang, da die Grundflächen der sechs Pyramiden jeweils quadratisch sind.
Die Grundfläche jeder Pyramide ist ein Quadrat mit Kantenlänge 2 cm.
Ihre Höhe ist die Gesamthöhe des Riegels abzüglich der Höhe des Quaders:
3 cm – 1 cm = 2 cm

$$\begin{aligned}
V_{Riegel} &= V_{Quader} + 6 \cdot V_{Pyramide} = a \cdot b \cdot c + 6 \cdot \frac{1}{3} \cdot a^2 \cdot h \\
&= 2\text{ cm} \cdot 1\text{ cm} \cdot 12\text{ cm} + 6 \cdot \frac{1}{3} \cdot (2\text{ cm})^2 \cdot 2\text{ cm} = \mathbf{40\text{ cm}^3}
\end{aligned}$$

b) Die Verpackung setzt sich zusammen aus der Oberfläche des Quaders ohne dessen Deckfläche und aus den Mänteln der sechs Pyramiden.
Der Mantel der Pyramide besteht aus vier gleichschenkligen Dreiecken mit Basislänge 2 cm. Die Höhe der gleichschenkligen Dreiecke können mithilfe eines geeigneten Stützdreiecks und dem Satz des Pythagoras berechnet werden.

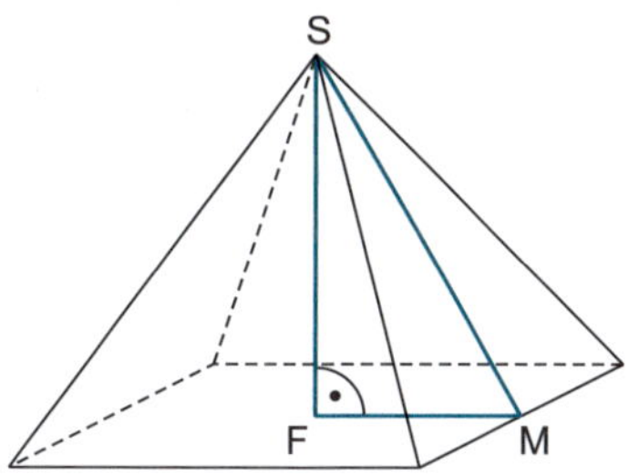

Es gilt:

$$\overline{MS} = \sqrt{\overline{FM}^2 + \overline{FS}^2} = \sqrt{(1\text{ cm})^2 + (2\text{ cm})^2} = \sqrt{5}\text{ cm}$$

$$O = O_{Quader} - A_{Deckfläche} + 6 \cdot M_{Pyramide}$$

$$= 2 \cdot a \cdot c + 2 \cdot a \cdot b + 2 \cdot b \cdot c - a \cdot c + 6 \cdot 4 \cdot \frac{1}{2} \cdot a \cdot \overline{MS}$$

$$= a \cdot c + 2 \cdot a \cdot b + 2 \cdot b \cdot c + 12 \cdot a \cdot \overline{MS}$$

$$= 2\text{ cm} \cdot 12\text{ cm} + 2 \cdot 2\text{ cm} \cdot 1\text{ cm} + 2 \cdot 1\text{ cm} \cdot 12\text{ cm} + 12 \cdot 2\text{ cm} \cdot \sqrt{5}\text{ cm}$$

$$\approx \mathbf{105{,}7\ cm^2}$$

c) Da ein Prisma gefordert ist, dass sich möglichst genau an die Form des Riegels anpassen soll, ist nur die in folgender Abbildung gezeigte Form möglich.

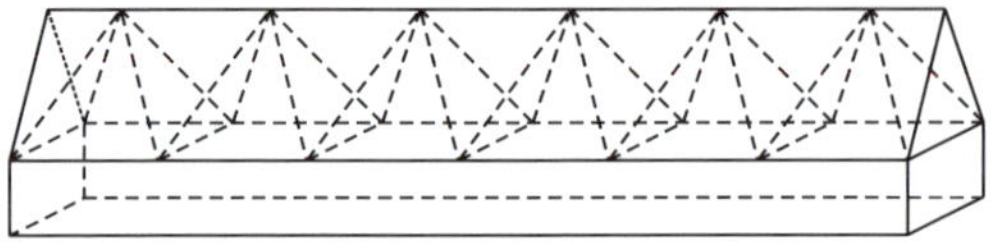

Die Grundfläche ist ein Fünfeck, das aus einem Rechteck mit den Seitenlängen 2 cm und 1 cm und einem gleichschenkligen Dreieck mit Basis 2 cm und Höhe 2 cm besteht.
Die fünf Seiten des Prismas sind Rechtecke der Länge 12 cm. Zwei dieser Rechtecke haben die Breite 1 cm und ein Rechteck hat die Breite 2 cm. Die Breiten der beiden verbleibenden Rechtecke entsprechen den Schenkellängen des gleichschenkligen Dreiecks, das gemeinsam mit dem Rechteck die fünfeckige Grundfläche des Prismas bildet.
Diese Flächen lassen sich auf unterschiedliche Art zu einem Netz zusammenfügen. Seiten, die beim Zusammenfalten aufeinandertreffen, müssen gleich lang sein.

Maßstab 1 : 2

d) Das Volumen eines Prismas entspricht dem Produkt aus Grundfläche und Höhe. Die Höhe ist hier 12 cm, die Grundfläche ist ein Fünfeck, das aus einem Rechteck mit Seitenlängen 2 cm und 1 cm und einem gleichschenkligen Dreieck mit Basis 2 cm und Höhe 2 cm besteht.

$$V = G \cdot h = \left(a \cdot b + \frac{1}{2} \cdot a \cdot h_D\right) \cdot h$$

$$= \left(2\text{ cm} \cdot 1\text{ cm} + \frac{1}{2} \cdot 2\text{ cm} \cdot 2\text{ cm}\right) \cdot 12\text{ cm} = \mathbf{48\ cm^3}$$

e) Das nicht genutzte Volumen ist die Differenz aus Verpackung und Schokoladenvolumen.
Der gesuchte Prozentsatz entspricht dem Quotienten dieser Differenz und dem Volumen der Verpackung.

$$\frac{V_{Verpackung} - V_{Riegel}}{V_{Riegel}} = \frac{48\text{ cm}^3 - 40\text{ cm}^3}{48\text{ cm}^3} \approx 16{,}7\ \%$$

Ungefähr **16,7 %** der Verpackung sind also leer.

93. a) Figur 1

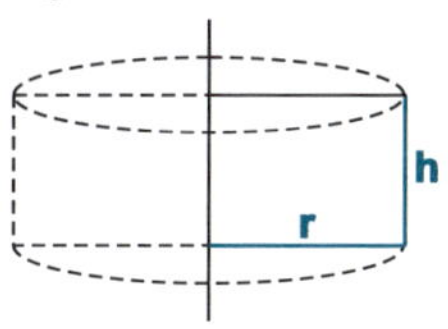

Figur 2

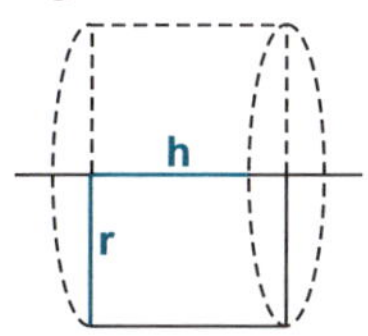

Figur 3

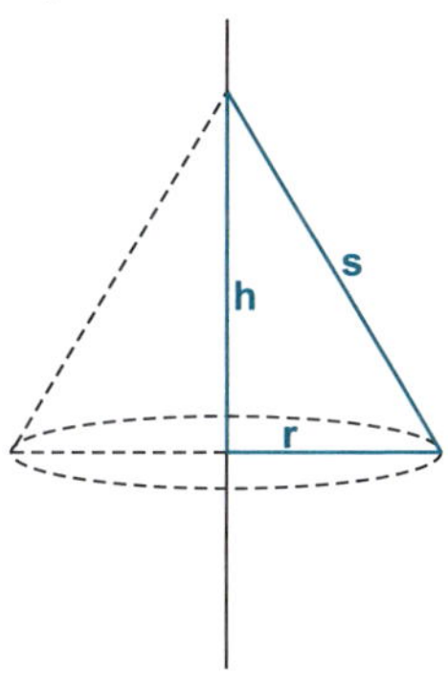

Figur 4

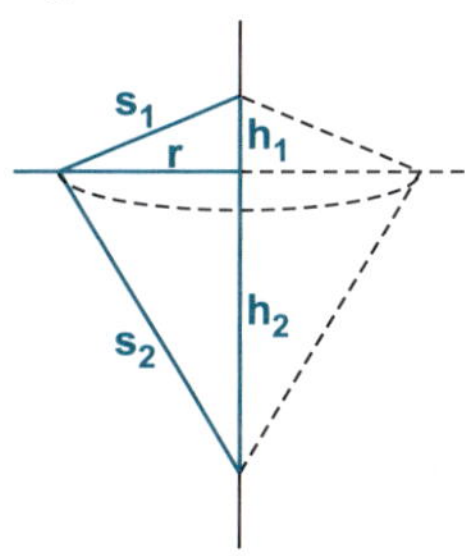

Wird ein Rechteck um eine seiner Seiten gedreht, so entsteht ein Zylinder (Figur 1 und 2). Die Höhe des Zylinders entspricht der Länge des Rechtecks, die zugleich Rotationsachse ist. Der Radius des Zylinders entspricht der Breite des Rechtecks.

Wird ein rechtwinkliges Dreieck um eine der Katheten gedreht, so entsteht ein Kegel (Figur 3). Die Höhe des Kegels entspricht der Kathete, die die Rotationsachse darstellt, die Mantellinie entspricht der Hypotenuse und der Radius des Kegels entspricht der zweiten Kathete.

Wird ein Dreieck um eine Seite gedreht, die nicht zufällig eine Kathete ist, so ergeben sich zwei an ihren Grundflächen verbundene Kegel (Figur 4). Die Dreiecksseite, die als Rotationsachse fungiert, wird durch die zugehörige Höhe zerlegt in die Höhen der beiden Kegel. Die beiden anderen Dreiecksseiten liefern die Mantellinien der beiden Kegel. Der Radius der Kegel entspricht der Länge der Dreieckshöhe auf die Rotationsachse.

b) Durch die Rotation eines rechtwinkligen Dreiecks um eine Kathete entsteht ein Kegel. Für den Kegelstumpf muss man die Spitze parallel zum Boden abschneiden. Dies kommt dem Abschneiden einer Ecke des Dreiecks parallel zur zweiten Kathete gleich, wodurch ein Trapez entsteht.

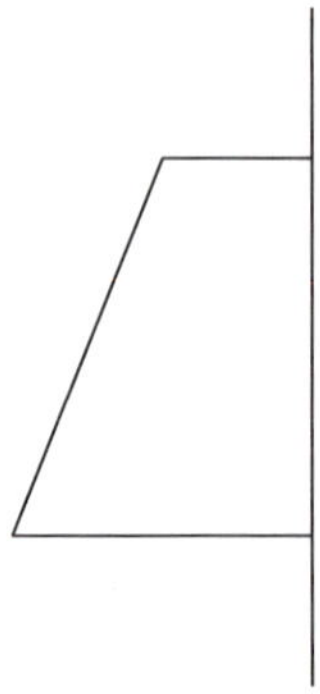

94. a) Hinweise und Tipps:
1 dm^3 entspricht einem Liter. Um lästige Umrechnungen in Kubikeinheiten zu vermeiden, rechnest du am besten alle Längenangaben in dm um.

Behälter 1 ist ein Zylinder mit Radius 4 dm und Höhe 9 dm. Für das Volumen gilt:

$$V_1 = \pi \cdot r^2 \cdot h = \pi \cdot (4\ \text{dm})^2 \cdot 9\ \text{dm}$$
$$\approx 452\ \text{dm}^3 = 452\ \ell$$

Behälter 2 ist ein Prisma mit trapezförmiger Grundfläche, das auf einer der Seitenflächen steht. Die Höhe h des Prismas beträgt 5 dm. Die parallelen Seiten der Grundfläche sind $a = 6$ dm bzw. $c = 4$ dm lang und haben einen Abstand h_T von 6 dm.
Das Volumen berechnet sich aus dem Produkt von Grundfläche und Höhe.

$$V_2 = G_{\text{Trapez}} \cdot h = \frac{1}{2} \cdot (a + c) \cdot h_T \cdot h$$
$$= \frac{1}{2} \cdot (4\ \text{dm} + 6\ \text{dm}) \cdot 6\ \text{dm} \cdot 5\ \text{dm}$$
$$= 150\ \text{dm}^3 = 150\ \ell$$

Behälter 3 ist ein Pyramidenstumpf mit quadratischer Grundfläche. Sein Volumen muss als Differenz des Volumens der großen Pyramide abzüglich des Volumens der kleinen Pyramide berechnet werden. Die Höhen der beiden Pyramiden erhält man mithilfe des Strahlensatzes, indem man die Pyramide entlang der Höhe senkrecht zur Grundfläche aufschneidet.

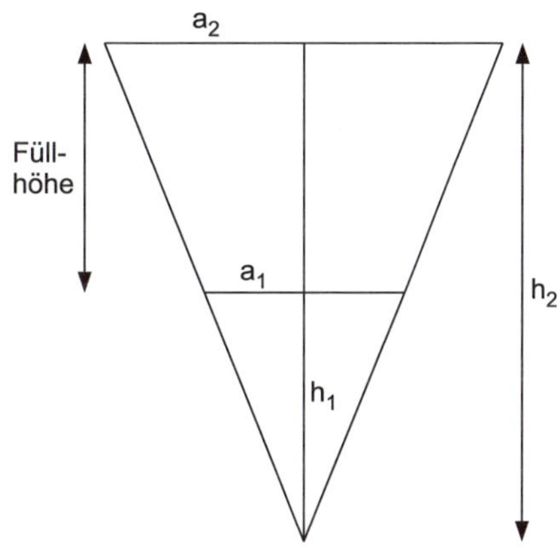

Es gilt:

$$\frac{h_1}{h_2} = \frac{a_1}{a_2} = \frac{4\text{ dm}}{8\text{ dm}} = \frac{1}{2} \quad \Rightarrow \quad h_1 = \frac{1}{2} \cdot h_2 \text{ bzw. } h_2 = 2 \cdot h_1$$

h_2 ist also doppelt so groß wie h_1. Da die Differenz der beiden Höhen 7 dm beträgt, gilt:

$h_2 = 14\text{ dm}$ und $h_1 = 7\text{ dm}$

Nun kann man das Volumen berechnen:

$$\begin{aligned} V_3 &= V_{\text{groß}} - V_{\text{klein}} \\ &= \frac{1}{3} \cdot G_{\text{groß}} \cdot h_{\text{groß}} - \frac{1}{3} \cdot G_{\text{klein}} \cdot h_{\text{klein}} \\ &= \frac{1}{3} \cdot 8\text{ dm} \cdot 8\text{ dm} \cdot 14\text{ dm} - \frac{1}{3} \cdot 4\text{ dm} \cdot 4\text{ dm} \cdot 7\text{ dm} \\ &\approx 261\text{ dm}^3 = 261\ \ell \end{aligned}$$

Insgesamt kann Heike somit $452\ \ell + 150\ \ell + 261\ \ell =$ **863 ℓ** Regen sammeln.

b) Für die Berechnung des Volumens im Vergleich zu Teilaufgabe a ändert sich bei **Behälter 1** nur die Höhe.

Es gilt:

$$\begin{aligned} V_1 &= \pi \cdot r^2 \cdot h_Z \\ &= \pi \cdot (4\text{ dm})^2 \cdot 4\text{ dm} \\ &\approx 201\text{ dm}^3 = \mathbf{201\ \ell} \end{aligned}$$

Für **Behälter 2** ändern sich sowohl die Höhe des Trapezes (jetzt 4 dm) als auch die Länge der oberen Trapezseite.
Prinzipiell lässt sich die obere Trapezseite wieder mithilfe des Strahlensatzes berechnen.

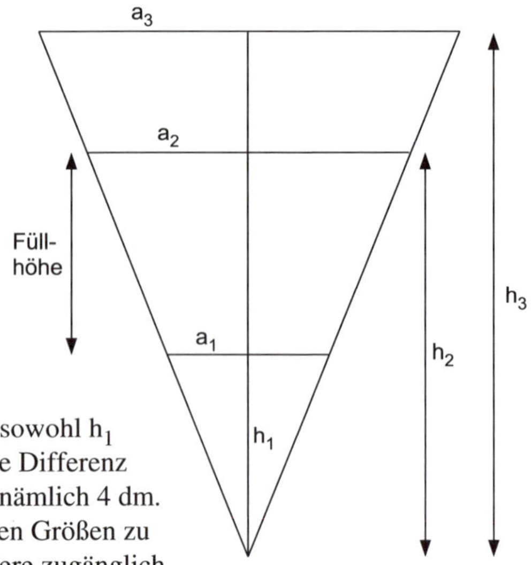

$$\frac{h_2}{h_1} = \frac{a_2}{a_1}$$

Die Größe a_2 ist gesucht, aber sowohl h_1 als auch h_2 sind unbekannt. Die Differenz der beiden ist jedoch bekannt, nämlich 4 dm. Wenn es gelingt, eine der beiden Größen zu bestimmen, so ist auch die andere zugänglich. Um h_1 zu bestimmen, wird noch einmal das große Trapez betrachtet. Es gilt:

$$\frac{h_3}{h_1} = \frac{a_3}{a_1} = \frac{6\text{ dm}}{4\text{ dm}} = \frac{3}{2} \quad \Rightarrow \quad h_3 = \frac{3}{2} \cdot h_1 \ (*)$$

Die Differenz dieser beiden Höhen entspricht der Höhe des betrachteten großen Trapezes. Unter Verwendung der oben gefundenen Beziehung zwischen h_1 und h_2 lässt sich nun h_1 bestimmen:

$$h_3 - h_1 = 6\text{ dm} \qquad (*) \text{ einsetzen}$$

$$\frac{3}{2} \cdot h_1 - h_1 = 6\text{ dm} \qquad \text{zusammenfassen}$$

$$\frac{1}{2} \cdot h_1 = 6\text{ dm} \qquad | \cdot 2$$

$$h_1 = 12\text{ dm}$$

Nun kann mithilfe von h_1 und der neuen Füllhöhe von 4 dm die Seite des verkleinerten Trapezes ausgerechnet werden.

$$\frac{a_2}{a_1} = \frac{h_2}{h_1}$$

$$a_2 = \frac{h_2}{h_1} \cdot a_1$$

$$= \frac{4\text{ dm} + 12\text{ dm}}{12\text{ dm}} \cdot 4\text{ dm}$$

$$= \frac{16}{3}\text{ dm}$$

Für das Volumen gilt nun:

$$V_2 = G_{TZ} \cdot h_{Prisma}$$
$$= \frac{1}{2} \cdot (a_1 + a_2) \cdot h_Z \cdot h_{Prisma}$$
$$= \frac{1}{2} \cdot \left(4\text{ dm} + \frac{16}{3}\text{ dm}\right) \cdot 4\text{ dm} \cdot 5\text{ dm}$$
$$\approx 93\text{ dm}^3 = \mathbf{93\ \ell}$$

Für **Behälter 3** ändern sich wie bei Behälter 2 die Höhe und die Seitenlänge der Grundfläche des Pyramidenstumpfes. In Teilaufgabe a wurde die Höhe der abgeschnittenen Spitze der Pyramide bereits ausgerechnet.

$h_1 = 7\text{ dm}$

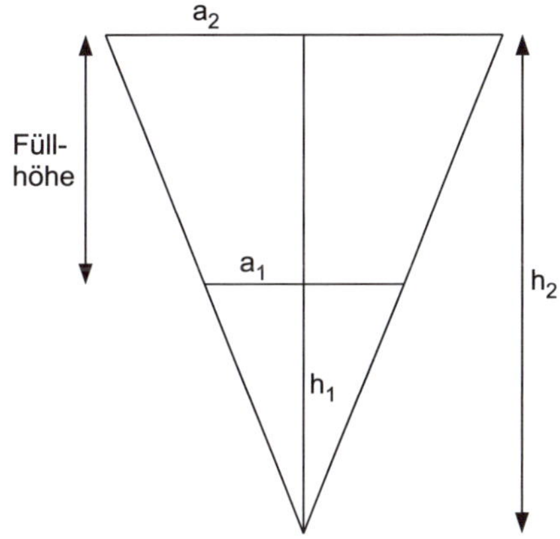

Nun kann mithilfe des Strahlensatzes wieder die neue Seitenlänge berechnet werden.

$$a_2 = \frac{h_2}{h_1} \cdot a_1$$
$$= \frac{7\text{ dm} + 4\text{ dm}}{7\text{ dm}} \cdot 4\text{ dm}$$
$$= \frac{44}{7}\text{ dm}$$

Für das Volumen gilt nun:

$$V_3 = V_{groß} - V_{klein}$$
$$= \frac{1}{3} \cdot G_{groß} \cdot h_{groß} - \frac{1}{3} \cdot G_{klein} \cdot h_{klein}$$
$$= \frac{1}{3} \cdot \frac{44}{7}\text{ dm} \cdot \frac{44}{7}\text{ dm} \cdot 11\text{ dm} - \frac{1}{3} \cdot 4\text{ dm} \cdot 4\text{ dm} \cdot 7\text{ dm}$$
$$\approx 108\text{ dm}^3 = \mathbf{108\ \ell}$$

c) Um die Sache zu vereinfachen, können die Einheiten weggelassen werden, solange alle Längen in dm angegeben werden.

Für **Behälter 1** gilt:

$V_1(h) = \pi \cdot r^2 \cdot h = \pi \cdot 4^2 \cdot h = \mathbf{16 \cdot \pi \cdot h}$

Für **Behälter 2** gilt:

$$V_2 = \frac{1}{2} \cdot (a_1 + a_2) \cdot h \cdot h_{Prisma},$$

wobei a_2 von der Füllhöhe h abhängt.

Es gilt:

$$a_2 = \frac{h_2}{h_1} \cdot a_1 = \frac{h + h_1}{h_1} \cdot a_1 = \frac{h + 12}{12} \cdot 4 = \left(\frac{h}{12} + 1\right) \cdot 4 = \frac{1}{3} \cdot h + 4$$

$$\begin{aligned} V_2(h) &= \frac{1}{2} \cdot (a_1 + a_2) \cdot h \cdot h_{Prisma} \\ &= \frac{1}{2} \cdot \left(4 + \frac{1}{3} \cdot h + 4\right) \cdot h \cdot 5 \\ &= \frac{1}{2} \cdot \left(8 + \frac{1}{3} \cdot h\right) \cdot h \cdot 5 \\ &= \mathbf{20 \cdot h + \frac{5}{6} \cdot h^2} \end{aligned}$$

Für **Behälter 3** gilt ebenso wie für Behälter 2, dass auch die neue Seitenlänge von der Füllhöhe abhängt.
Für die Seitenlänge gilt:

$$a_2 = \frac{h_2}{h_1} \cdot a_1 = \frac{7 + h}{7} \cdot 4 = \left(\frac{h}{7} + 1\right) \cdot 4 = \frac{4}{7} \cdot h + 4$$

Es gilt:

$$\begin{aligned} V_3(h) &= V_{groß} - V_{klein} \\ &= \frac{1}{3} \cdot G_{groß} \cdot h_{groß} - \frac{1}{3} \cdot G_{klein} \cdot h_{klein} \\ &= \frac{1}{3} \cdot \left(\frac{4}{7} \cdot h + 1\right) \cdot \left(\frac{4}{7} \cdot h + 1\right) \cdot (h + 7) - \frac{1}{3} \cdot 4 \cdot 4 \cdot 7 \\ &= \mathbf{\frac{1}{3} \cdot \left(\frac{4}{7} \cdot h + 1\right)^2 \cdot (h + 7) - \frac{112}{3}} \end{aligned}$$

Ihre Meinung ist uns wichtig!

Ihre Anregungen sind uns immer willkommen. Bitte informieren Sie uns mit diesem Schein über Ihre Verbesserungsvorschläge!

Titel-Nr.	Seite	Vorschlag

Bitte hier abtrennen

Die echten Hilfen zum Lernen ... **STARK**

Zutreffendes bitte ankreuzen!

Die Absenderin/der Absender ist:

- ☐ Lehrer/in in den Klassenstufen: ____
- ☐ Fachbetreuer/in
  Fächer: ____
- ☐ Seminarlehrer/in
  Fächer: ____
- ☐ Regierungsfachberater/in
  Fächer: ____
- ☐ Oberstufenbetreuer/in
- ☐ Schulleiter/in
- ☐ Referendar/in, Termin 2. Staatsexamen: ____
- ☐ Leiter/in Lehrerbibliothek
- ☐ Leiter/in Schülerbibliothek
- ☐ Sekretariat
- ☐ Eltern
- ☐ Schüler/in, Klasse: ____
- ☐ Sonstiges: ____

Unterrichtsfächer: (Bei Lehrkräften!)

STARK Verlag
Postfach 1852
85318 Freising

19-V1M
Bitte ausfüllen und im frankierten Umschlag an uns einsenden. Für Fensterkuverts geeignet.

Kennen Sie Ihre Kundennummer?
Bitte hier eintragen.

Absender (Bitte in Druckbuchstaben!)

Name/Vorname

Straße/Nr.

PLZ/Ort/Ortsteil

Telefon privat

Geburtsjahr

E-Mail

Schule/Schulstempel (Bitte immer angeben!)

Bitte hier abtrennen

(Bitte blättern Sie um)